高等学校社科类专业人工智能本研一体化系列教材

数据挖掘与商务智能

主编　朱明皓　谢　祥　穆文歆

清华大学出版社

北京交通大学出版社

·北京·

内 容 简 介

本书系统地介绍了数据挖掘与商务智能的理论基础、核心技术与关键算法，并采用 Python 语言进行代码介绍。本书共 8 章，内容安排循序渐进，理论体系完整，从框架到具体实现层次分明；实践导向明确，融入文本挖掘、深度学习等最新技术。同时，每章配有精心设计的习题，支持理论学习与实践操作的有机结合。

本书适合作为高等院校人文社科类、计算机科学与技术、人工智能、数据科学与大数据技术等相关专业的本科生和研究生教材，也可供从事数据分析、商务智能开发的技术人员和管理人员参考。

图书在版编目（CIP）数据

数据挖掘与商务智能 / 朱明皓，谢祥，穆文歆主编. —— 北京 ： 北京交通大学出版社 ： 清华大学出版社，2025. 8. —— ISBN 978-7-5121-5650-0

Ⅰ．TP311.131

中国国家版本馆 CIP 数据核字第 2025U7Q559 号

数据挖掘与商务智能
SHUJU WAJUE YU SHANGWU ZHINENG

责任编辑：黎　丹

出版发行：清 华 大 学 出 版 社　　邮编：100084　　电话：010-62776969　　http://www.tup.com.cn
　　　　　北京交通大学出版社　　邮编：100044　　电话：010-51686414　　http://www.bjtup.com.cn

印　刷　者：北京华宇信诺印刷有限公司

经　　销：全国新华书店

开　　本：185 mm×260 mm　　印张：16　　字数：406 千字

版 印 次：2025 年 8 月第 1 版　　2025 年 8 月第 1 次印刷

定　　价：49.00 元

前 言

我们正处在一个数据爆炸的时代。据统计，人类在过去两年产生的数据量超过了此前整个历史的总和。面对如此庞大的数据资源，如何从中提取有价值的信息和知识，如何让数据产生价值，如何将数据转化为竞争优势，已成为个人、企业乃至国家发展的关键能力。

随着第四次工业和科技革命的发展，传统的生产方式和生活方式已经发生深刻变革，数据已经成为重要的生产要素，数据驱动的决策模式正在取代传统的经验驱动模式。从电商平台的个性化推荐到金融机构的风险控制，从制造企业的智能生产到政府部门的公共服务，数据挖掘与商务智能技术的应用已经渗透到社会经济的各个领域。

数据科学日益重要，社会对既懂管理又懂技术的复合型人才的需求日益迫切。人文社科类专业本科生、研究生也应顺应时代发展要求，掌握数据科学和人工智能相关专业知识，具备数据思维能力、技术实现能力、业务理解能力和创新应用能力，并能够运用数据科学和人工智能的技术与方法解决复杂的社会科学问题。基于多年教学实践和行业调研，编者深感需要一本既有理论深度又有实践广度的综合性教材。

本书的编写基于问题导向、能力本位、系统集成、与时俱进、循序渐进的核心理念。本书不是为了讲技术而讲技术，而是围绕社会科学实际问题展开，让学生在解决问题的过程中掌握知识和技能。本书通过大量的实践练习和案例，培养学生的实际操作能力和问题解决能力。

在内容组织上，本书构建了完整的知识体系，从商务智能与数据挖掘的理论框架到具体的算法实现，从传统的统计方法到前沿的深度学习技术，层次分明、逻辑清晰。全书以 Python 为主要技术工具，每个重要概念都配有相应的代码实现，每种算法都提供具体的应用案例，所有代码都经过严格测试，确保读者能够直接运行学习。

在技术内容上，本书不仅涵盖传统的数据挖掘内容，还融入了文本挖掘、深度学习等前沿技术，紧跟技术发展趋势。作为人文社科类专业的教材，本书特别注重社会科学和计算机科学的融合，既讲解技术原理，也分析应用场景，既关注算法效率，也考虑商业价值。

本书适合作为人文社科类专业本科生、研究生的信息类课程基础教材，建议安排在学生已掌握基本计算机语言知识之后使用。对于教师，建议采用"理论+实践+案例"的教学模式，每次课都安排一定的实验操作时间。对于学生，建议按照章节顺序系统学习，每学完一章都要及时完成相应的习题，确保理论知识得到及时巩固。

本书所有实例都基于 Python 3.8 以上版本开发，主要使用 numpy、pandas、scikit-learn、PyTorch 等主流开源库。建议读者在学习前先搭建好 Anaconda 环境，确保能够顺利运行书中的所有代码。对于有一定基础的读者，可以根据需要选择相关章节深入学习；对于从业者，可以将本书作为工具书使用，根据工作需要查阅相关内容。

本书的编写得到了众多同行专家和师生的大力支持。感谢参与本书审阅的各位专家学者，他们的专业意见和建设性建议大大提高了本书的质量。在本书代码测试过程中，刘兆健、王乐天、黄志伟、温建春、解雅婷、石朴、杨鹏飞、李云豪等同学的辛勤工作确保了本书所有实例的准确性。感谢出版社编辑团队的专业精神和家人给予的理解与支持。

由于编者水平有限，加之数据挖掘与商务智能技术发展迅速，书中难免存在疏漏和不足之处。我们真诚希望广大读者能够不吝指正，提出宝贵意见和建议。我们将在今后的修订中认真采纳这些意见和建议，不断完善本书的内容和质量。

在这个数据驱动的时代，掌握数据挖掘与商务智能技术不仅是专业发展的需要，更是适应时代发展的必然要求。希望本书能够成为读者在这一领域学习和实践的良师益友，帮助大家在数字化转型的浪潮中把握机遇，用智慧点亮未来，用技术创造价值。

编　者
2025 年 6 月

目　录

第1章　商务智能概述 ·· 1

　1.1　基本概念 ··· 1

　　1.1.1　商务智能的定义 ································· 1

　　1.1.2　商务智能的发展 ································· 3

　　1.1.3　商务智能的主要功能 ························· 4

　1.2　框架和流程 ··· 5

　　1.2.1　商务智能的体系框架 ························· 5

　　1.2.2　商务智能系统的处理流程 ················· 6

　1.3　支撑技术 ··· 7

　　1.3.1　数据仓库技术 ··································· 7

　　1.3.2　在线分析处理技术 ····························· 8

　　1.3.3　数据挖掘技术 ··································· 8

　1.4　主要应用和发展趋势 ································· 9

　　1.4.1　商务智能的主流软件 ························· 9

　　1.4.2　商务智能的应用场景 ······················· 11

　　1.4.3　商务智能的发展趋势 ······················· 12

　小结 ·· 13

　习题 ·· 14

第2章　数据挖掘概述 ·· 15

　2.1　引论 ·· 15

　　2.1.1　数字社会 ·· 15

　　2.1.2　人工智能的浪潮 ································ 16

　2.2　数据、信息与知识 ···································· 16

　　2.2.1　数据概述 ·· 16

　　2.2.2　信息概述 ·· 17

　　2.2.3　知识概述 ·· 17

2.3 基本概念 ···18
   2.3.1 数据挖掘的定义 ·····································18
   2.3.2 数据挖掘的功能 ·····································19
   2.3.3 数据挖掘的研究问题 ·································21
2.4 数据类型和来源 ···21
   2.4.1 数据挖掘的数据类型 ·································21
   2.4.2 数据挖掘的数据来源 ·································22
2.5 核心技术 ···23
   2.5.1 统计学 ···23
   2.5.2 机器学习 ···23
   2.5.3 信息检索 ···24
2.6 应用场景与安全问题 ·······································25
   2.6.1 数据挖掘的应用场景 ·································25
   2.6.2 数据挖掘的安全问题 ·································26
小结 ···26
习题 ···27

第3章 Python 基础 ···28

3.1 Python 环境的搭建 ··28
   3.1.1 Python 简介 ··28
   3.1.2 Python 环境的配置 ··································29
   3.1.3 Python 开发工具 ····································32
   3.1.4 Python 库的安装 ····································34
3.2 numpy 库 ···36
   3.2.1 numpy 库安装验证 ···································36
   3.2.2 NDarray 对象创建 ···································37
   3.2.3 NDarray 数组属性 ···································38
   3.2.4 NDarray 数据类型 ···································39
   3.2.5 NDarray 数组切片 ···································40
   3.2.6 NDarray 高级索引 ···································41
   3.2.7 NDarray 数组翻转 ···································42
   3.2.8 NDarray 数组连接 ···································43
   3.2.9 NDarray 数组分裂 ···································44
   3.2.10 NDarray 数组计算 ··································44
3.3 pandas 库 ··45
   3.3.1 pandas 库安装验证 ··································45
   3.3.2 pandas 库数据结构 ··································46
   3.3.3 DataFrame 创建 ·····································47

　　　3.3.4　DataFrame 属性 ································· 49

　　　3.3.5　DataFrame 读取 ································· 50

　　　3.3.6　DataFrame 时间序列操作 ···················· 51

　　　3.3.7　DataFrame 修改表结构 ······················· 52

　　　3.3.8　DataFrame 筛选数据 ·························· 53

　　　3.3.9　DataFrame 分组统计 ·························· 54

　3.4　matplotlib 库 ·· 56

　　　3.4.1　matplotlib 库安装验证 ······················· 56

　　　3.4.2　绘制函数 ·································· 56

　　　3.4.3　线条的设置 ································· 58

　　　3.4.4　坐标轴的设置 ······························ 60

　　　3.4.5　图例的设置 ································· 62

　3.5　pyecharts 库 ·· 65

　　　3.5.1　pyecharts 库安装验证 ······················· 65

　　　3.5.2　绘制图表 ·································· 65

　　　3.5.3　配置项 ···································· 67

　　　3.5.4　Web 框架整合 ······························ 70

　　　3.5.5　绘制组合图表 ······························ 73

　小结 ··· 75

　习题 ··· 76

第 4 章　数据采集与预处理 ····································· 77

　4.1　数据采集 ·· 77

　4.2　数据的描述性统计 ······································ 78

　　　4.2.1　集中趋势度量 ······························ 78

　　　4.2.2　离散趋势度量 ······························ 80

　4.3　数据预处理 ·· 83

　　　4.3.1　数据预处理概述 ···························· 83

　　　4.3.2　数据清洗 ·································· 83

　　　4.3.3　数据集成 ·································· 86

　　　4.3.4　数据变换 ·································· 88

　　　4.3.5　数据归约 ·································· 91

　4.4　数据存储 ·· 92

　　　4.4.1　TXT、CSV、Excel ·························· 92

　　　4.4.2　数据库 ···································· 95

　　　4.4.3　云存储 ···································· 98

　　　4.4.4　数据仓库 ·································· 100

　小结 ··· 101

习题 ··· 102

第 5 章　网络爬虫技术 ··· 103

  5.1　初识网络爬虫 ·· 103

    5.1.1　网络爬虫概述 ·· 103

    5.1.2　网络爬虫分类 ·· 104

    5.1.3　网络爬虫原理 ·· 105

    5.1.4　网络爬虫约束 ·· 106

  5.2　Web 前端 ··· 107

    5.2.1　HTTP 基本原理 ·· 107

    5.2.2　HTML 语言 ·· 111

    5.2.3　CSS 层叠样式表 ··· 115

    5.2.4　JavaScript 动态脚本语言 ·· 116

  5.3　数据请求库 requests ··· 117

    5.3.1　GET 请求 ·· 118

    5.3.2　POST 请求 ··· 120

    5.3.3　添加请求头 headers ·· 121

    5.3.4　超时设置 ··· 121

  5.4　数据解析库 Xpath ·· 122

    5.4.1　Xpath 概述 ·· 122

    5.4.2　Xpath 常用路径表达式 ··· 122

    5.4.3　Xpath 解析 HTML ·· 123

    5.4.4　Xpath 获取节点 ··· 125

    5.4.5　Xpath 获取文本 ··· 126

    5.4.6　Xpath 属性匹配 ··· 126

  5.5　正则表达式 ··· 127

    5.5.1　匹配规则 ··· 128

    5.5.2　查找一个匹配项 ··· 129

    5.5.3　查找多个匹配项 ··· 129

    5.5.4　分割字符串 ·· 130

    5.5.5　替换字符串 ·· 131

    5.5.6　正则表达式对象 ··· 132

  5.6　爬虫实战：豆瓣电影 Top 250 ··· 132

  小结 ··· 136

  习题 ··· 137

第 6 章　数据挖掘基础算法 ··· 138

  6.1　机器学习概述 ·· 138

　　　　6.1.1　机器学习的定义 ·············· 138

　　　　6.1.2　机器学习的一般方法 ·············· 140

　　　　6.1.3　机器学习的分类 ·············· 141

　　　　6.1.4　过拟合与欠拟合 ·············· 142

　　　　6.1.5　机器学习性能评估 ·············· 143

　　　　6.1.6　scikit-learn 简介 ·············· 146

　　6.2　回归分析 ·············· 147

　　　　6.2.1　回归分析概述 ·············· 147

　　　　6.2.2　简单线性回归 ·············· 148

　　　　6.2.3　多元线性回归 ·············· 150

　　　　6.2.4　逻辑回归 ·············· 152

　　6.3　分类分析 ·············· 154

　　　　6.3.1　分类分析概述 ·············· 155

　　　　6.3.2　基于规则的分类 ·············· 156

　　　　6.3.3　基于最近邻的分类 ·············· 158

　　　　6.3.4　决策树分类 ·············· 160

　　　　6.3.5　贝叶斯分类 ·············· 163

　　　　6.3.6　支持向量机分类 ·············· 166

　　　　6.3.7　随机森林分类 ·············· 168

　　　　6.3.8　人工神经网络 ·············· 170

　　6.4　聚类分析 ·············· 171

　　　　6.4.1　聚类分析概述 ·············· 172

　　　　6.4.2　K-means 聚类 ·············· 173

　　　　6.4.3　DBSCAN 聚类 ·············· 176

　　6.5　关联分析 ·············· 179

　　　　6.5.1　关联分析概述 ·············· 179

　　　　6.5.2　关联分析的概念及流程 ·············· 180

　　　　6.5.3　Apriori 算法原理 ·············· 182

　　　　6.5.4　Apriori 算法实现 ·············· 184

　　小结 ·············· 186

　　习题 ·············· 187

第 7 章　文本挖掘技术 ·············· 188

　　7.1　文本挖掘概述 ·············· 188

　　　　7.1.1　文本数据的概念 ·············· 188

　　　　7.1.2　自然语言处理技术概述 ·············· 189

　　　　7.1.3　文本挖掘的定义和难点 ·············· 190

　　　　7.1.4　文本挖掘的过程 ·············· 192

   7.1.5 算法常用库的介绍 ··· 193

 7.2 数据预处理 ··· 194

   7.2.1 中文分词 ··· 194

   7.2.2 数据清洗 ··· 196

   7.2.3 词性标注 ··· 199

   7.2.4 特征词选择和权重 ·· 199

 7.3 情感分析 ··· 200

   7.3.1 情感分析概述 ·· 200

   7.3.2 情感分析 Python 实现——SnowNLP 库与朴素贝叶斯算法······ 201

 7.4 主题挖掘 ··· 202

   7.4.1 主题挖掘概述 ·· 203

   7.4.2 主题挖掘 Python 实现——LDA 模型 ····················· 204

 小结 ··· 209

 习题 ··· 209

第 8 章 深度学习 ··· 211

 8.1 神经网络 ··· 211

   8.1.1 神经网络结构 ·· 211

   8.1.2 反向传播算法 ·· 214

   8.1.3 深度学习的兴起 ·· 217

 8.2 卷积神经网络 ··· 218

   8.2.1 从全连接层到卷积 ·· 218

   8.2.2 卷积神经网络的特性 ··· 219

   8.2.3 经典卷积神经网络模型 ····································· 222

   8.2.4 基于 PyTorch 的实现 ··· 224

 8.3 循环神经网络 ··· 228

   8.3.1 循环神经网络结构 ·· 228

   8.3.2 长短期记忆 ·· 230

   8.3.3 门控循环单元 ·· 232

   8.3.4 基于 PyTorch 的实现 ··· 233

 8.4 图神经网络 ··· 237

   8.4.1 图基础知识 ·· 237

   8.4.2 图神经网络模型 ·· 239

   8.4.3 基于 PyTorch 的实现 ··· 242

 小结 ··· 243

 习题 ··· 244

参考文献 ··· 245

第1章

商务智能概述

随着数字经济和互联网的不断发展，数据已经渗透到各行各业的业务、管理和供应链等各个环节中，俨然是最重要的生产要素之一。市场瞬息万变，企业需要准确把握市场、准确分析顾客的消费趋势，找出企业经营中的问题，从而做出迅速、实时的行动，避免被残酷的市场淘汰。随着大数据时代的到来，企业经营模式发生了巨大变化，产生了大量的数据。如何充分利用这些数据资产，从中挖掘出辅助企业决策的信息是当前企业管理的一个重要问题。由此，商务智能（business intelligence，BI）应运而生。商务智能是指利用数据挖掘、数据仓库及数据集市等先进技术，从海量数据中提取有价值的信息和知识，帮助企业获取更完整的业务信息，预测潜在风险，为企业的决策者提供决策支持，为企业制定正确的经营决策提供依据，进而提高企业的竞争力。

1.1 基 本 概 念

近年来，商务智能市场规模日益扩大，增长迅速。商务智能逐渐成为学术界和产业界的研究热点，是最重要的信息系统之一。随着商务智能技术的逐渐成熟，越来越多的企业使用商务智能辅助企业决策和管理。商务智能的应用领域慢慢扩大，逐渐渗透到制造业、金融业、零售业等多个领域。

1.1.1 商务智能的定义

商务智能的概念最早可追溯到 20 世纪 70 年代的管理信息系统的报告系统，但报告系统是静态的，没有分析能力。20 世纪 80 年代出现了动态的和具有预测、分析等功能的信息系统。20 世纪 90 年代，Gartner Group 首次提出了"商务智能"的概念。商务智能的出现与发展是一个渐进的、复杂的演进过程。在商务智能的发展过程中，学术界和企业界对商务智能存在不同理解。

在企业界，Business Objects 公司认为商务智能是一个基于大量信息基础上的提炼和重新整合的过程，这个过程与知识共享和知识创造密切结合，完成了从信息到知识的转变，最终为企业提供网络时代的竞争优势和实实在在的利润。Microsoft 公司认为商务智能是任何尝试获取、分析企业数据以便更清楚地了解市场和顾客，改进企业流程，更有效地参与竞争的过程。IBM 公司认为商务智能是基于数据仓库、数据挖掘和决策支持中的先进技术，收集相关的信息并加以分析，以发现商业机会和针对客户需求制定相应的战略。Oracle 公司认为商务智能是一种商务战略，能够持续不断地对企业经营理念、组织结构和业务流程进行重组，在合适的时间提供合适的数据访问控制，实现以客户为中心的自动化管理。SAP 公司认为商务智能是一个基于大量数据的信息提炼过程，这个过程与知识共享和知识创造密切结合，完成从信息到知识的转变，最终为商家提供竞争优势和实际利润。而 IDC 公司将商务智能定义为终端用户查询和报告工具、在线分析处理工具、数据挖掘软件、数据集市、数据仓库产品和主管信息系统等软件工具的集合。

在学术界，Kamel Rouibah 等学者认为商务智能是一种系统地依据战略决策，瞄准、跟踪、传达、转换企业的弱信号，成为可行信息的战略方法。Olszak 认为商务智能是一系列的、方法和流程的集合，其目标不仅仅是帮助决策，而且支持企业的战略实施。它的主要任务是面向不同信息源的智能浏览、集中、综合及多维分析。Larissa Moss 将商务智能定义为一个体系。他认为商务智能是一系列基础的应用，提供对商业数据的查询及决策支持。伯纳德将商务智能定义为一种在计算机硬件、网络、通信和决策等多种技术基础上出现的用于处理海量数据的技术，也是一个对大量信息进行提炼和重新整合的过程，基本功能是让企业内外部人员实现对信息的访问、分析和共享。我国商务智能专家王茁在总结了商务智能的众多定义版本之后，给出了商务智能的定义："商务智能是企业利用现代信息技术收集、管理和分析结构化和非结构化的商务数据和信息，创造和积累商务知识和见解，改善商务决策水平，采取有效的商务行动，完善各种商务流程，提升各方面商务绩效，增强综合竞争力的智慧和能力。"

商务智能是一个概括性术语，包括了架构、工具、数据库、分析工具、应用和方法论，是一类由数据仓库、查询和报表、数据分析、数据挖掘、数据备份和恢复等部分组成，以辅助企业决策为目的的技术及其应用系统。利用商务智能有助于企业在竞争市场中持续保持领先地位。对于企业而言，可以将商务智能看成一种解决方案，是用来处理企业的现有数据，并将其转换成知识和结论，辅助业务人员或者决策者做出正确决定，帮助企业更好地利用数据提高决策质量的技术。商务智能从许多来自不同的企业运作系统的数据中提取出有用的数据并进行清理，以保证数据的正确性，然后经过抽取（extraction）、转换（transformation）和装载（load），即 ETL 过程，合并到一个企业级的数据仓库中，从而得到企业数据的一个全局视图，在此基础上利用合适的查询和分析工具、数据挖掘工具、在线分析处理（online analytical processing，OLAP）工具等对其进行分析和处理（这时信息变为辅助决策的知识），最后将知识呈现给管理者，为管理者的决策过程提供支持。

1.1.2 商务智能的发展

商务智能的产生是一个复杂的演进过程，而且仍处于发展之中，经历了事务处理系统（transaction processing system，TPS）、高级管理人员信息系统（executive information system，EIS）、管理信息系统（management information system，MIS）和决策支持系统（decision support system，DSS），最终演变为今天的企业商务智能系统（business intelligence system，BIS），如图 1-1-1 所示。

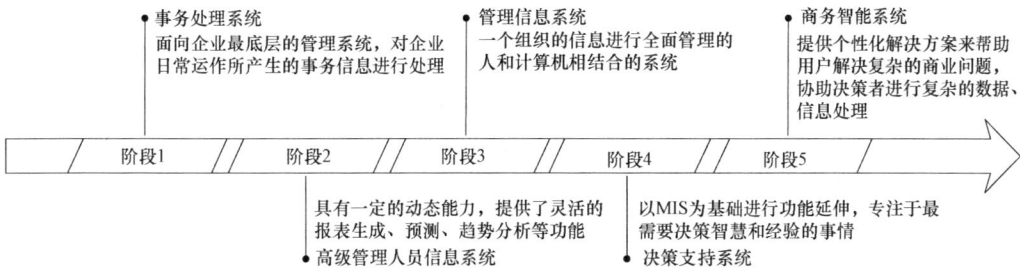

图 1-1-1 商务智能系统发展历史

事务处理系统也称为电子数据处理系统（electronic data processing system，EDPS），它是指面向企业最底层的管理系统，对企业日常运作所产生的事务信息进行处理。事务处理系统以计算机处理代替部分手工操作，如库存物资统计系统、员工工资发放系统等，同时对日常的业务工作数据进行记录、汇总、综合分类，并为组织的操作层次服务。事务处理系统保持了应用程序的完整性，降低了业务成本，提高了业务服务水平。但针对具体时间进行数据输入输出，事务处理系统处理结束后不会再次利用。

高级管理人员信息系统的主要用户是企业的高级管理人员，因此也被称为经理信息系统。高级管理人员信息系统是一个"观察系统"，能够迅速、方便、直观（用图形）地提供综合信息，并可以预警与控制"成功关键因素"遇到的问题。经理们可以通过网络下达命令，提出行动要求，与其他管理者讨论、协商、确定工作分配，进行工作控制和验收等。高级管理人员信息系统具有一定的动态能力，提供了灵活的报表生成、预测、趋势分析等功能。系统能够以直观的形式，展现企业的运行状况及关键成功因素等，使决策者可以在一定程度上掌握企业的经营状态。但高级管理人员信息系统的应用面较窄，仅限于企业中高层管理人员的管理活动，且不和公司的其他信息系统联机。

管理信息系统产生于 20 世纪 70 年代，是对一个组织的信息进行全面管理的人和计算机相结合的系统，其主要目的是提供信息以实现对企业或组织的快速有效管理。管理信息系统综合利用了计算机硬件、软件、网络通信设备及其他办公设备，对信息进行收集、传输、加工、存储、更新、拓展、维护和使用。根据不同的组织职能，管理信息系统可分为办公系统、决策系统、生产系统和信息系统。而在信息处理层面，管理信息系统又可分为面向数量的执行系统、面向价值的核算系统、报告监控系统、分析信息系统、规划决策系统。管理信息系统能够帮助管理人员了解企业的日常业务，从而进行高效的控制、组织和计划。但最开始的管理信息系统提供的管理信息有限，主要以静态的、二维的报表形式提供信息，难以满足管理人员灵活多变的需求。

决策支持系统起源于 20 世纪 70 年代，于 20 世纪 80 年代得到快速发展，以管理信息系统为基础进行功能延伸，专注于最需要决策智慧和经验的事情。决策支持系统是基于计算机，通过数据、模型和知识，以人机交互的方式进行业务或者组织决策的信息系统。决策支持系统基于数据库和模型库，用于解决半结构化和非结构化的决策问题，是管理信息系统向更高一级发展而产生的先进信息管理系统。决策支持系统为决策者提供分析问题、建立模型、模拟决策过程和方案的环境，调用各种信息资源和分析工具，帮助决策者提高决策水平和质量。

随着数据仓库、数据挖掘和在线分析处理等计算机技术的发展，商务智能系统于 20 世纪 90 年代产生。商务智能系统利用数据仓库集成企业内外的各种数据，通过在线分析处理从多个维度来分析业务性能指标，然后结合数据挖掘技术从大量数据中发现潜在的模式和规律，为企业决策者提供了更强大的决策支持工具。

1.1.3　商务智能的主要功能

商务智能是从本质上促使企业通过分析企业运营数据获得高价值的知识或信息，使企业在合适的时间采用合适的方法把合适的知识或信息交给合适的人。商务智能在知识的获取和利用上具有很大的优势，它通过分析挖掘企业运营数据获得知识并将其转化为专门化的视图、图表和报告提供给决策人员，使决策人员能够快速看出企业数据的关系及趋势，从而制定更合理的决策。商务智能拥有以下功能。

（1）商务智能系统是一个具有综合性和开放性的系统。商务智能的任务是分析挖掘历史数据、预测市场趋势、辅助制定决策及增强企业管理运营能力和市场竞争力。它的开放性表现在能够面向企业的内部和外部环境，并能够同外界复杂的市场环境维持动态联系。

（2）商务智能具有数据获取、数据选择、数据转换与数据集成的能力，挖掘大量数据中潜在信息的能力，高效存储和维护大量数据的能力。

（3）商务智能拥有强大的数据分析能力和查询信息、生成报告的能力。它继承了 Legacy、OLTP 与 OLAP 等多种各具特色的数据分析技术，能够根据用户需求完成数据的基本分析和高级分析。

（4）商务智能具有对比分析和趋势预测能力，能够挖掘数据与信息中潜在的知识，帮助管理人员更准确清晰地掌握数据，从而快速掌握市场动态信息，为企业创造获利的机会。

（5）商务智能还能够为数据的获取、存储、管理和分析提供支持，方便使用者完成对数据的各种处理工作，能够辅助企业建模，针对企业危机制定解决方案的企业优化能力。

（6）商务智能具有分析企业与顾客、供应商彼此间的各种信息，加强企业与他们之间的联系，并能够改善相互之间关系的能力。

此外，商务智能常用于常规报告、销售和营销分析、计划和预测、财务合并、法定报告、预算和营利性分析等应用领域，能够在企业需要时提供精确的经营信息，帮助决策者制定战略规划。商务智能能够收集并整合企业内、外部数据，为决策者提供一体化的数据视图。通过数据挖掘和分析，发现隐藏的模式、趋势和异常，为企业战略规划和日常运营提供有价值的见解。

商务智能能够增进企业的资讯整合与资讯分析的能力，汇总公司内、外部的资料，整合成有效的决策资讯，让企业经理人大幅提高决策效率与改善决策品质，有助于企业避免浪费和错误决策所带来的不必要支出。商务智能还能够降低整体运营成本，改善企业的资讯取得能力，大幅降低 IT 人员编写程序、制作报表的时间与人力成本，而弹性的模组设计界面，完全不需编写程序的特色也让日后的维护成本大幅降低。商务智能能够加强企业的资讯传播能力，消除资讯需求者与 IT 人员之间的认知差距，并可让更多人获得更有意义的资讯，全面改善企业的体质，使组织内的每个人目标一致、齐心协力。

1.2　框架和流程

商务智能涉及很广的领域，集收集、合并、分析、提供信息、存取等功能于一体，包括抽取、转换、装载软件工具、数据仓库、数据查询和报告、联机数据分析、数据挖掘和可视化等工具，能够在线分析和挖掘知识，为决策者提供特定的决策解决方案。

1.2.1　商务智能的体系框架

商务智能系统是运用数据仓库（data warehouse，DW）、数据挖掘（data mining，DM）与联机分析处理等计算机技术来分析和处理业务数据的。它能从不同的数据源搜集到有用的数据，进行清洗与整理、转换、重构等操作，并存入数据仓库或数据集市，然后使用查询工具、数据挖掘工具、在线分析处理工具等适当的分析管理工具分析处理信息，使其成为决策者所能使用的决策知识，并采用适合的方式将知识展现在决策者面前，为决策者提供决策信息，以制定决策方案。

商务智能系统包括对来自各种数据源的数据实施预处理操作、以主题为中心的数据集市或数据仓库的建立、数据的深入综合分析和数据的前端应用展现 4 个主要部分，其体系结构如图 1-2-1 所示。

（1）数据源可以是同构或异构数据库，包括企业底层数据库及来自各种应用软件系统的数据。

（2）数据处理（ETL）是从数据源中抽取有用数据，再通过清理、加工、转换、集成和装载等操作存入数据管理层。

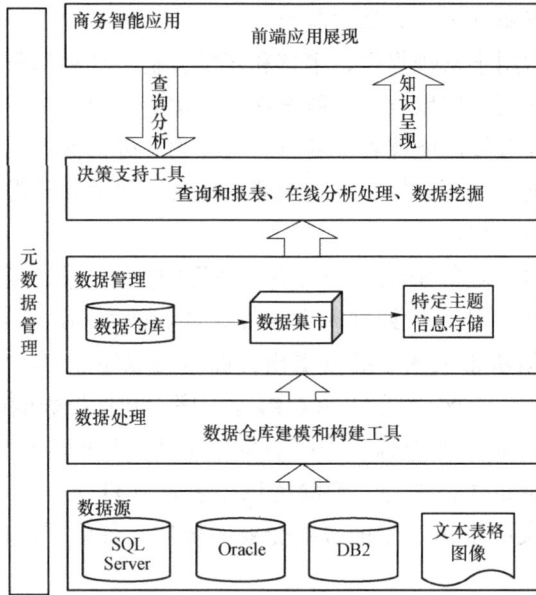

图 1-2-1　商务智能系统体系结构

（3）数据管理用于管理经过加工处理的数据，通常使用数据仓库、数据集市、特定主题信息存储组织存储结构。

（4）决策支持工具由查询和报表工具、在线分析处理工具、数据挖掘工具等组成，用于辅助决策的制定过程。

（5）商务智能应用是一个完整的解决方案软件包，它是对不同行业或领域的裁剪。

（6）元数据管理用来管理元数据，包括技术元数据和商业元数据等与整个商务智能系统有关的元数据。

1.2.2　商务智能系统的处理流程

商务智能系统为经营管理和战略决策提供了综合信息支撑，针对不同行业或特定应用领域，主要基于人工智能、数据挖掘、统计学等技术，提供量身定做的解决方案，系统构建主要包括需求及数据源分析、数据清理、数据仓库设计与实现、主题分析展示 4 个环节，如图 1-2-2 所示。

1. 需求及数据源分析

商务智能系统构建的第一步就是明确需求及数据的来源，即数据的获取和整理。数据的来源既可以是具体的业务数据库，也可以是文件或 ERP、MES 等相关信息系统。数据整理主要指采集并传输原始数据，校验业务数据的正确性和合法性，同时制定提取、转换与加载的策略等。

2. 数据清理

数据管理主要负责数据仓库的内部维护和管理。数据管理涉及数据的维护、分发、安全、提取、清洗、转换和数据存储的组织等，通过数据管理实现数据的提取、净化、

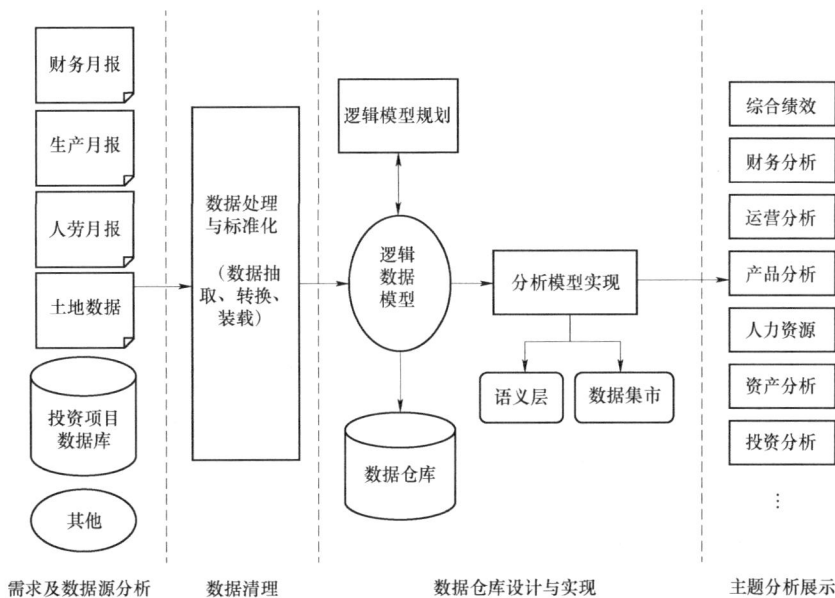

图 1-2-2 商务智能系统处理流程

过滤及数据标准化等。

3. 数据仓库设计与实现

在数据清理的基础上,结合具体的需求,设计对应的逻辑模型,从而构建数据仓库,为后续联机分析处理和数据分析等工作奠定基础。数据分析是实现商务智能的关键,主要是利用在线分析处理和数据挖掘技术。基于数据分析技术,根据用户的要求设计、生成具有多维分析功能的分析主题,对数据仓库中的数据进行汇总和分析,挖掘出数据潜藏的模式和规律。

4. 主题分析展示

主题分析展示将以上数据分析所得到的决策知识展现在用户或者是企业管理者面前,支持管理和决策。信息展现的主要方式包括查询、报表、可视化、统计等多种方式。

1.3 支 撑 技 术

商务智能利用现代数据仓库、在线分析处理和数据挖掘等技术进行数据分析、辅助商业决策,进而实现商业价值。

1.3.1 数据仓库技术

数据仓库是商务智能的基础,许多基本报表可以由此生成,它更大的用处是作为进一步分析的数据源。所谓数据仓库,就是面向主题的、集成的、稳定的、不同时间的数据集合，用于支持经营管理中的决策制定过程，可以简单认为是一个为决策制定的数据池。多维分析和数据挖掘是最常听到的例子，数据仓库能供给它们所需要的、整齐一致的数据。

为了满足企业信息业务系统发展的需要，数据仓库技术由数据库系统技术发展而来，并最终成为一个新的技术门类，是现代企业商务智能的重要环节之一。数据仓库是一个用于支持企业或组织决策分析处理的数据集合，具有集成、面向主题、随时间变化和非易失性等特点。与传统数据库存储相比，数据仓库更侧重于企业管理和商务数据的分析。

数据仓库将数据以某个具体的主题组织起来，以一致的形式存储多渠道的数据，并解决命名冲突和数据类型不同等问题。每个数据仓库都具有时态性，需要定期维护历史数据。数据一旦录入数据仓库，用户就不能对其进行修改。数据仓库的关键技术包括数据的抽取、清洗、转换、加载和维护。

在数据挖掘过程中，常常需要进行探测式的数据分析，穿越各种数据库，选择相关数据，对各种数据选择不同的粒度，以不同的形式提供知识或结果。而数据仓库中的在线分析处理完全可以为数据挖掘提供有关的数据操作支持，例如，对数据立方体或数据挖掘中间结果进行数据的上钻、上卷、旋转、过滤、切块或切片。

数据仓库为数据挖掘提供了更广阔的活动空间。数据仓库完成数据的收集、集成、存储、管理等工作，数据挖掘面对的是经初步加工的数据，使得数据挖掘能更专注于知识的发现。

1.3.2　在线分析处理技术

在线分析处理建立在数据仓库之上，是商务智能的分析处理工具之一。通过对数据的深入分析，在线分析处理将原始数据转化为真实反映企业运营状况的信息，以用户易于理解的形式呈现，是商务智能的重要组成部分之一。

在线分析处理技术是帮助分析人员、管理人员从多种角度把从原始数据中转化出来、能够真正为用户所理解的、真实反映数据特性的信息，进行快速、一致、交互的访问，从而获得对数据的更深入了解的一类软件技术。在线分析处理是一种数据动态分析模型，用于支持复杂的数据库分析操作，为决策人员提供支持。在线分析处理允许以一种称为多维数据集的多维结构访问来自商业数据源的经过聚合和组织整理的数据。在线分析处理利用数据仓库中的多维数据，动态地从多个角度分析数据，能够生成新的信息，监测商务运作，快速返回用户的复杂要求。

1.3.3　数据挖掘技术

数据挖掘可以简单理解为从海量数据中发现或"挖掘"知识，是一个应用统计学、数学和人工智能技术从数据库中的海量数据中提取和识别有用信息及随之而产生知识的过程。数据挖掘是一种决策支持过程，通过分析企业数据并挖掘有效信息，为决策者发现市场规律、调整经营策略、降低风险、提高决策科学性提供帮助。

数据挖掘利用现有的相关数据建立数学模型，识别海量数据中隐藏的属性模型。一般而言，数据挖掘任务主要可以分为 4 大类：关联分析、分类、预测和聚类。

关联分析主要用于分析对象之间的关联性和相关性，如对超市购物篮进行关联分析，发现某些顾客经常一起购买啤酒和尿布。

分类就是确定对象属于哪个预定义的目标类，是数据挖掘中最常用的技术之一。如根据信用卡申请人的各方面信息，判断其信誉的高低。

如果说分类是预测某个新样本的类别，那么预测的是连续的数值，如预测产品的销量、客户的消费额度和产品的性能等。

聚类能够发现对象的共性特征并自动分组，如根据客户的个人资料和消费行为等方面的数据，将客户划分成具有不同特征的群体。

数据仓库、在线分析处理和数据挖掘三者相辅相成、互相补充。数据仓库为在线分析处理和数据挖掘提供了数据基础。在线分析处理和数据挖掘是数据仓库上获取两种不同目标的数据增值技术：在线分析处理侧重基于模型的分析，支持事先定义的决策分析和查询；而数据挖掘则从海量数据中自动发现隐藏的知识，为商业决策提供新的见解。

此外，商务智能还采用了一些其他技术，如信息可视化技术。信息可视化是指以图像、虚拟现实等易为人们所理解的方式展现数据间的复杂关系、潜在联系和发展趋势，从而帮助决策者更好地掌握信息资源。

1.4 主要应用和发展趋势

商务智能最显著的优势在于能够从企业的海量复杂业务数据中提炼出有价值的信息和知识，为决策者提供准确的市场判断和商业情报支持，从而制定合理的业务战略和行为规范。这种强大的数据分析和知识发现能力，使商务智能在各行各业都有着广泛的应用前景，为企业带来可持续的竞争优势。

1.4.1 商务智能的主流软件

当前市场上的商务智能厂商大致可以分为三类。第一类是专门做商务智能软件的厂商，如 Business Object、Brio、Cognos 等，其中 Business Object 后续被 SAP 合并，Cognos 被 IBM 合并。第二类是继承性的数据库厂商和统计软件厂商，如 Microsoft、Oracle 和 IBM 等。第三类是依附不同的管理软件的厂商，如 SAP、用友和金蝶等。

Business Object 于 1990 年成立，一直致力于报表、查询和各种分析工具的研发，提供了一整套用于数据集成、数据质量、数据存储、数据分析和信息交付的工具和应用程序。例如 BusinessObjects Web Intelligence 用于构建和交互式探索分析报告，支持多维数据分析，并提供自助服务报告等功能。Business Object 在 2007 年被 SAP 收购，成为 SAP Business Technology Platform 的本地 BI 层。

SAS 软件是用于决策支援的大型集成资讯系统。SAS 提供了强大的数据处理能力，可以轻松读取和整合各种结构化和非结构化的数据源，拥有全面的统计分析工具，涵盖从基本统计到前沿的数据挖掘和机器学习算法。同时 SAS 还具备创建高质量报表和可视化数据的功能，满足复杂的商业数据探索和展现需求。SAS 凭借其稳定、安全、可扩展等特性赢得了各行业用户的青睐，尤其在制药、金融、零售等数据密集型领域应用广泛。

Cognos 成立于 1969 年，Cognos 为企业提供从数据集成到报表分析的全套解决方案。与 Business Object 类似，Cognos 同样提供了一系列的工具套件，如 Cognos Content Manage，用于存储、管理和分发报表。在查询和分析方面，Cognos 和 BusinessObjects 各有所长；但是在报表工具领域，BusinessObjects 占据明显优势，一直保持着领先地位。Cognos 于 2008 年被 IBM 合并，号称是业内唯一完整整合所有商务智能功能的商业智能平台。

MicroStrategy 成立于 1989 年，是全球最大的独立商务智能公司。MicroStrategy 可以支持所有主流的数据库或数据源，如 Oracle、DB2、Teradata、SQL Server、Excel、SAP BW 等。MicroStrategy 对终端用户比较友好、好用，功能相对多样，同时在架构、语义层和安全功能都很强大，真正做到了响应式设计。各个商务智能软件的对比情况如表 1-4-1 所示。

表 1-4-1　不同商务智能软件的对比

软件	产品功能	产品性能	服务与支持	不足
Business Object	应用服务器为 Web Intelligence，负责数据的交互，不是纯 Web 架构，需要下载 OCX 插件	报表刷新速度快，提供应用服务器负载均衡，支持多处理器优化和在线分析处理	不提供售后人员支持，解决问题时效性一般	内核只是用单字节编译，缺乏数据挖掘工具
SAS	客户关系管理，财务管理、生产和服务量管理、风险管理、供应链智能、Web 分析服务及解决方案	具有可伸缩性、高度的互用性和易管理性，数据分析功能出色	发展时间长，提供售后技术支持，解决问题及时	缺乏对数据存储的支持，数据管理功能差
Micro-Strategy	可重用的面向对象的元数据以减少总体拥有成本，针对业务用户的信息流 Web 接口；完全交互式的报表制作，纯粹零下载的 Web 风格，无缝的整合分析与报表	单一 Web 文档的异构数据源分析，整合数据挖掘工具开展预测分析，可扩展的可视化数据库	提供长效售后支持，解决问题及时	缺乏对数据存储的支持
IBM Cognos	拥有全部的商务智能产品线，功能较丰富，集成度低	报表刷新速度在 60 s 内，提供应用服务器负载均衡，支持多处理器优化	时效性高，问题都能及时地解决，服务热情细心	无法支持大数据量，二次开发的余地较小

除了上述国外商务智能软件，国内也有一些认知度比较高的商务智能产品，如帆软、观远数据等。帆软成立于 2006 年，专注商业智能和数据分析领域，典型产品有报表工具 FineReport 和商业智能工具 FineBI，主要侧重工具层面。FineReport 以"专业、简捷、灵

活"著称，仅通过简单的拖拽操作便可制作中国式复杂报表，轻松实现报表的多样化需求。而 FineBI 为企业提供了一站式商业智能解决方案，提供了从数据准备、数据处理、可视化分析、数据共享与管理于一体的完整解决方案，创造性地将各种"重科技"轻量化，使用户可以更加直观简便地获取信息、探索知识、共享知识。

而观远数据则号称打通了数据采集—数据接入—数据管理—数据开发—数据分析—AI 建模—AI 模型运行—数据应用全流程，提供了一系列核心业务指标体系，涵盖供应链、渠道、营销、客户关系、财务、人力资源等关键领域。

1.4.2　商务智能的应用场景

商务智能解决方案最适用于拥有海量数据的行业，能够帮助企业从数据的汪洋大海中捕捉宝贵的商业信息，化被动为主动，从容应对激烈的市场竞争。随着网络技术的发展及大数据分析能力的加强，大量的商务智能方法、系统和应用不断涌现，商务智能已成为信息系统领域和企业信息化部署的重点。

1. 在制造业中的应用

随着数字技术的不断成熟，商务智能在制造业领域的应用场景不断扩展。商务智能在制造业中的赋能逻辑有两个方面：一方面，通过收集、整理和分析大量生产数据，商务智能不仅帮助企业发现生产过程中的问题和瓶颈，还能优化生产计划，提高交付准时率，从而提升整体生产效率；另一方面，商务智能系统可以实时监控生产过程的状态和性能，通过仪表盘和报表的方式呈现数据，帮助企业快速识别潜在问题并采取相应措施。

2. 在零售领域中的应用

零售业面对成千上万家店铺的数据信息，通常零售企业会有统一的信息管理系统管理店面业务，积累了大量的会员、交易及过程数据。但由于缺乏数据应用体系，快速增长的业务中积累的数据不能快速有效地指导管理决策。借助商务智能数据分析，可以发现产品研发、采购、营销、销售、运营等各环节的业务问题，提升企业内部经营管理效率，实现经营数据的快速分析与展现。一些国内的大型零售商，如永辉超市、国美集团等都已经采用商务智能系统进行企业经营。

低成本、高效率的敏捷商务智能在零售业应用中拥有巨大优势。某零售企业采用敏捷商务智能后，"单店销售收入提升 16%，二店率提升 12%，次年新开店增速达到 20%"。国美互联网零售也曾表示，国美利用人货场数字化，实现了线上线下会员、订单、产品、促销与数据的统一，有效提升了管理效率和客户体验。

3. 在金融领域的应用

金融行业的商务智能应用成熟度领先，金融机构的商务智能项目更注重数据价值挖掘。数据是金融机构最重要的资产，结合商务智能有助于决策人员洞察客户需求、监控金融风险，释放数据价值产生收益回报。此外，商务智能还可用于客户定位与服务。对客户的需求进行精准定位，聚类分析，构建客户画像，从而提供个性化产品和服务。在防范金融风险方面，利用商务智能系统可以准确实时地监控境内外账户异常登录、异常取款等情况。

全国对私客户行为数据和全辖机构客户各指标数据量非常大，省行长及支行长需要通过各种指标的比对、趋势、占比、排名等方式来感知当前全辖全业务的运营状况。中信银行四川分行希望借助具有大数据处理能力的商务智能工具来实现考核各项指标数据、综合分析经营状况和客户分析等需求。因此，该机构引入了一套"行长驾驶舱"系统，以随时随地了解大额存款变动等综合经营分析指标。在引入该系统后，该机构的报表响应速度从十几分钟提升至 10 s 以内，比以往快了 50~60 倍。业务人员可自行进行服务分析，研发人员不再有修改报表的负担，可专注于核心业务。

4. 在电信行业的应用

为了提高电信行业工作效率和服务质量，建立灵活的营销机制，适应新业务的开展和激烈的市场竞争，商务智能早在 2002 年就开始进入我国的电信行业。经过多年的发展，商务智能为电信运营商的业务发展提供了有力的支撑。例如，通过对套餐基本情况、相互影响和收益损失三方面的分析，为套餐的管理提供依据，节约营销成本。通过分析客户服务的历史记录和交流渠道信息，制定更有针对性的营销策略。通过数据集市的建设，提升客户满意度，提高经营分析结果的可实施能力，加强大客户、集团客户、新业务等方面的分析能力。

除了上述几个典型行业的应用，商务智能在能源、政务和教育等多个领域均有应用。商务智能逐渐成为企业实现数据驱动的标配，商务智能的应用不断走向成熟。

1.4.3　商务智能的发展趋势

商务智能经过多年的发展，已经被越来越多的企业所采纳和重视。通过对海量数据的深度分析和挖掘，商务智能为企业带来了诸多裨益，如降低运营成本、优化客户管理、提升业务流程效率等，对企业的发展起到了重要推动作用。同时，商务智能技术已广泛融入我们的日常生活，为工作和生活带来了极大的便利性。随着相关技术的不断进步，如云计算、移动互联网等领域的创新发展，商务智能也呈现出一些新的发展趋势，如移动商务智能和云商务智能的兴起。

1. 与人工智能融合

商务智能与人工智能（artificial intelligence，AI）融合，将加深数据驱动业务决策的价值，改变业务决策流程。例如，在采购场景中，依靠商务智能对数据进行分析，仅可以得到已发生的采购数据：采购商品、价格、数量、采购供应商等，采购人员需要根据已有数据，结合个人经验，做出相应的采购决策。结合人工智能的商务智能，可以更加准确、及时地预测出未来的库存情况，何时需要补货，从哪家供应商进货，给出合理的采购数量、价格建议等，改变业务决策流程。一方面，应用机器学习等算法增强商务智能的分析和预测功能；另一方面，结合自然语言处理技术、智能语音等技术实现智能交互，能够降低商务智能使用门槛。

2. 与垂直场景融合

随着大数据技术与物联网技术的发展，现代商务智能可以实时获取生产数据或者经营数据。这类直接获得的数据更多地与垂直场景相关，如广告中利用精准营销进行获客引流，供应链管理中利用物联网获得的进出场信息获取仓储管理情况。越来越多的行业属性信息，加速了商务智能与垂直场景融合。

商务系统在实施过程中，需要重新梳理企业管理方法、流程、体系，并得到管理层、中层和业务层的支持，深入挖掘企业需求，有时还需要IT咨询人员介入，才能制定有效的商务智能实施方案。在这个过程中，通过商务智能系统实现智能运维，是垂直行业场景融合的关键。底层数据获取能力的增强，加速了商务智能与垂直场景的融合。

3. 交互式、协同式商务智能

企业中除了各部门自主进行业务决策外，集团层面的决策往往需要跨部门协作，比如生产部门需要根据商品部门的商品计划进行智能排产、商品部门的选品计划将影响采购部门对商品的补货决策、销售部门的实际购买转化率将用来评估市场部门的营销效果等。在加强业务人员协作效率上，可将商务智能系统和协作工具进行集成，增加实时评论、在线会议等功能，实现跨部门的业务协作。因此，交互式和协同化是未来商务智能的一个重要发展趋势。此外，随着ChatGPT等生成式人工智能技术的爆火，以智能问答技术为代表的智能交互将成为新的商务智能表现形式。利用自然语言理解进行自然语句查询、利用知识图谱实现业务预警、利用专家系统提供业务咨询将成为商务智能新的发展方向。

4. 建设开放的生态

随着企业数字化转型的深入推进，数据驱动的分析决策场景将无处不在，商务智能在各个行业和业务场景落地。企业的需求不仅仅是成熟、易用的商务智能技术和工具，还需要结合对垂直业务场景的理解构建分析指标和模型，以实现商务智能应用价值的最大化。此外，从技术架构上来看，商务智能的应用涉及数据接入、数据存储与计算、数据治理、数据分析与挖掘、数据展现的全链条，需要与企业IT基础设施和各个业务系统深度融合。因此，除了商务智能自身的发展，开放的生态体系也是未来商务智能的一部分。

小 结

商务智能可以理解为一种将企业中的数据转化为相应的知识，帮助企业做出经营决策的工具。商务智能是一个比较概括性的术语，它是数据仓库、在线分析处理和数据挖掘等技术的综合利用。商务智能技术提供包括数据收集、管理和分析等一系列的技术和方法，帮助企业从中提取有用的信息，进而迅速做出决策。商务智能将先进的信息技术应用到企业，不仅能够提高企业获取信息的能力，还能通过对信息的开发，将其转化为企业的竞争优势。

习　题

1. 解释商务智能的定义及其在企业中的作用。
2. 商务智能的发展历程是怎样的？简要描述每个阶段的特点。
3. 简述计算机和决策制定之间的联系。
4. 智能商务的特点有哪些？详细解释其中的几个特点。
5. 试列举一个商务智能的应用案例，论述商务智能能为企业做什么？
6. 商务智能的支撑技术包括哪些方面？举例说明其在实际应用中的作用。
7. 商务智能技术的发展趋势是怎样的？
8. 什么是 OLAP（在线分析处理）？比较 ROLAP（关系在线分析处理）和 MOLAP（多维在线分析处理）的异同点及应用场景。

第 2 章

数据挖掘概述

数据采集和存储技术的快速进步使得各组织机构可以积累海量数据。然而，传统的数据分析工具难以有效处理海量的数据，亟须开发新的方法。数据挖掘这一名词产生于1990 年前后，它将传统数据分析方法与大数据算法相结合，为分析海量数据提供了新的机会，并迅速在学术界和商业界得到广泛应用与发展。

2.1　引　　论

当前，人们生活在一个时时刻刻都在产生数据的时代。分析这些数据，从中获取数据价值是一种重要的需求。人们借助数据挖掘这一工具，从海量复杂的数据中挖掘出未知的知识。

2.1.1　数字社会

随着互联网的普及，社会加速朝着数字化、网络化、智能化方向演进，我们正处在大量数据日积月累的数字时代。商业、社会、医学及我们的日常生活每天都产生大量数据，2025 年，全球每天约有 463 艾字节（EB）的数据产生。

作为国内知名的购物网站，淘宝的注册人数达到了 8.4 亿，每天的在线商品数超过 8亿，每天有超过 6 000 万的固定访客，每天的交易超过数千万笔，每天的活跃数据量超过 50 TB。

短视频时代，TikTok 的全球下载量超过 29.2 亿次，月度活跃用户超过 15.82 亿，每天 TikTok 用户上传的视频数量高达数百万甚至上千万。2023 年，快手上发布的短视频获得了超过 1 万亿次的点赞、1 700 亿条评论、1 000 亿次收藏和 1 200 亿次分享转发。

随着制造业企业数字化转型升级，据估算制造业每天大概产生 1 812 PB 的数据量，超过通信、金融、零售等行业。西门子安贝格工厂每日产生的数据量达到 5 000 万。重庆青山工业公司实时采集了生产线上 153 台设备、超 1.2 万个设备传感器的各类数据，每天产生的数据量超过 40 GB。

医疗行业是一个数据密集型行业，涉及大量的患者数据、医疗设备数据、药品数据等。一张普通 CT 图像含有大约 150 MB 的数据，一个标准的病理图则接近 5 GB。如果将这些数据量乘以人口数量和平均寿命，仅一个社区医院累积的数据量就可达数 TB 甚至数 PB 之多。

数据的爆炸式增长、广泛可用和巨大数量使得我们的时代成为真正的数字时代。需要功能强大和通用的工具，从这些海量数据中发现有价值的信息，把这些数据转化成有组织的知识。正是这种需求孕育了数据挖掘技术。

2.1.2　人工智能的浪潮

人工智能技术的飞速发展正在推动第四次工业革命的到来。从计算机视觉、自然语言处理到机器学习和深度学习等技术，都使得机器能够完成越来越多的复杂任务。自动驾驶汽车、智能语音助手、医疗诊断系统、金融风险评估等，人工智能系统已广泛应用于各行各业。

近年来，人工智能领域取得了突破性进展，如 AlphaGo 战胜人类顶尖围棋手、ChatGPT 展现出惊人的自然语言生成能力。数据挖掘作为人工智能的典型应用，将传统的数据分析方法与处理大量数据的复杂算法相结合，专注于从大规模数据集中发现隐藏模式和知识。

美国第三大零售商塔吉特，通过分析所有女性客户购买记录，可以"猜出"哪些是孕妇。其发现女性客户会在怀孕 4 个月左右，大量购买无香味乳液，由此挖掘出 25 项与怀孕高度相关的商品，制作"怀孕预测"指数。推算出预产期后，就能抢先一步，将孕妇装、婴儿床等折扣券寄给客户。

随着信息技术的发展，数据挖掘已经越来越成熟，成为一门交叉学科。一般来说，数据挖掘结合了数据库、人工智能、模式识别、神经网络、机器学习、统计、高性能计算、数据可视化、空间数据分析和信息检索等很多方面的知识。

2.2　数据、信息与知识

数据是对事物描述的符号，信息由数据加工而来。当信息应用于商务决策并开展商务活动时，信息就成为知识。数据、信息和知识相互关联。在当今大数据时代，快速提取数据中有价值的信息和知识已成为重要课题，这也是数据挖掘技术应运而生的重要原因。

2.2.1　数据概述

数据（data），是未经加工的事实和统计数字，是最原始、最基础的形式。数据是对客观事物的属性、数量、位置及相互关系等的抽象表示。数据本身没有任何含义，与其他数据之间没有建立相互联系，只是一些独立的、客观存在的符号记录。数据是客观事物被大脑感知的最初的印象，是客观事物与大脑最浅层次相互作用的结果。例如，身高 1.78 m、收入 10 000 元等单纯的数值或文字记录。

2.2.2　信息概述

信息（information）是对数据进行分析和加工后产生的结果，是数据所表示的语义。信息可以是回答了某个特定问题的文本，或者是被解释为具有某些意义的数字、事实、图像，甚至是其他形式的内容等。信息能够回答"why（什么）""who（谁）""when（何时）""where（何地）"等基本问题。例如，分析某些数据得出"今年销售额比去年增长 20%"。

按照性质，可以把信息分成语法信息、语义信息和语用信息 3 个基本类型。其中，最基本也是最抽象的类型是语法信息，也是迄今为止在理论上研究得最多的类型。语法、语义、语用构成语言的 3 个基本方面。语法学研究符号与符号之间的关系；语义学研究符号与所指事物之间的关系；语用学研究符号与使用者之间的关系。例如，方程 $E = mc^2$，英文字母与数学符号之间的特定排列可以构成消息，但公式未出现之前，无法确知公式，一经公布即可解除阅读前的不定度。只要具有初中数学水平，就可得到它的语法信息。不仅知道数学法则，而且从大学物理中可知，E 代表能量，m 代表质量，c 表示光速，这样就得到了公式的语义信息。但这个公式并不一定对每个得到语义信息的人都有价值。

对于一个物理学家来说，在弄清公式的含义及从实验中证实了逻辑上的合理性后，就可得到语用信息，即通过改变原子核的质量状态来获得巨大的原子核能。

2.2.3　知识概述

知识（knowledge），是以各种不同方式把多个信息关联在一起，对信息进行综合、推理和判断后形成的经验总结。知识不仅包括事实信息，还包括规律、方法、原因等内涵。知识是个人所拥有的真理和信念、视角和概念、判断和预期、方法论和技能等，回答"how（怎样）""why（为什么）"的问题。知识能够积极地指导任务的执行和管理，进行决策和解决问题。例如，通过多年销售数据分析，总结出"节假日期间销量会明显上升"的经验规律。当人们将知识与其他知识、信息、数据在行动中的应用之间建立起有意义的联系时，就创造出了新的更高层次的知识。

原始数据经过加工形成信息，再通过综合，形成知识。数据越多、信息分析得越透彻，获取的知识就越丰富全面。数据、信息、知识是人类认识客观事物过程中不同阶段的产物。数据是信息的源泉，信息是知识的"子集或基石"，信息是数据与知识的桥梁，知识反映了信息的本质。三者的关系如图 2-2-1 所示。

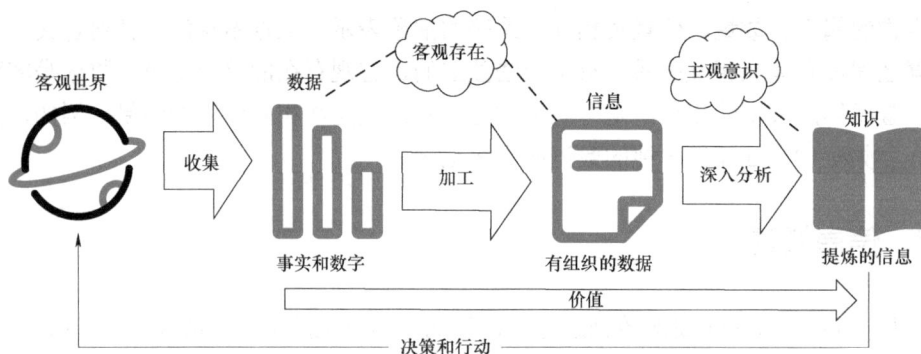

图 2-2-1 数据、信息和知识的关系

2.3　基　本　概　念

数据挖掘从大量数据中自动发现隐含的信息和知识，是一种主动分析方法，不需要分析者的先验假设，可以发现未知的知识。数据挖掘可以作用于结构化数据，也可以对文本数据及多媒体数据进行分析，如分类、聚类、关联分析和数值预测等。

2.3.1　数据挖掘的定义

数据挖掘出现于 20 世纪 80 年代后期，是一门交叉性学科，融合了人工智能、数据库技术、模式识别、机器学习、统计学和数据可视化等多个领域的理论和技术，通过仔细分析大量数据来揭示有意义的新的关系、趋势和模式。

Fayyad 认为，数据挖掘是一个确定数据中有效的、新颖的、潜在有用的，以及最终可理解的模式的非平凡过程。Zekulin 的说法是数据挖掘是一个从大型数据库中提取以前未知的、可理解的、可执行的信息，并用它来进行关键的商业决策的过程。

Ferruzza 认为，数据挖掘是用在知识发现过程中辨识存在于数据中的未知关系和模式的一些方法。Jonn 提到数据挖掘是从大型数据库中将隐藏的预测信息抽取出来的过程。Mehmed 定义数据挖掘是运用基于计算机的方法，包括新技术，在数据中获得有用知识的整个过程。

IBM 将数据挖掘定义为从大量的数据集中发现模式和其他有价值信息的过程。Microsoft 认为，数据挖掘是从大型数据集中发现可行信息的过程。而亚马逊认为，数据挖掘是一种用于分析、处理和探索大型数据集的计算机辅助技术。SAS 软件研究所认为，数据挖掘是按照既定的业务目标，对大量的企业数据进行探索、揭示隐藏其中的规律性并进一步将之模型化的先进、有效的方法。

尽管侧重点有所不同，但这些定义将数据挖掘概括为一种从大量数据中自动发现隐藏有价值模式和知识的过程，都反映了数据挖掘的本质和核心目标。从商业角度上讲，数据挖掘可以描述为：按企业既定业务目标，对大量的企业数据进行探索和分析，揭示隐藏的、未知的或验证已知的规律性，并进一步将其模型化的有效方法。

而从技术的角度上讲，数据挖掘是从大量的、不完全的、有噪声的、模糊的、随机的实际应用数据中，提取隐含在其中的、人们事先不知道的但又是潜在有用的信息和知识的过程，是知识发现的一个步骤，如图 2-3-1 所示。

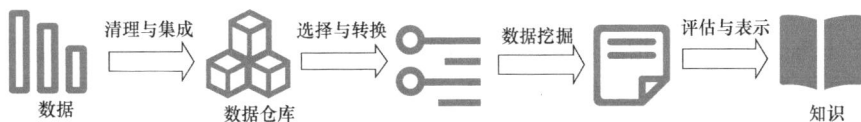

图 2-3-1　知识发现的过程

知识发现（knowledge discovery）是指从大量数据中提取有价值、有意义、可理解和新颖的模式或知识的过程，包含了数据挖掘在内的更广泛的过程，包括数据清理与集成、数据选择与转换、数据挖掘和评估发现结果等步骤。知识发现过程是一个循环反复的过程，每一个步骤如果没有达到预期目标，都需要回到前一步骤，重新调整并执行。

（1）数据清理与集成。数据清理是将数据中的噪声及与挖掘主题明显无关的数据清除，然后将来自多个不同数据源中的相关数据组合到一起，即把不同来源、格式、特点和性质的数据在逻辑上或物理上有机地集中在一起。

（2）数据选择与变换。根据分析任务从数据库中提取相关的数据，通过平滑聚集、数据概化、规范化等方式将数据转换成适合于数据挖掘的形式存储。

（3）数据挖掘。使用机器学习和统计学等技术提取数据模式或规律知识。

（4）模式评估。根据某种兴趣度度量，识别出代表知识的真正有趣的模式，并从商业角度，由行业专家来验证数据挖掘结果的正确性。

（5）知识表示。采用可视化和知识表示技术，向用户提供所挖掘的知识。

知识发现是以数据为基础，通过一系列分析过程，发现有价值的知识的全过程；而数据挖掘则是在这个过程中扮演着从大量数据中识别出潜在模式和关系的关键角色。二者的有机结合，共同推动了从海量数据中提炼有价值知识的能力。

2.3.2　数据挖掘的功能

1. 概念/类别描述

概念/类别描述（concept/class description）是指对数据集作一个简洁的总体性描述并/或描述它与某一对照数据集的差别。例如，收集移动电话费月消费额超出 1 000 元的客户资料，然后利用数据挖掘进行分析，获得这类客户的总体性描述：35～50 岁，有工作，月收入 5 000 元以上，拥有良好的信用度。又或者对比移动电话费月消费额超出 1 000 元的客户群与移动电话费月消费额低于 100 元的客户群。用数据挖掘可作出如下描述：移动电话月消费额超出 1 000 元的客户 80%以上年龄在 35～50 岁之间，且月收入 5 000 元以上；而移动电话月消费额低于 100 元的客户 60%以上要么年龄过大要么年龄过小，且月收入 2 000 元以下。

2．关联分析

关联分析（association analysis）指从一个项目集中发现关联规则，该规则显示了给定数据集中经常一起出现的"属性－值"条件元组。例如，关联规则 X=>Y 所表达的含义是满足 X 的数据库元组很可能满足 Y。关联分析在交易数据分析、支持定向市场、商品目录设计和其他业务决策等方面有着广泛的应用。

3．分类与估值

分类（classification）指通过分析一个类别已知的数据集的特征来建立一组模型，该模型可用于预测类别未知的数据项的类别。该分类模型可以表现为多种形式：分类规则（IF-THEN），决策树或者数学公式，乃至神经网络。估值（estimation）与分类类似，只不过它要预测的不是类别，而是一个连续的数值。例如，基于债务水平、收入水平和工作情况，使用决策树算法可以对给定用户进行信用风险分析。

4．聚类分析

聚类分析（clustering analysis）又称为"同质分组"或者"无监督的分类"，指把一组数据分成不同的"簇"，每簇中的数据相似而不同簇间的数据则距离较远。相似性可以由用户或者专家定义的距离函数加以度量。好的聚类方法应保证不同类间数据的相似性尽可能地小，而类内数据的相似性尽可能地大。例如，对在一个商场购买力较大的顾客居住地进行聚类分析，以帮助商场主管针对顾客群采取有针对性的营销策略。

5．时间序列分析

时间序列分析（time-series analysis）是指通过对大量时间序列数据的分析找到特定的规则和感兴趣的特性，包括搜索相似序列或者子序列，挖掘序列模式、周期性、趋势和偏差。预测的目的是对未来的情况作出估计。例如，假定有某证券交易所过去几年的主要股票（时间序列）数据，并希望投资于高科技工业公司的股票。股票交易数据的挖掘研究可以识别整个股票市场和特定公司的股票演变规律。这种规律可以帮助预测股票市场价格的未来走向，帮助你对股票投资作出决策。

6．偏差检测

偏差检测（deviation detection）用于检测并解释数据分类的偏差，它有助于滤掉知识发现引擎所抽取的无关信息，也可滤掉那些不合适的数据，同时可产生新的关注性事实。偏差可以检测出分类中的反常实例、模式的例外、观察结果对模型预测的偏差及量值随时间的变化。

7．模式相似性挖掘

模式相似性挖掘用于在时间数据库或空间数据库中搜索相似模式时，从所有对象中找出用户定义范围内的对象；或找出所有元素对，元素对中两者的距离小于用户定义的距离范围。模式相似性挖掘的方法有相似度测量法、遗传算法等。

8．Web 数据挖掘

万维网是一个巨大的、分布广泛的和全球性的信息服务中心，其中包含了丰富的超链接信息，为数据挖掘提供了丰富的资源。Web 数据挖掘包括 Web 使用模式挖掘、Web 结构挖掘和 Web 内容挖掘等。

2.3.3 数据挖掘的研究问题

大量数据的涌现，同样对数据挖掘算法带来了一系列的挑战，引发了人们对数据挖掘的研究。

1. 数据挖掘算法的有效性和伸缩性

随着数据采集技术的发展与进步，数 GB、TB 甚至 PB 级别的数据集越来越常见。因此，数据挖掘算法必须是有效的和可伸缩的，即数据挖掘算法的运行时间必须是可预计和可接受的，以适应海量的数据。例如，当需要处理的数据不能放进内存时，可能需要非内存算法。

2. 数据的高维性

现在的数据通常会有成百上千个属性。例如在生物信息学领域，一个基因表达数据可能就涉及了数千个特征。某些具有时间和空间特性的数据集，往往也具有很高的维度。传统为低维数据设计的数据分析技术，往往难以有效处理这样的高维数据。随着数据的维度的增加，数据挖掘算法的时间复杂度也迅速增长。

3. 异常数据的识别

存放在数据库或数据仓库中的数据可能会存在某些噪声或异常数据。如果不及时处理掉这些异常数据，那么很有可能会影响所发现模型的精确性。因此，需要处理数据噪声的数据清理方法和数据分析方法，以及发现和分析例外情况的局外者挖掘方法。

4. 复杂数据的挖掘

除了传统的文本和表格等结构化数据，近年来，已经出现了更复杂的数据对象，如包含序列和三维结构的 DNA 数据、含有图像和文本的 Web 页面数据等。对于这些异构数据，需要考虑数据中的内在关联，如时间和空间的自相关性、图的连通性等。

5. 数据挖掘结构的表示

数据挖掘的知识结果应当是易于理解，能够直接为人所接受的。因此，发现的知识应当用高级语言、可视化表示形式或其他表示形式表示，如树、表、图或曲线等形式。

2.4 数据类型和来源

数据的类型决定了应使用何种工具和技术来分析数据。数据挖掘研究常常是为了适应新的应用领域和新的数据类型的需要而展开的。

2.4.1 数据挖掘的数据类型

数据挖掘作为一种通用技术，能够从各种类型的数据中挖掘出有价值的信息，这些数据可以是结构化数据、半结构化数据甚至是非结构化数据，如关系型数据库、数据仓库、文本、图像、视频、音频和 Web 数据等。

从数据的组织形态上，数据可以被分为结构化、非结构化和半结构化三种类型。结构化数据是指严格遵循数据模型、易于搜索和组织的数据，是最常见的数据形态，通常以表格的形式存储在关系型数据库中。结构化数据具有可搜索、可维护、高度组织化的特点，如关系型数据库中的数据表。

非结构化数据没有预定义的数据模型，没有固定的组织原则。非结构化数据形式多种多样，如图像、视频、音频和文本等数据都是非结构化数据。文本数据是互联网上最常见的数据类型之一，包括新闻、评论、社交媒体等。图像、视频和音频可以统称为多媒体数据。对多媒体数据进行分析，可以了解用户的偏好和兴趣。然而这类数据，难以使用传统的数据库和数据分析工具处理，通常需要高级处理方法，如自然语言处理、语音处理、图像分析。

半结构化数据介于结构化数据和非结构化数据之间，具有一定的组织结构，但没有严格遵循数据模型，不符合关系型数据库的格式。半结构化数据的结构灵活，可以存储复杂的数据，如 XML 文档和 JSON 数据格式等。半结构化数据既保留了部分结构化数据的优势，同时能够灵活适应数据的变化和拓展，在特定领域具有重要的作用。

2.4.2 数据挖掘的数据来源

数据挖掘所使用数据的主要来源包括数据库数据、数据仓库数据和事务数据等。

1. 数据库数据

数据库系统是为适应数据处理的需要而发展起来的一种较为理想的数据处理系统，由一组内部相关的数据和一组管理和存取数据的软件程序组成。软件程序负责定义数据结构和数据存储，确保存储信息的一致性和安全性。当前，数据系统可以分为关系型数据库和非关系型数据库。

关系型数据库是信息的集合，可以将关系型数据库视为一个电子表格文件集合，用于帮助企业组织、管理和关联数据。在关系型数据库模型中，每个"电子表格"都是一个存储信息的表，表示为列（特性）和行（记录或元组）。用户可以轻松查看和理解不同数据结构之间的关系。关系是不同表之间的逻辑连接，根据这些表之间的交互建立。与传统数据库相反，非关系数据库是一种不使用表格架构的数据库。例如，可以将数据存储为简单的键值对、JSON 文档或者由边缘和顶点组成的图形。

关系型数据库是数据挖掘中最常见、最丰富的信息源。当数据挖掘应用于关系型数据中时，可以进一步发现新的趋势和数据模式。

2. 数据仓库数据

数据仓库是一种企业系统，用于分析和报告来自多个来源的结构化和半结构化数据，如销售终端交易、营销自动化、客户关系管理等。数据仓库适用于点对点分析及自定义报告。数据仓库可以将当前数据和历史数据都存储在一个地方，旨在提供长期数据视图，这使其成为商务智能的主要组成部分。数据仓库中的数据围绕主题组织，以数据立方体（data cube）的多维数据结构建模。其中，每个维度对应模式中的一个或一组属性，而每个单元则存放聚集度量值。

数据仓库中的数据允许数据挖掘在各种粒度上进行多维组合分析，因此可以发现代表知识的模式。

3. 事务数据

事务数据（transactional data）是指在日常业务操作中持续产生的记录数据。这些数据通常反映了企业与客户、供应商、员工等利益相关者之间发生的实时交易或事件。通常，事务数据库的每个记录代表一个事务，如顾客的一次购物、一个航班订票或一个用户的网页点击。

一个事务包含一个唯一的事务标识号及组成事务的项的列表，如交易中购买的商品。事务数据库可能有一些与之相关联的附加表，包含关于事务的其他信息，如商品描述、关于销售人员或部门等的信息。

2.5 核 心 技 术

数据挖掘是一门交叉学科，融合了数据库、人工智能、机器学习、统计学等多个领域的理论和技术，其核心技术主要涉及统计学、机器学习和信息检索等多个方面。

2.5.1 统计学

统计学主要通过利用概率论建立数学模型，收集所观察系统的数据，进行量化的分析、总结，进而进行推断和预测，为相关决策提供依据和参考。它被广泛地应用在各门学科之上，从物理和社会科学到人文科学，甚至被用于工商业及政府的情报决策之上。传统的统计技术已经不足以解决涉及海量数据的挖掘问题，但统计是数据挖掘中的一个重要组成部分。经典的统计应用和数据挖掘的基本差异是数据集的大小。对于传统的统计应用，一个"大"的数据集可能包含几百或几千个数据点，但对于数据挖掘的数据集而言，几百万甚至几十亿的数据点并不少见，甚至存在 GB 或者 TB 级的数据集。这样大容量的数据集使得传统的统计学难以处理。

数据挖掘的很多算法是根据统计学的分析方法发展出来的，它需要用到如随机变量、样本、假设检验、回归等一系列统计学概念和原理。数据挖掘技术中的一些经典技术（如 CART、CHAID 等）都来自统计技术，许多实际挖掘工具都是基于统计技术构造的。

2.5.2 机器学习

机器学习的研究主旨是使用计算机模拟人类的学习活动，它是研究计算机识别现有知识、获取新知识、不断改善性能和实现自身完善的方法。这里的学习意味着从数据中学习，包括监督学习（supervised learning）、半监督学习（semi-supervised learning）、无监督学习（unsupervised learning）和强化学习（reinforcement learning）。

监督学习是机器学习中最常见的学习方式之一。监督学习通过对已有标记数据进行学习，训练模型能够从未标记数据中进行预测和分类。在监督学习中，每个样本都有标签（标记），模型可以利用这些标签来学习分类模型。例如，我们希望根据一组特征（features）对结果度量进行预测，通过学习已知数据集的特征和结果度量建立起预测模型来预测并度量未知数据的特征和结果，如根据某病人的饮食习惯和血糖、血脂值来预测糖尿病是否会发作。

无监督学习是用于处理未标记的数据，即没有给定输出标签的数据。无监督学习的目标是学习数据中的模式和结构，以便在未知数据上进行分类和预测。在无监督学习中，只能观察特征，没有结果度量。此时只能利用从总体中给出的样本信息，对总体作出某些推断及描述数据是如何组织或聚类的，它并不需要某个目标变量和训练数据集。例如，使用无监督学习方法对手写数字图像聚类。假设它找出了 10 个数据簇，对应 0~9 这 10 个数字，但由于缺少标签，模型无法获知每一个簇的语义。

半监督学习是介于监督学习和无监督学习之间的一种学习方式。半监督学习利用一小部分已标记数据和大量未标记数据进行训练，以提高模型的预测能力。无监督学习适用的问题往往有着大量的无标签样本，同时获得有标签样本成本较高。例如，在推荐系统中，数据集通常包含大量的用户行为数据，但标签较少。半监督学习方法可以在这种情况下，实现较好的推荐效果。

强化学习是用于培养智能体（agent）通过与环境的交互来学习最佳决策策略。强化学习的目标是使智能体获得最大的累积奖励，从而学会在特定环境下做出最佳决策。该方法不同于监督学习技术那样通过正例、反例来告知采取何种行为，而是通过试错（trial-and-error）来发现最优行为策略。例如，在强化学习中，可以使用 Q-learning 算法训练一个智能体来玩某个游戏，该智能体需要不断地与游戏环境交互，学习最佳策略，使游戏得分最高。

2.5.3　信息检索

信息检索是从大规模非结构化数据的集合中找出满足用户信息需求的资料的过程。当用户向系统输入查询时，信息检索过程开始。查询是信息需求的正式声明，如在 Web 搜索引擎中的搜索字符串。在信息检索中，查询不会唯一地标识集合中的单个对象，相反可以有不止一个对象匹配查询，它们可能具有不同程度的相关性。搜索引擎是信息检索系统的一种实际应用，为广大用户提供多种形式的查询服务，比较著名的搜索引擎有 Google、Bing、百度等。

对用户查询的检索过程一般分为检索和排序两个部分。首先是检索部分，检索系统根据用户提交的查询从文档库中产生一个与该查询相关的文档子集；其次为排序部分，按照检索模型计算相关文档分数，再依据得分对相关文档进行排序后返回给用户。通常文档的相关性越强，排序位置越靠前。由于每种信息检索系统的检索组件不同，检索结果也存在差异。这些检索结果中都包含一定量的用户查询相关文档，合理地利用这些检索结果，一方面可以提高用户检索相关文档的效率，减少重新从大规模数据集中寻找相关文档的资源消耗，另一方面有利于获得相关文档更靠前的检索结果，从而提高检索性能。

2.6 应用场景与安全问题

数据挖掘技术从一开始就是面向应用的。由于现在各行业的业务操作都向着流程自动化的方向发展，企业内产生了大量的业务数据。数据挖掘技术在金融保险、电信、零售、工业制造和医学等多个领域均有显著发展。然而，随着数据挖掘的广泛应用，随之而来的安全问题也日益突出。数据泄露、隐私侵犯、恶意数据操控等风险使得数据挖掘安全成为一个亟待解决的重要问题。

2.6.1 数据挖掘的应用场景

1. 金融领域

数据挖掘在金融领域取得了广泛应用，包括信用评估、客户分析和金融犯罪检测等，为金融业带来了重要价值。在金融领域，银行和金融机构采集的数据相对较为完整，并且数据质量较高，极大地方便了系统化的数据分析和数据挖掘。例如，基于数据挖掘分析顾客还款信息，对顾客的信用等级进行评定，调整贷款发放政策。使用分类技术识别影响顾客关于银行业务决策的最重要因素，使用聚类技术识别具有类似行为的顾客。此外，数据挖掘技术还可用于侦破金融犯罪，如使用多种数据分析工具检测异常的现金流动。

2. 零售领域

零售业采集了关于销售、顾客购物史、货物运输、消费和服务的大量数据，是数据挖掘的主要应用领域。随着网上购物的流行，零售业采集的数据量继续迅速增大，为数据挖掘提供了丰富的资源。数据挖掘可以发现顾客的购物模式和趋势，识别顾客购买行为，改进服务质量，提高商品销量和顾客满意度，降低企业成本。

例如，使用关联分析可以找出哪些商品可能随降价商品一同购买，使用序列模式挖掘分析顾客的消费变化，调整商品的种类和价格，从而吸引新顾客，留住老顾客。使用数据挖掘技术对顾客进行个性化推荐，以便改进顾客服务，帮助顾客选择商品，增加销售额。

3. 电信领域

随着各行各业市场化水平的不断提高，电信市场的竞争程度日渐白热化，电信运营商的经营模式逐渐从"技术驱动"向"市场驱动""客户驱动"转化。为了准确、及时地进行经营决策，必须充分获取并利用相关的数据信息对决策过程进行辅助支持。而数据挖掘正是实现这一目标的重要手段。

例如，通过数据挖掘算法，分析各种骗费、欠费用户的性质和消费行为，建立电信欺诈侦测模型，预测可能的欺诈用户，以降低运营商的损失风险。电信网络每天产生大量告警数据，其中蕴含着许多有价值的信息。这些信息可用于过滤冗余告警、网络故障定位和预测严重错误。然而，这些信息隐藏在庞大的数据中，需要通过数据挖掘技术来提取。利用这些潜在的知识，可以优化网络运维，提高网络的可靠性和效率。

4. 制造业领域

通过分析大量生产数据，企业可以优化制造流程、提高产品质量、预测设备故障、降低成本，做出更明智的决策。具体应用包括预测性维护、质量控制、供应链优化、需求预测等。例如，利用机器学习算法分析传感器数据可及早发现潜在问题；通过挖掘历史生产记录可找出影响良品率的关键因素；分析销售数据则有助于更准确地预测市场需求；基于实时生产数据，动态调整生产计划，提高资源利用率。

通用电气（General Electric，GE）公司收集了全球 1 600 台燃气轮机生成的数据。通过分析这些数据，GE 公司缩短了决策时间并最大限度地减少了花费在数据管理上的精力，减少了 300 万美元的独立软件开发成本。对机器数据进行分析和数据挖掘操作为 GE 公司产生了大量的生产力并且能够通过更好地管理设备为 GE 公司客户带来商业利益。

2.6.2　数据挖掘的安全问题

数据挖掘在带来信息时代知识学习的巨大隐含价值的同时，也对人们的隐私和数据安全构成了威胁。通常认为，对数据挖掘而言隐私保护包含两重目的：符合隐私要求和提供有效的数据挖掘结果。

个人信息的数据收集无处不在，信息能够使人们的生活更方便，但是使用这些数据的行为并不透明，导致人们的隐私受到威胁。随着各种智能终端的大面积使用，商业机构和组织借助大数据，能够同步获取用户的实时位置、声音、图像，极大地增加了个人隐私信息暴露的风险。相关学者指出，现阶段互联网上仅存在 20% 的信息，而 80% 的数据还游离在互联网之外，并且大部分是作为垃圾数据的游离状态。比如，用户设备的日常数据，手机中删除的照片、视频等。这些数据都存在被传到互联网上的可能性，当数据信息进行处理之后就能够获取到很多隐秘的信息，从而带来巨大的威胁。

随着人们对隐私保护越来越重视，数据挖掘隐私保护技术也越来越引起关注，并且涌现出越来越多的隐私保护技术，如基于启发式的隐私保持技术、基于密码学的隐私保持技术和基于重构的隐私保持技术等。

小　结

本章介绍了数据挖掘的背景、定义、功能，数据挖掘的研究问题、核心技术，挖掘的数据类型和模式类型及数据挖掘的应用场景。数据挖掘来自实际领域的需求，其理论与方法涉及人工智能、数据库和统计学等多个学科知识的交叉，在生产实践、商业活动中均取得了成功的应用。目前，各个领域都对数据挖掘提出了新的要求，也为数据挖掘的发展提供了强大的发展动力。

习　题

1. 何谓数据挖掘？它有哪些方面的功能？

2. 数字挖掘常用的 6 种算法是什么？

3. 什么是技术元数据？它包含的主要内容是什么？

4. 简述 K-means 算法的输入、输出及聚类过程。

5. 假定你是一个数据分析人员，受雇于一家移动通信公司。通过一个例子说明如何使用数据挖掘技术为公司提供帮助。例子应包含问题描述、使用何种数据挖掘方法解决该问题、理由和预期效果（不需要定量分析）。

6. 数据挖掘与机器学习有何关系？比较数据挖掘与机器学习的异同，分析它们在实际应用中的交叉与融合。

7. 很多科学领域依赖于观测而不是设计的实验，比较涉及观测科学与实验科学的数据挖掘的数据质量问题。

8. 取成年人的样本并度量他们的身高。如果记录每个人的性别，则可以分别计算男性和女性的平均身高和身高的方差。如果没有记录性别信息，那么有可能得到这一信息吗？解释原因。

第 3 章

Python 基础

本章将带领读者认识并尝试使用实现数据挖掘的一种基础语言——Python，帮助读者在实践中快速上手。

3.1 Python 环境的搭建

Python 是一种非常适合新手学习的编程语言。Python 的语法直观易懂，不需要处理复杂的内存管理问题，具有简洁性、易读性的特点及丰富的标准库，是初学者的首选。本节基于 Python 对数据挖掘内容和流程进行讲解，首先引导读者进行 Python 环境的搭建。

3.1.1 Python 简介

Python 是一种使用广泛的高级编程语言，于 1991 年由荷兰科学家 Guido van Rossum 发布，设计目标是创建一种易于学习、易于阅读、易于维护的编程语言。自发布以来，Python 经历了多个版本的迭代，每个版本都引入了新的特性和改进。Python 2 和 Python 3 是两个主要的版本系列，其中 Python 3 引入了许多重要的改进，包括更好的 Unicode 支持、更简洁的语法及一些不兼容的更改，目前许多流行的库和框架只支持 Python 3。

Python 的流行催生了庞大的社区和丰富的生态系统。Python 社区非常活跃，在全球众多开发者和组织的共同开发和维护下，目前 Python 有许多高质量的开源项目和库可供使用。从数据处理和可视化的 pandas 和 matplotlib，到 Web 开发的 Django 和 Flask，再到科学计算的 numpy 和 scipy，这些库使 Python 成为解决各种问题的强大工具，几乎涵盖了现代软件开发中的所有需求。Python 适用于 Windows、Linux、MacOs 等各种操作系统，不论是在本地计算机或者在服务器端，都可以流畅使用。

由于 Python 具有强大的可移植性、可扩展性和嵌入性，无论是新手还是有经验的开发人员，都能够使用 Python 处理从简单脚本到大规模系统的各种编程任务，完成数据分析与挖掘过程中，从数据清洗、数据预处理、特征工程、模型训练、模型评估到结果可视化的全流程。

3.1.2　Python 环境的配置

首先，从配置 Python 环境开始，逐步引导读者掌握 Python 的基础使用方法，旨在帮助读者在实际操作中迅速入手，为后续的数据挖掘奠定基础。

虚拟环境(virtual environment)是计算机中一个独立的、隔离的区域，包含运行 Python 程序时所需要的 Python 解释器、库、脚本等内容。每一个环境均可以被创建、复制、共享和删除，使用时不会影响其他环境。创建虚拟环境是使用 Python 的第一步。搭建独立的 Python 环境，方便开发者进行使用和管理。每个项目使用独立的环境，确保其各个库之间不会互相干扰，在管理时可以在不同的项目之间切换，不需要担心某一个项目中库的版本更改会影响其他的项目。除此之外，每一个环境在计算机中是一个单独的文件夹，环境可以轻松复制到其他机器上，使项目在新机器中快速启动并且运行，提高了复制和共享的效率。

在 Python 开发中，搭建环境有很多种方法。

（1）使用 venv 库。这是 Python 标准库中用于创建轻量级虚拟环境的库，不需要额外安装软件，直接使用内置工具创建虚拟环境即可。

（2）使用 pipenv 库。结合 pip 和 virtualenv 提供更高级的包管理，以项目为单位隔离 Python 环境，可以使用不同的 Python 库版本，自动管理所安装的 Python 库和其他库。

（3）使用 Docker。Docker 是一个开源的应用容器引擎，可以使开发者打包应用及其依赖包到一个可控制的容器中，然后发布到任何流行的 Linux 机器上，并且实现虚拟化。容器完全使用沙盒机制，相互之间不会存在任何接口，非常容易在机器和数据中心运行。Docker 不依赖于任何语言、框架或者包装系统。

在各种搭建环境的工具中，Anaconda 是一款成熟的、应用广泛的工具，专为科学计算和数据分析设计，具有强大的功能及简明的操作，预装了大量的库，如 numpy、pandas、scipy、matplotlib 等，支持 Windows、Mac 和 Linux 各个平台，具有简单明了的图形用户界面，以及丰富的文档和社区资源，是配置 Python 环境的常用方法。Anaconda 包括 conda 包管理器，可以用于安装、升级、删除软件包，以及创建、导出和导入环境。Anaconda 的文件较大（500 MB 左右），如果需要节省带宽或者存储空间，也可以选择下载 Miniconda，具有更加轻量的特点。Anaconda 提供了 Anaconda Navigator 图形化程序，方便用户通过可视化界面对包、环境和应用程序进行管理。图 3-1-1 为 Anaconda Navigator 图标，图 3-1-2 为 Anaconda Navigator 界面。

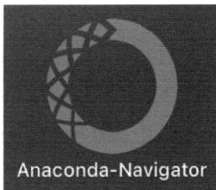

图 3-1-1　Anaconda Navigator 图标

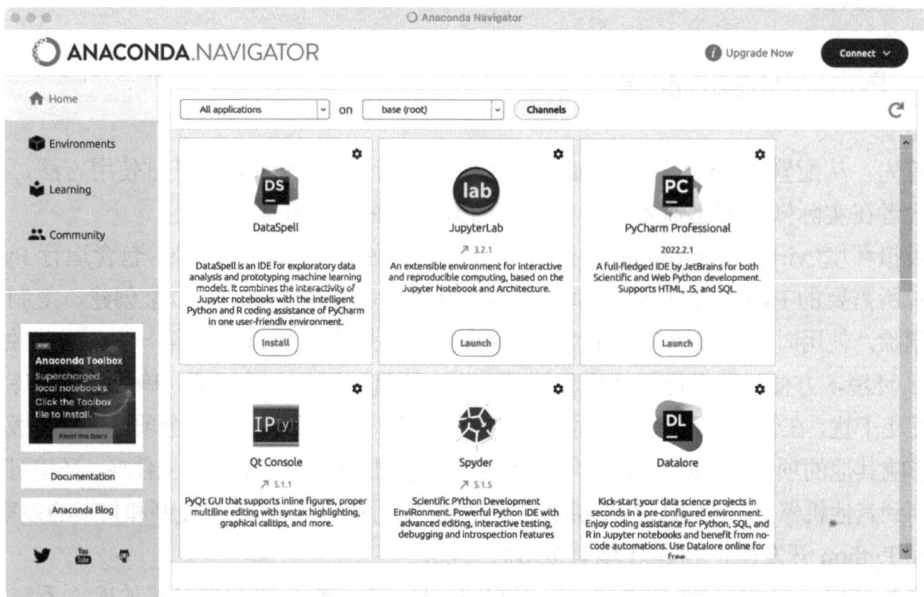

图 3-1-2　Anaconda Navigator 界面

访问 Anaconda 官网（https://www.Anaconda.com/download/）（这里以 Windows 版本为例），单击下载安装包（见图 3-1-3）。

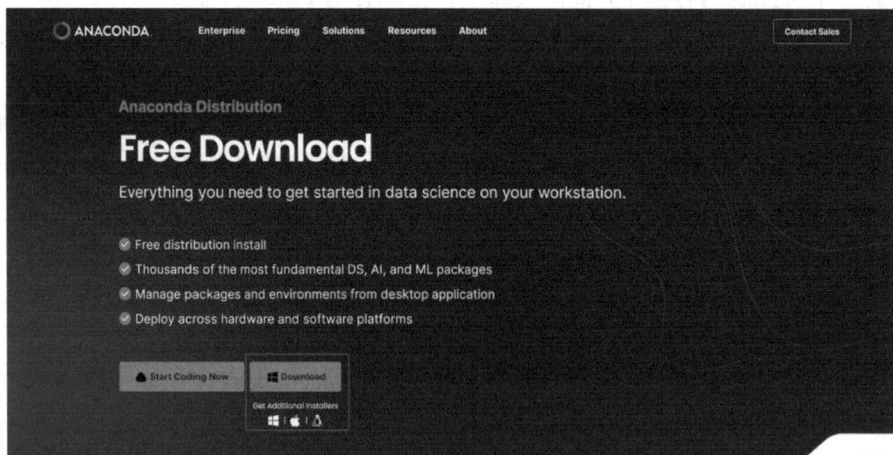

图 3-1-3　Anaconda 下载界面

完成下载之后，双击下载文件打开下载好的安装包，按照安装向导的指引进行安装，启动安装程序。接下来按照指引选择"Next"，阅读许可证协议条款，勾选"I Agree"并进行下一步。接下来一般勾选"Just Me"（仅为自己安装，除非特别情况是以管理员身份为所有用户安装），然后在"Choose Install Location"界面中，选择 Anaconda 的目标路径，单击"Next"（见图 3-1-4）。

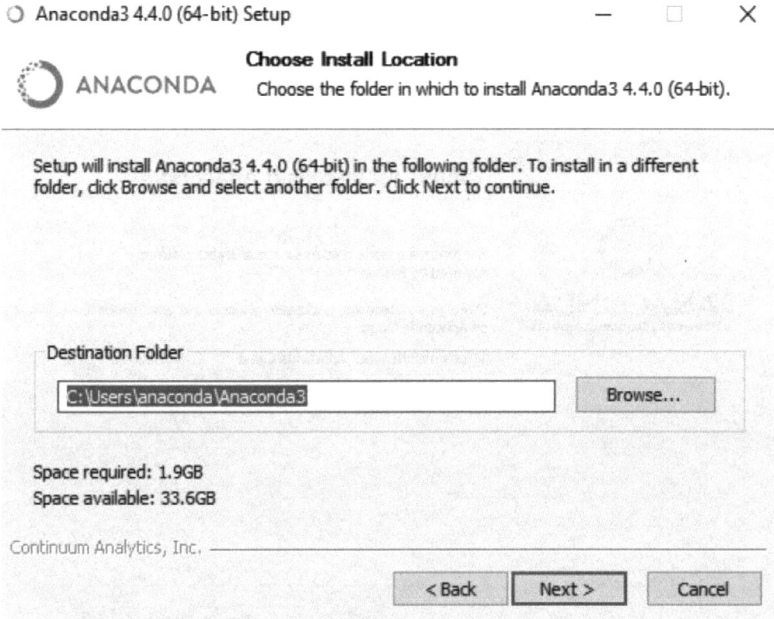

图 3-1-4　Anaconda 安装（1）

注意：Anaconda 的目标路径中不能含有空格，同时不可以是 unicode 编码。

在"Advanced Options"中不要勾选"Add Anaconda to my PATH environment variable"（添加 Anaconda 至我的环境变量，见图 3-1-5）。如果勾选，则将会影响其他程序的使用。如果使用 Anaconda，通过打开 Anaconda Navigator 或者在开始菜单中的"Anaconda Prompt"中进行使用。

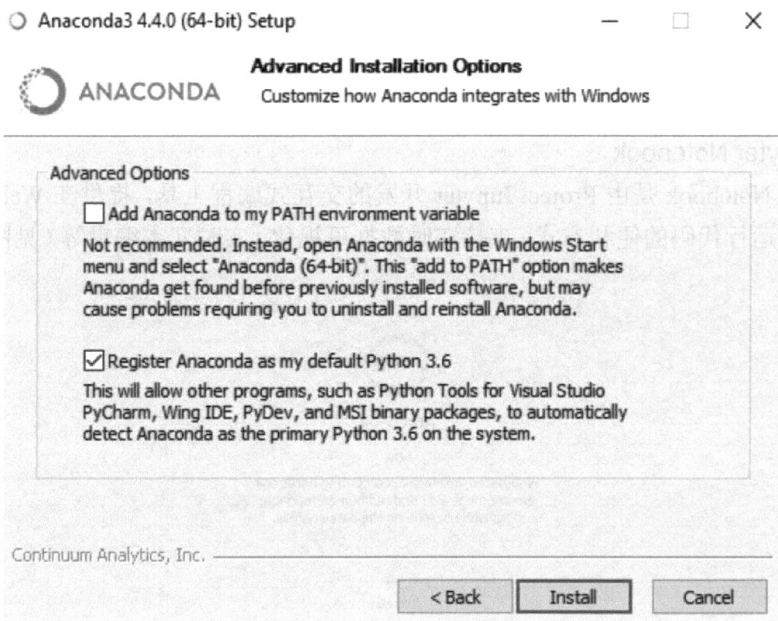

图 3-1-5　Anaconda 安装（2）

进入"Thanks for installing Anaconda!"界面，意味着安装成功，单击"Finish"退出界面（见图 3-1-6）。

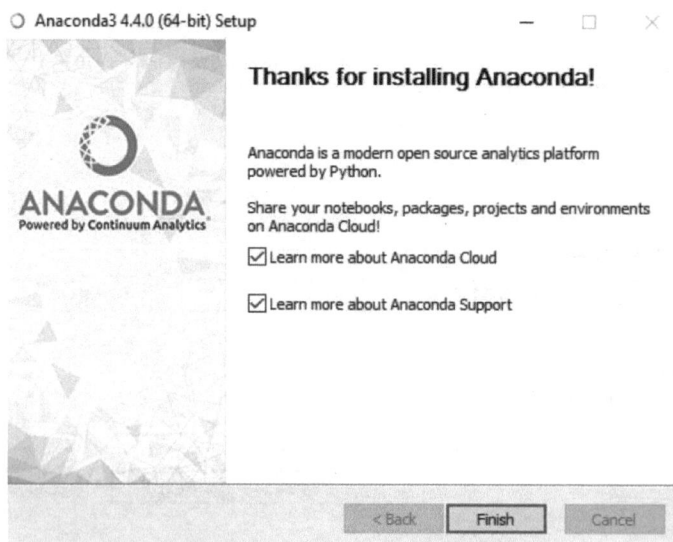

图 3-1-6　Anaconda 安装（3）

Anaconda 各个版本会定期更新，如果使用过程中遇到了困难，可以查找最新的下载、安装教程。

3.1.3　Python 开发工具

Python 开发工具，或称 Python IDE 或者 Python 集成开发环境，是用于编写、运行、测试 Python 代码的应用程序，可以帮助开发者更有效地编写和管理代码。结合数据分析的常用场景，下面重点介绍 Jupyter Notebook 和 PyCharm 两种应用广泛的 Python 开发工具。

1. Jupyter Notebook

Jupyter Notebook 是由 Project Jupyter 开发的交互式编程工具，提供在 Web 浏览器中逐行编写和运行代码的便利方式，支持实时数据可视化、实时文本编辑等（见图 3-1-7）。

图 3-1-7　Anaconda Navigator 中的 Jupyter Notebook

安装 Anaconda 后，就自动安装了 Jupyter Notebook，可以在搜索框中进行搜索，打开文件所在的位置，双击运行 Jupyter Notebook（见图 3-1-7）。

图 3-1-8　搜索找到 Jupyter Notebook 文件位置

等待一段时间后，会自动弹出终端的窗口和 Jupyter Notebook 的网页，保持终端窗口不要关闭，即可在网页中使用 Jupyter Notebook。找到存储代码的文件，进行撰写和运行（见图 3-1-9）。

图 3-1-9　Jupyter Notebook 操作界面

2. PyCharm

PyCharm 是 JetBrains 旗下的集成开发环境，广泛用于软件开发领域，特别是 Python 编程。PyCharm 提供强大的界面用于支持代码编辑、代码导航、项目管理等。PyCharm 提供社区版和专业版两个版本，社区版免费开源，提供了基本的 Python 开发功能；专业版需要付费使用，额外提供 Web 开发和数据库支持功能。计算机已配置好 Python 之后，进入 Jetbrains 官网（https://www.jetbrains.com/PyCharm/）下载并按照指引安装 PyCharm。图 3-1-10 为 PyCharm 图标。

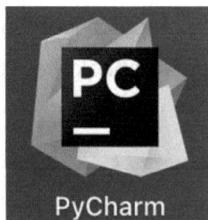

图 3-1-10　PyCharm 图标

　　Jupyter 适合编辑以 ".ipynb" 结尾的文件，并做交互式分析，支持 Markdown 和代码混编，方便教学或生成带有丰富格式的报告。PyCharm 更适合开发复杂的 Python 项目，它提供了更加丰富的功能和界面，极大地提升了开发效率。PyCharm 还支持多种插件和扩展，可以根据用户的需求进行个性化定制。PyCharm 提供了对多种 Python 框架和库的支持，如 Django、Flask 等，使开发者能够更加方便地进行 Web 开发、数据分析等任务。图 3-1-11 为 PyCharm 使用界面。

图 3-1-11　PyCharm 使用界面

3.1.4　Python 库的安装

　　用 Python 编程时，使用库可以极大地简化开发过程。从代码角度理解，库是一组预先编写好的类和函数的集合；从应用角度理解，库类似一个工具箱，工具箱中存储着各种工具，使用工具即调用库中的类和函数，可以提高开发效率。本节介绍一些常用的库及库的安装方法。

1. 库

Python 中有许多功能强大的库，用于数据处理、科学计算、机器学习、网络爬虫等多个领域。按照库的来源，可以大致分为两类：一类是标准库，指 Python 自带的库，只要安装了 Python 即可使用；另一类是第三方库，使用前需要先完成安装。

Python 内置了丰富的标准库，在 Python 官方文档（https：//docs.python.org/3.10/library/index.html）中可以查看。其主要类别包括：内置函数、内置类型、文本处理、时间日期、数学计算、数据存储、加密解密、操作系统相关、并发编程相关等。

常见的第三方库如下：

numpy：用于科学计算和数组操作；

pandas：用于数据分析和数据处理；

matplotlib：用于数据可视化；

scikit-learn：用于机器学习；

tensorflow 和 PyTorch：用于深度学习；

requests：用于 HTTP 请求；

BeautifulSoup：用于解析 HTML 和 XML。

2. CMD

CMD，全称 command，是 Windows 系统中自带的命令行解释器，允许用户通过输入命令来对系统进行各种操作，显示主机运算的输出，并且接受主机要求的输入。CMD 命令在 Windows 系统中扮演着不可或缺的角色，用户通过 CMD 管理系统、文件和网络连接等。

在 Windows 操作系统中，可以通过 CMD 安装 Python 库。CMD 的启动方法：按下 Win+R 键，在弹出窗口中输入 cmd（见图 3-1-12），然后按下回车键，打开界面。

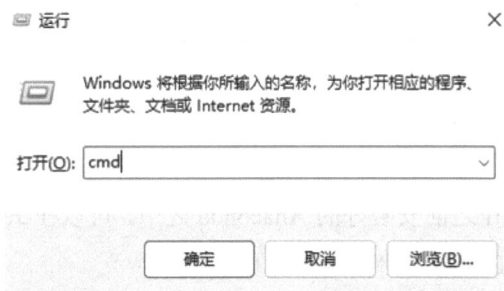

图 3-1-12　打开 CMD

3. 使用 pip 或者 conda 安装库

pip 和 conda 是 Python 中最常见的两个包管理工具。

pip 是 Python 自带的包管理工具，首先可以在 CMD 中输入以下命令检查是否成功安装 Python 和 pip。

```
python --version
pip -version
```

如果 pip 已经安装，将会看到 pip 的版本信息。使用 pip 安装库，如 numpy 库，可以在 CMD 中输入以下代码。

```
pip install numpy
```

安装完成后，可以使用 pip list 命令，列出所有已经安装好的 Python 库，检查库是否安装成功。

```
pip list
```

使用 conda 安装库的方法类似，如安装 numpy 库，可以输入：

```
conda install numpy
```

安装完成后，使用 conda list 命令列出所有已经安装好的库。

```
conda list
```

3.2 numpy 库

有效地存储和操作数值数组是数据挖掘中绝对的基础过程。本节介绍 Python 中一个专门用来处理数值数组的工具：numpy 库。numpy（numerical Python 的简称）库几乎是整个 Python 数据科学工具生态系统的核心，它支持大量的维度数组与矩阵运算，针对数组运算提供大量的数学函数库。此外，numpy 库可以作为在算法和库之间传递数据的容器。

3.2.1 numpy 库安装验证

numpy 库已经包含在之前安装好的 Anaconda 之中，可以在 Jupyter Notebook 中输入以下代码，来导入 numpy 库并核实 numpy 库版本。

```
In [1]  import numpy as np
        np.__version__
Out [1] '1.24.3'
```

针对本节中介绍的 numpy 库功能，建议读者使用 numpy 1.8 及之后的版本。scipy/pydata 社区中的大多数人都用 np 作为别名导入 numpy 库，在本章及之后的内容中，我们都将用这种方式导入和使用 numpy 库。

3.2.2　NDarray 对象创建

numpy 库最重要的一个特点就是其 *N* 维数组对象（即 NDarray）。NDarray 对象是用于存放同类型元素的多维数组，以 0 下标为开始进行集合中元素的索引。NDarray 对象由实际的数据和描述这些数据的元数据两部分组成，大部分的数组操作仅仅修改元数据部分，而不改变底层的实际数据。可以利用这种数组对整块数据执行一些数学运算，其语法与标量元素之间的运算一样。

1. array 函数

创建 NDarray 数组最简单的办法就是使用 array 函数。它接受一切序列型的对象（包括其他数组），然后产生一个新的含有传入数据的数组。下面以一个一维列表的转换为例：

```
In [1]    import numpy as np
          arr1 = np.array([1,2,3])
          print (arr1)

Out [1]   [1 2 3]
```

如果输入的是嵌套序列（比如由一组等长列表组成的列表），则输出将会被转换为一个多维数组：

```
In [2]    data = [[1, 2, 3, 4], [5, 6, 7, 8]]
          arr2 = np.array(data2)
          print (arr2)

Out [2]   array([[1, 2, 3, 4],
                 [5, 6, 7, 8]])
```

2. empty 函数

empty 函数用来创建一个指定形状和数据类型，且未进行初始化（即数组元素为随机值）的数组：

```
In [1]    import numpy as np
          x = np.empty([3,2], dtype = int)
          print (x)

Out [1]   [[ 6917529027641081856  5764616291768666155]
           [ 6917529027641081859 -5764598754299804209]
           [          4497473538         844429428932120]]
```

3. zeros 函数

zeros 函数用来创建一个指定形状的数组，数组元素以 0 来填充，数据类型默认为浮点数，可进行自定义设置：

```
In [1]   import numpy as np
         x = np.zeros(5)
         print (x)
Out [1]  [0. 0. 0. 0. 0.]
```

4. ones 函数

ones 函数可以创建一个指定形状的数组，数组元素以 1 来填充，数据类型默认为浮点数，可进行自定义设置：

```
In [1]   import numpy as np
         x = np.ones(5)
         print (x)
Out [1]  [1. 1. 1. 1. 1.]
```

5. arange 函数

arange 函数可以根据起始值与终止值指定的范围及步长，生成一个数组，其中起始值默认为 0，范围不包含终止值，步长默认为 1：

```
In [1]   import numpy as np
         x = np.arange(5, dtype = int)
         print (x)
Out [1]  [0 1 2 3 4]
```

3.2.3 NDarray 数组属性

数组的维数称为秩，也是轴的数量，可以用 axis 来声明按哪个轴进行操作：axis=0，表示沿着第 0 轴进行操作，即对每一列进行操作；axis=1，表示沿着第 1 轴进行操作，即对每一行进行操作。

1. ndim 函数

ndim 函数用于返回数组的维数，也是数组的秩：

```
In [1]   import numpy as np
         x = np.arange(2)
         print (x.ndim)
Out [1]  1
```

2. shape 函数

shape 函数用于返回数组的维度，结果为一个元组。比如，一个二维数组，其维度表示"行数"和"列数"：

```
In [1]   import numpy as np
```

```
x = np.array([[1,2,3],[4,5,6]])
print (x.shape)
```

Out [1]

3. 其他属性

numpy 库的数组中还有很多比较重要的 NDarray 对象属性，具体如表 3-2-1 所示。

表 3-2-1　NDarray 对象属性

属性	说　　明
ndarray.size	数组元素的总个数
ndarray.dtype	ndarray 对象的元素类型
ndarray.itemsize	ndarray 对象中每个元素的大小
ndarray.flags	ndarray 对象的内存信息
ndarray.real	ndarray 元素的实部
ndarray.imag	ndarray 元素的虚部

3.2.4　NDarray 数据类型

Python 自身的数据结构体中包含了大量额外的信息，所以 Python 可以自由、动态地编码，将任何类型的数据指定给任何变量，实现动态输入。但是 Python 类型中的这些额外信息也会成为负担，尤其是在一个异构数据结构中，数据的存储和操作会因此变得低效，而 numpy 式数组——NDarray 对象将数据存储在固定类型的数组中，解决了这个问题。

NDarray 对象的数据类型 dtype 是一个特殊的对象，它含有 NDarray 将一块内存解释为特定数据类型所需的信息，包括数据的类型、大小、字节顺序等。numpy 库的常用数据类型如表 3-2-2 所示。

表 3-2-2　numpy 库常用数据类型

类型	类型代码	说　　明
int8、uint8	i1、u1	有符号和无符号的 8 位（1 个字节）整型
int16、uint16	i2、u2	有符号和无符号的 16 位（2 个字节）整型
int32、uint32	i4、u4	有符号和无符号的 32 位（4 个字节）整型
int64、uint64	I8、u8	有符号和无符号的 64 位（8 个字节）整型
float16	f2	半精度浮点数
float32	f4 或 f	标准的单精度浮点数，与 C 语言的 float 兼容
float64	f8 或 d	标准的单双精度浮点数，与 C 语言的 double 和 Python 的 float 对象兼容

类型	类型代码	说　　　明
float128	f16 或 g	扩展精度浮点数
complex64、complex128	c8、c16	分别用两个 32 位、64 位或 128 位浮点数表示的复数
complex256	c32	复数
bool	?	存储 True 和 False 值的布尔类型
object	O	Python 数据类型
string_	s	固定长度的字符串类型（每个字符 1 个字节）
unicode_	U	固定长度的 unicode 类型（字节数由平台决定）

3.2.5　NDarray 数组切片

1. slice 函数

NDarray 对象的内容可以基于 $0 \sim n$ 的下标进行索引，切片对象可以通过内置的 slice 函数，并设置 start、stop 及 step 参数进行，从原数组中切割出一个新数组：

```
In [1]   import numpy as np
         a = np.arange(10)
         s = slice(2,7,2)
         print (a[s]))

Out [1]   [2  4  6]
```

2. 冒号分隔切片参数

也可以通过冒号分隔切片参数 start:stop:step 来进行切片操作。如果只放置一个参数，如[2]，将返回与该索引相对应的单个元素。如果为[2:]，表示从该索引开始以后的所有项都将被提取。如果使用了两个参数，如[2:7]，那么则提取两个索引（不包括停止索引）之间的项。示例如下：

```
In [1]   import numpy as np
         a = np.arange(10)
         s = a[2:7:2]
         print (s)

Out [1]   [2  4  6]
```

3. 省略号选择相同维度

切片还可以使用省略号来使选择元组的长度与数组的维度相同。如果在行、列位置使用省略号，它将返回包含行、列中元素的 NDarray。示例如下：

```
In [1]   import numpy as np
         a = np.array([[1,2,3],[3,4,5],[4,5,6]])
         print (a[...,1])
         print (a[1,...])
Out [1]  [2  4  5]
         [3  4  5]
```

3.2.6　NDarray 高级索引

numpy 数组还可以由整数数组索引、布尔索引及花式索引等高级索引来访问。相比于基本索引，高级索引可以访问到数组中的任意元素，并且可以用来对数组进行复杂的操作和修改。

1. 整数数组索引

整数数组索引是指使用一个数组来访问另一个数组的元素。这个数组中的每个元素都是目标数组中某个维度上的索引值。当给定一个二维数组时，numpy 索引的工作原理如下：输入一个行索引列表，然后输入一个列索引列表。以下示例获取数组中（0，0）、（1，1）和（2，0）位置处的元素：

```
In [1]   import numpy as np
         x = np.array([[1, 2], [3, 4], [5, 6]])
         y = x[[0,1,2], [0,1,0]]
         print (y)
Out [1]  [1  4  5]
```

2. 布尔数组索引

也可以通过布尔数组来索引目标数组。布尔索引通过布尔运算来获取符合指定条件的元素的数组。以下示例为获取大于 5 的元素：

```
In [1]   import numpy as np
         x = np.array([[0, 1, 2],[3, 4, 5],[6, 7, 8],[9, 10, 11]])
         print (x[x > 5])
Out [1]  [ 6 7 8 9 10 11]
```

3. 花式索引

花式索引根据索引数组的值作为目标数组的某个轴的下标来取值。花式索引跟切片的区别在于，它总是将数据复制到新数组中。对于使用一维整型数组作为索引，如果目标是一维数组，那么索引的结果就是对应位置的元素。如果目标是二维数组，那么就是对应下标的行。示例如下：

```
In [1]   import numpy as np
```

```
x = np.array(9)
x2 = x[[0, 6]]
print(x2)
```
Out [1]   [0 6]

3.2.7 NDarray 数组翻转

1. transpose 函数
可以使用 transpose 函数来对换数组的维度，首先创建一个原数组：

In [1]
```
import numpy as np
x = np.arange(12).reshape(3,4)
print(x)
```
Out [1]   [[0 1 2 3]
           [4 5 6 7]
           [8 9 10 11]]

接下来使用 transpose 函数来对换数组的维度：

In [2]
```
print (np.transpose(x))
```
Out [2]   [[0 4 8]
           [1 5 9]
           [2 6 10]
           [3 7 11]]

2. ndarray.T 函数
ndarray.T 类似 transpose 函数，可以用于数组的转置。示例如下：

In [3]
```
print (x.T)
```
Out [3]   [[0 4 8]
           [1 5 9]
           [2 6 10]
           [3 7 11]]

3. rollaxis 函数
可以用 rollaxis 函数将数组向后滚动特定的轴到一个特定位置，首先创建一个三维数组：

In [1]
```
import numpy as np
a= np.arange(8).reshape(2,2,2)
print(a)
```

```
Out [1]    [[[0 1]
             [2 3]]

            [[4 5]
             [6 7]]]
```

接下来使用 rollaxis 函数将数组的轴 2 滚动到轴 0，代码如下：

```
In [2]    b = np.rollaxis(a,2,0)
          print (b)
```

```
Out [2]    [[[0 2]
             [4 6]]

            [[1 3]
             [5 7]]]
```

3.2.8 NDarray 数组连接

1. concatenate 函数

可以使用 concatenate 函数沿指定轴连接相同形状的两个或多个数组，示例如下：

```
In [1]    import numpy as np
          a = np.array([[1,2],[3,4]])
          b = np.array([[5,6],[7,8]])
          print (np.concatenate((a,b),axis = 0))
```

```
Out [1]    [[1 2]
            [3 4]
            [5 6]
            [7 8]]
```

2. stack 函数与变体

stack 函数用于沿新轴连接数组序列，示例如下：

```
In [1]    import numpy as np
          a = np.array([[1,2],[3,4]])
          b = np.array([[5,6],[7,8]])
          print (np.stack((a,b),0))
```

```
Out [1]    [[[1 2]
             [3 4]]

            [[5 6]
             [7 8]]]
```

hstack 是 stack 函数的变体，它通过水平堆叠来生成数组；vstack 也是 stack 函数的变体，它通过垂直堆叠来生成数组，使用方法同上。

3.2.9 NDarray 数组分裂

可以使用 split 函数沿特定的轴将数组分割为子数组。示例如下：

```
In [1]    import numpy as np
          a = np.array(9)
          b = np.split(a,3)
          print (b)
Out [1]   [array([0, 1, 2]), array([3, 4, 5]), array([6, 7, 8])]
```

hsplit 函数用于水平分割数组，通过指定要返回的相同形状的数组数量来拆分原数组；vsplit 函数沿着垂直轴分割数组。这两个函数的使用方法与 split 函数的适用方法相同。

3.2.10 NDarray 数组计算

可以使用 numpy 库来进行一些简单的数组计算，包括加、减、乘、除等操作。需要注意的是，数组必须具有相同的形状或符合数组广播规则。

首先创建两个数组，示例如下：

```
In [1]    import numpy as np
          np.arange(9, dtype = np.float_).reshape(3,3)
          b = np.array([10,10,10])
          print (a)
          print (b)
Out [1]   [[0. 1. 2.]
           [3. 4. 5.]
           [6. 7. 8.]]

          [10 10 10]
```

接下来进行加法操作：

```
In [2]    print (np.add(a,b))
Out [2]   [[10. 11. 12.]
           [13. 14. 15.]
           [16. 17. 18.]]
```

接下来进行减法操作：

```
In [2]  print (np.subtract(a,b))
Out [2]  [[-10.  -9.  -8.]
         [ -7.  -6.  -5.]
         [ -4.  -3.  -2.]]
```

然后进行乘法操作：

```
In [3]  print ( np.multiply(a,b))
Out [3]  [[ 0. 10. 20.]
         [30. 40. 50.]
         [60. 70. 80.]]
```

最后进行除法操作：

```
In [4]  print ( np.divide(a,b))
Out [4]  [[0.  0.1 0.2]
         [0.3 0.4 0.5]
         [0.6 0.7 0.8]]
```

此外，numpy 库也包含了其他重要的算术函数。例如，reciprocal 函数可以用来返回参数逐元素的倒数；power 函数可用来将第一个输入数组中的元素作为底数，计算它与第二个输入数组中相应元素的幂；mod 函数可以用来计算输入数组中相应元素的相除后的余数。

3.3　pandas 库

本节开始介绍 pandas 库。pandas 库是一个开源的基于 Python 编程语言的数据分析和数据处理库。pandas 库是基于 numpy 库开发得出的，但 pandas 库增加了 DataFrame 和 Series 两种特殊数据结构，极大地增强了 pandas 库的数据处理能力。

3.3.1　pandas 库安装验证

pandas 库的安装方法与其他包的安装方法一致。在 Jupyter Notebook 中，可以使用以下代码来验证 pandas 库是否安装成功。

```
In [1]  import pandas as pd
        !pip show pandas
Out [1]  Name: pandas
         Version: 2.1.4
```

Summary: Powerful data structures for data analysis, time series, and statistics

Home-page: https://pandas.pydata.org
......

3.3.2　pandas 库数据结构

pandas 库主要包含两类特殊的数据结构：Series 和 DataFrame。Series 类似于表格中的列，DataFrame 则是一个大表格。

Series 是一个有额外索引的一维数组，pandas 库默认使用 $0 \sim n-1$ 作为 Series 的索引，当然也可以自己指定索引。

Series 类似表格中的一个列（column），可以保存任何数据类型。下面先试着创建一个简单的 Series 示例。注意，所有的代码运行前都已导入了 pandas 包，后文代码中不再赘述。

```
In [1]    import pandas as pd
          a = [1, 2, 3]
          myvar = pd.Series(a)
          print(myvar)

Out [1]   0  1
          1  2
          2  3
          dType:int64
```

在输出结果中，左侧为索引，可以通过索引来访问 Series 中的数据。索引可以有多种数据类型，如列表、数组、索引对象等。右侧为数据，可以是列表、数组、字典、标量值等。一组索引与一组数据称为元素，元素是 Series 的基本组成单位。dType 是 Series 的数据类型。图 3-3-1 为 Series 组成。

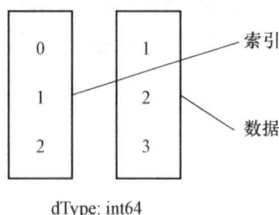

图 3-3-1　Series 组成

DataFrame 是 pandas 库中的另一个核心数据结构，用于表示二维表格型数据。DataFrame 既有行索引也有列索引，它可以看作是由 Series 组成的字典。图 3-3-2 为 DataFrame 结构图。两者的关系如图 3-3-3 所示。可以看到，DataFrame 的列索引其实就是 Series 的 name 属性。

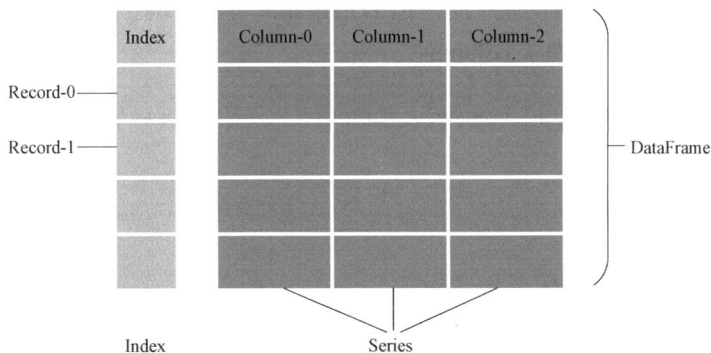

图 3-3-2　DataFrame 结构图

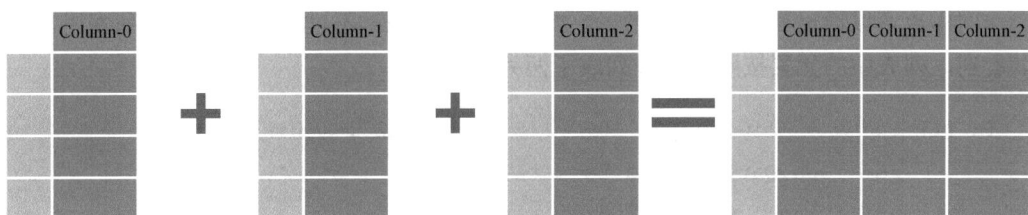

图 3-3-3　Series 和 DataFrame 关系

3.3.3　DataFrame 创建

DataFrame 的构造函数如下：

```
In [1]  df=pd.DataFrame(data=data,index=index,columns=columns,dtype=dtype,copy=False)
```

data 部分可以是字典、二维数组、Series、DataFrame 或其他可转换为 DataFrame 的对象。函数具体参数如表 3-3-1 所示。

表 3-3-1　DataFrame 创建的参数

参数名	说　　明
data	DataFrame 的数据部分。如果不提供此参数，则创建一个空的 DataFrame
index	DataFrame 的行索引，用于标识每行数据
columns	DataFrame 的列索引，用于标识每列数据
dtype	指定 DataFrame 的数据类型
copy	是否复制数据。默认为 False，表示不复制数据

1. 通过字典创建

虽然字典自身内部排序是无序的，但 DataFrame 可以自动生成对应的索引。可以看到，字典中的 keys 被识别为了 columns。

```
In [1]    data={'Site':['Google', 'Runoob', 'Wiki'], 'Age':[10, 12, 13]}
          df=pd.DataFrame(data=data)
          print(df)
Out [1]   Site   Age
          0  Google   10
          1  Runoob   12
          2   Wiki     13
```

2. 通过列表创建

同样也可以通过列表来生成同一个 DataFrame 实例，不过需要额外指定列索引。可以看到，列表中的元素按照顺序排列成了两列。

```
In [1]    data = [['Google', 10], ['Runoob', 12], ['Wiki', 13]]
          df = pd.DataFrame(data=data, columns=['Site', 'Age'])
          df['Site'] = df['Site'].astype(str)
          df['Age'] = df['Age'].astype(float)
          print(df)
Out [1]   Site   Age
          0  Google   10.0
          1  Runoob   12.0
          2   Wiki     13.0
```

3. 通过文件创建

在实际使用中，更多的是使用外部数据源进行导入。例如，通过 titanic.csv 文件创建 DataFrame。

```
In [1]    import pandas as pd
          df = pd.read_csv('titanic.csv')
          print(df)
Out [1]        PassengerId  Survived  Pclass  …
          0        1           0         3
          1        2           1         1
          2        3           1         3
          …        …           …         …
          [891 rows x 12 columns]
```

pandas 库支持读取 csv、excel、json 和 txt 文件，不同类型文件的读取方式如表 3-3-2 所示。

表 3-3-2　不同类型文件的读取方式

文件类型	读取方式
csv	read_csv()
excel	read_excel()
json	read_json()
txt	read_txt()

3.3.4　DataFrame 属性

1. Values 属性

DataFrame 的 Values 属性会返回一个 NDarray 对象，可以直观理解为返回所有的行。下面通过 titanic.csv 生成的 DataFrame 实例展示 Value 属性。可以看到，得到了该 DataFrame 的每一行的数据。

```
In [1]  print(df.values)
Out [1]  [[1 0 3 ... 7.25 nan 'S']
         [2 1 1 ... 71.2833 'C85' 'C']
         [3 1 3 ... 7.925 nan 'S']
         ...
         [889 0 3 ... 23.45 nan 'S']
         [890 1 1 ... 30.0 'C148' 'C']
```

2. Index 属性

Index 属性可以返回 DataFrame 实例的行索引。由于使用的是默认索引，返回格式表示行索引从 0 开始，891 结束，步长为 1。

```
In [1]  print(df.values)
Out [1]  RangeIndex(start=0, stop=891, step=1)
```

3. Columns 属性

Columns 属性可以返回 DataFrame 实例的列索引。

```
In [1]  print(df.columns)
Out [1]  Index(['PassengerId', 'Survived', 'Pclass', 'Name', 'Sex', 'Age',
               'SibSp','Parch', 'Ticket', 'Fare', 'Cabin', 'Embarked'],
               dtype='object')
```

3.3.5 DataFrame 读取

在创建好一个DataFrame实例后,可以通过 DataFrame 的固有方法来对该实例进行读取。

1. info 函数

通过 info 函数,可以对该数据文件有一个大致的了解。对于 titanic.csv,可以看到 titanic.csv 共有 891 条数据,12 类列索引。

```
In [1]    df = pd.read_csv('titanic.csv')
          print(df.info())
```
```
Out [1]   <class 'pandas.core.frame.DataFrame'>
          RangeIndex: 891 entries, 0 to 890
          Data columns (total 12 columns):
          #   Column       Non-Null Count   Dtype
          --- ------       --------------   -----
          0   PassengerId  891 non-null     int64
          1   Survived     891 non-null     int64
          2   Pclass       891 non-null     int64
          3   Name         891 non-null     object
          4   Sex          891 non-null     object
          5   Age          714 non-null     float64
          6   SibSp        891 non-null     int64
          7   Parch        891 non-null     int64
          8   Ticket       891 non-null     object
          9   Fare         891 non-null     float64
          10  Cabin        204 non-null     object
          11  Embarked     889 non-null     object
          dtypes: float64(2), int64(5), object(5)
          memory usage: 83.7+ KB
          None
```

2. head 函数

也可以通过 head 函数来获取具体的数据,同时可以通过指定列索引来选择特定的列。例如,可以通过下列代码获得 df 的 PassengerId 和 Survived 的前八项。

```
In [1]    print(df[["PassengerId","Survived"]].head(8))
```
```
Out [1]      PassengerId Survived
          0       1         0
          1       2         1
```

2	3	1
3	4	1
4	5	0
5	6	0
6	7	0
7	8	0

3. unique 函数

使用 unique 函数可以返回第一次出现的元素。例如，对于 df 中"Survived"属性进行 unique 操作，返回 2，说明"Survived"仅有两种类别。

```
In [1]  print(len(df["Survived"].unique()))
Out [1]  2
```

3.3.6 DataFrame 时间序列操作

在 pandas 库中可以使用 Timestamp 类来实现时间序列。

1. Timestamp

```
In [1]  import pandas as pd
        ts = pd.Timestamp('2024-7-15 23:11:06')
        ts
Out [1]  Timestamp('2024-07-15 23:11:06')
```

2. date_range

在 pandas 库中可以使用 date_range 函数产生时间集合，即一系列的时间，其中 freq 表示间隔。

```
In [1]  cur0 = pd.date_range('2023-12-16', '2024-01-01', freq = "2D")
        cur0
Out [1]  DatetimeIndex(['2023-12-16', '2023-12-18', '2023-12-20', '2023-
        12-22', '2023-12-24', '2023-12-26', '2023-12-28', '2023-12-30',
        '2024-01-01'],dtype='datetime64[ns]', freq='2D')
```

表 3-3-3 列出了 freq 参数。

表 3-3-3 freq 参数

符　　号	说　　明
D	天
M	月

续表

符　号	说　明
Y	年
min	分
H	小时
S	秒

3.3.7　DataFrame 修改表结构

现在开始更改表结构，包含操作更改索引和添加索引。使用样本为上文中创建的 csv 文件。

1. reset_index

reset_index 可以将当前行索引变为列索引。例如，对上文的 df 使用 reset_index 后，可以观察到名为 index 的一个新列加入了表格。

```
In  [1]  df=df.reset_index()
         print(df.head(3))
Out [1]  index  PassengerId  Survived  Pclass  …
         0      0            1         0       3  …
         1      1            2         1       1  …
         2      2            3         1       3  …
```

2. set_index

再用 set_index 将刚加入的列索引变回行索引。函数中的 keys 属性用于选择需要变为行索引的列索引。被选中的列索引会被默认删除。例如，把上一步增加的 index 列索引重新变为行索引。

```
In  [1]  df=df.set_index(keys="index")
         print(df.head(3))
Out [1]          PassengerId  Survived  Pclass  …
         index
         0       1            0         3       …
         1       2            1         1       …
         2       3            1         3       …
```

3. 添加新列

添加新列就比较直接，对新列直接赋值即可。此处，向原 DataFrame 添加了 random_index，该列为随机 01 变量。可以看到，在 DataFrame 的末尾新增了 1 列。

```
In [1]    import numpy as np
          df['random_index'] = np.random.randint(0, 2, size=len(df))
          print(df.iloc[0:4,9:])
```

```
Out [1]           Fare    Cabin    Embarked   random_index
          index
          0       7.2500   NaN      S                     0
          1      71.2833   C85      C                     0
          2       7.9250   NaN      S                     1
          3      53.1000   C123     S                     1
```

3.3.8　DataFrame 筛选数据

下面开始对数据按条件进行筛选，使用数据为前文的 titanic.csv。

1. 使用括号筛选

实际使用中，还需要对表格中的数据按条件进行筛选。可以通过加入判定条件来筛选特定的行。

```
In [1]    print(df[df['random_index'] > 0].iloc[0:5,0:3])
```

```
Out [1]           PassengerId   Survived   Pclass
          index
          2                 3          1        3
          3                 4          1        1
          4                 5          0        3
          10               11          1        3
          11               12          1        1
```

2. 使用.loc 进行多种条件组合

面对更复杂的筛选条件，可以通过.loc 来进行筛选。例如，希望获得 random_index 等于 1 且 de_normal 大于 0 的元素，可以分别定义两类约束，最后通过.loc 进行筛选。

```
In [1]    filter_1=df["random_index"] == 1
          filter_2=df["Survived"] == 1
          print(df.loc[(filter_1&filter_2),["PassengerId","Pclass"]].he
          ad(4))
```

```
Out [1]           PassengerId   Pclass
          index
          2                 3        3
          3                 4        1
          10               11        3
          11               12        1
```

3. sort_values 函数

sort_values 函数用于快速排序。例如，希望对 titanic 前 10 位乘客按照年龄进行排序。其中，ascending 为 False，表示降序排序，axis 为 0，表示按列进行排序。

```
In [1]   df_sort=df.head(10).sort_values(by="Age",ascending=False,axis=
         0)[["PassengerId","Age"]]
         df_sort
```

```
Out [1]       PassengerId Age
         index
         6        7    54.0
         1        2    38.0
         3        4    35.0
         4        5    35.0
         8        9    27.0
         2        3    26.0
         0        1    22.0
         9       10    14.0
         7        8    2.0
         5        6    NaN
```

3.3.9　DataFrame 分组统计

使用 groupby 函数可以实现对数据进行分组操作。后面的 count 函数可以更换为其他运算函数，如 mean、max 等。

1. groupby 单列分组

```
In [1]   print(df[["PassengerId","Pclass","Survived"]].groupby("Survive
         d").count())
```

```
Out [1]          PassengerId  Pclass
         Survived
         0              549     549
         1              342     342
```

2. groupby 多列分组

groupby 函数支持多列分组。例如，把 Survived 和 Pclass 作为分类依据，将原数据集合分为 6 类。

```
In [1]   print(df[["PassengerId","Pclass","Survived"]].groupby(["Surviv
         ed","Pclass"]).count())
```

```
Out [1]                    PassengerId
     Survived Pclass
     0        1                    80
              2                    97
              3                   372
     1        1                   136
              2                    87
              3                   119
```

3. agg 函数

agg 函数用于聚类分析，通常与 groupby 连用。下面沿用上一段代码的分类方式，使用 agg 函数来实现对不同列的描述性统计。

```
In [1]  df_agg=df[["PassengerId","Pclass","Survived","Age"]].groupby([
        "Survived","Pclass"])
        df_agg = df_agg.agg({'PassengerId':'max','Age':'mean'})
        print(df_agg)
```

```
Out [1]                    PassengerId        Age
     Survived Pclass
     0        1                   873     43.695312
              2                   887     33.544444
              3                   891     26.555556
     1        1                   890     35.368197
              2                   881     25.901566
              3                   876     20.646118
```

4. pivot_table 函数

pivot_table 函数用于生成数据透视表。例如，希望知道不同类型和不同性别的乘客的最小年龄，可以通过以下方式生成数据透视表来获得结果。aggfunc 用于指定计算方式。

```
In [1]  df1 = df[["Pclass","Sex","Age"]]
        pd.pivot_table(df1, index='Pclass', columns='Sex',aggfunc=np.min)
```

```
Out [1]                         Age
     Sex          female        male
     Pclass
     1             2.00         0.92
     2             2.00         0.67
     3             0.75         0.42
```

5. 常用统计函数

常用统计函数见表 3-3-4。

表 3-3-4 常用统计函数

函　数　名	说　　　明
mean	平均值
median	中位数
min	最小值
max	最大值
var	方差
std	标准差
count	计数

3.4　matplotlib 库

数据可视化是关于数据视觉表现形式的科学技术研究。这种数据的视觉表现形式被定义为一种以某种概要形式抽提出来的信息，包括相应信息单位的各种属性和变量。通俗地讲，可视化（visualization）就是利用计算机图形学和图像处理技术，将数据转换成图形或图像在屏幕上显示出来，并进行交互处理的理论、方法和技术。常用的数据可视化的库有 matplotlib 库和 pyecharts 库（在 3.5 节中进行介绍）。

3.4.1　matplotlib 库安装验证

在 Jupyter Notebook 中输入以下代码，导入 matplotlib 库并核实 matplotlib 库版本。

```
In [1]  import matplotlib
        matplotlib.__version__

Out [1]  '3.8.0'
```

3.4.2　绘制函数

matplotlib 库仅需开发人员编写几行代码即可绘制一个函数，在 matplotlib 官方文档 https：//matplotlib.org/stable/中有更详细的介绍。下面结合面向对象的方式使用 matplotlib 库绘制一个简单的函数，示例代码如下：

```
In[1]    import Matplotlib.pyplot as plt
         import numpy as np
         x=np.arange(0,20,1)
         y1=(x-9)**2 + 1
         y2=(x+5)**2 + 8
         plt.plot(x,y1)
         plt.plot(x,y2)
         plt.show()
```

Out[1]

图 3-4-1 为绘制的简单曲线。

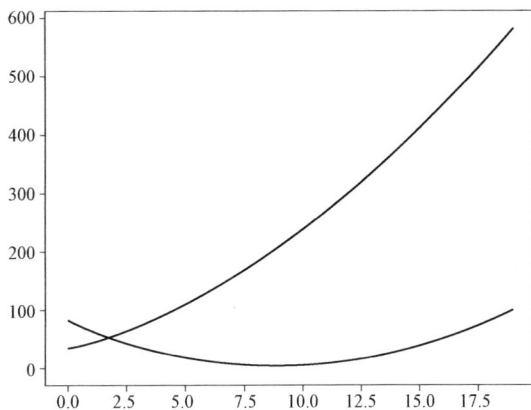

图 3-4-1　简单曲线

　　matplotlib 库中的 pyplot 模块提供一系列类似 Matlab 的命令式函数。每个函数可以对图形对象进行一些改动，如新建一个图形对象、在图形中开辟绘制区、在绘制区画一些曲线、为曲线打上标签等。在 pyplot 模块中，大部分状态是跨函数调用共享的，因此它会跟踪当前图形对象和绘制区，绘制函数直接作用于当前绘制对象。

　　pyplot 模块的基础图表函数如表 3-4-1 所示。

表 3-4-1　基础图表函数

函　　　数	说　　　明
plt.plot	绘制坐标图
plt.boxplot	绘制箱型图
plt.bar	绘制条形图
plt.barh	绘制横向条形图
plt.polar	绘制极坐标图
plt.pie	绘制饼图

续表

函　　数	说　　明
plt.psd	绘制功率谱密度图
plt.specgram	绘制谱图
plt.cohere	绘制相关性函数
plt.scatter	绘制散点图
plt.step	绘制步阶图
plt.hist	绘制直方图
plt.contour	绘制等值图
plt.vlines	绘制垂直图
plt.stem	绘制柴火图
plt.plot_date	绘制数据日期
plt.clabel	绘制轮廓图
plt.hist2d	绘制二维直方图
plt.quiverkey	绘制颤动图
plt.stackplot	绘制堆积面积图
plt.Violinplot	绘制小提琴图

3.4.3　线条的设置

上面绘制的曲线比较单调，可以设置线的颜色、线宽、样式及添加点，并设置点的样式、颜色、大小。丰富样式后绘图的代码如下：

```
In[1]    import Matplotlib.pyplot as plt
         import numpy as np
         x=np.arange(0,20,1)
         y1=(x-9)**2 + 1
         y2=(x+5)**2 + 8
         plt.plot(x,y1,linestyle='-.',color='red',linewidth=5.0)
         plt.plot(x,y2,marker='*',color='green',markersize=10)
```

Out[1]

图 3-4-2 为调整后的曲线。

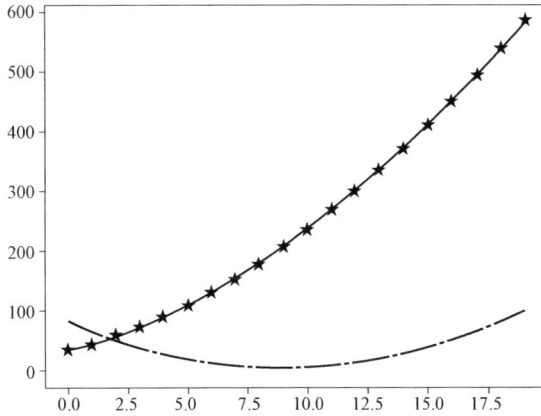

图 3-4-2　调整后的曲线

此外，在 matplotlib 库中，可以手动设置线的颜色（color）、标记（marker）、线型（line）等参数。下面将对其进行详细介绍。

线的颜色设置如表 3-4-2 所示。

表 3-4-2　颜色设置

字　　符	颜　　色
'b'	蓝色
'g'	绿色
'r'	红色
'c'	青色
'm'	品红
'y'	黄色
'k'	黑色
'w'	白色

线的标记设置如表 3-4-3 所示。

表 3-4-3　标记设置

字　　符	描　　述
'.'	点标记
','	像素标记
'o'	圆圈标记
'v'	triangle_down 标记
'^'	triangle_up 标记
'<'	triangle_left 标记

续表

字　符	描　　述
'>'	triangle_right 标记
'1'	tri_down 标记
'2'	tri_up 标记
'3'	tri_left 标记
'4'	tri_right 标记
's'	方形标记
'p'	五角大楼标记
'*'	星形标记
'h'	hexagon1 标记
'H'	hexagon2 标记
'+'	加号标记
'x'	x 标记
'D'	钻石标记
'd'	thin_diamond 标记
'|'	均标记
'_'	修身标记

线的类型设置如表 3-4-4 所示。

表 3-4-4　类型设置

字　符	描　　述
'-'	实线样式
'--'	虚线样式
'-.'	破折号-点线样式
':'	点线样式

3.4.4　坐标轴的设置

　　matplotlib 坐标轴的刻度设置可以使用 plt.xlim 和 plt.ylim 函数，参数分别是坐标轴的最小值和最大值。例如，要绘制一条直线，横轴和纵轴的刻度都在 0～20 之间，具体代码如下：

```
In[1]    import Matplotlib.pyplot as plt
         import numpy as np
         x=np.arange(0,20,1)
         y1=(x-9)**2+1
         y2=(x+5)**2+8
         plt.plot(x,y1,linestyle='-.',color='red',linewidth=5.0)
         plt.plot(x,y2,marker='*',color='green',markersize=10)
         plt.xlim(0,20)
         plt.ylim(0,400)
         plt.show()
```

Out[1]

图 3-4-3 为绘制出的图形。

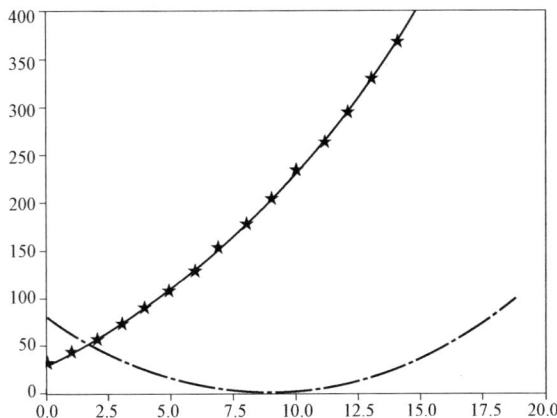

图 3-4-3 坐标轴刻度的设置

在 matplotlib 库中，可以使用 plt.xlabel 函数对坐标轴的标签进行设置。其中，参数 xlabel 设置标签的内容，size 设置标签的大小，rotation 设置标签的旋转度，horizontalalignment 设置标签的左右位置（分为 center、right 和 left），verticalalignment 设置标签的上下位置（分为 center、top 和 bottom）。

例如，要绘制一条曲线，横轴的刻度在 0~20 之间，纵轴的刻度在 0～400 之间，并且为横轴和纵轴添加"x"和"y"标签，以及标签的大小、旋转度、位置等。具体代码如下：

```
In[1]    import Matplotlib.pyplot as plt
         import numpy as np
         x=np.arange(0,20,1)
         y1=(x-9)**2+1
         y2=(x+5)**2+8
```

```
plt.plot(x,y1,linestyle='-.',color='red',linewidth=5.0)
plt.plot(x,y2,marker='*',color='green',markersize=10)
plt.xlabel('x',size=15)
plt.ylabel('y',size=15,rotation=0,horizontalalignment='right',
verticalalignment='top')
plt.xlim(0,20)
plt.ylim(0,400)
plt.show()
```

Out[1]

图 3-4-4 为绘制出的图形。

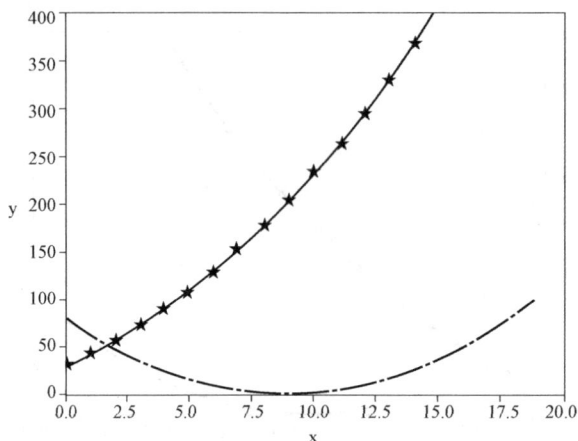

图 3-4-4　标签的设置

3.4.5　图例的设置

图例是集中于图形一角或一侧的图形上各种符号和颜色所代表的内容与指标的说明。图例有助于更好地认识图形。在 matplotlib 库中，图例的设置可以使用 plt.legend 函数，函数参数如下：

```
plt.legend(loc,fontsize,frameon,ncol,title,shadow,markerfirst,
markerscale,numpoints,fancybox,framealpha,borderpad,
labelspacing,handlelength,bbox_to_anchor,*)
```

不带参数调用 legend 函数会自动获取图例句柄及相关标签。例如，上述数据变换的案例添加 plt.legend 后的代码如下：

```
In[1]  import Matplotlib.pyplot as plt
       import Numpy as np
       x=np.arange(0,20,1)
       y1=(x-9)**2+1
       y2=(x+5)**2+8
       plt.plot(x,y1,linestyle='-.',color='red',linewidth=5.0,label='c
       onvert A')
       plt.plot(x,y2,marker='*',color='green',markersize=10,label='con
       vert B')
       plt.xlabel('x',size=15)
       plt.ylabel('y',size=15,rotation=0,horizontalalignment='right',v
       erticalalignment='center')
       plt.xlim(0,20)
       plt.ylim(0,400)
       plt.legend()
       plt.show()
```

Out[1]

图 3-4-5 为绘制出的图形。

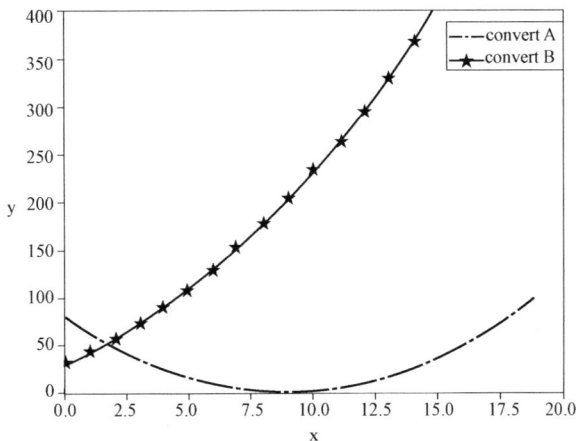

图 3-4-5　添加图例

此外，还可以重新定义图例的内容、位置、字体大小等参数。例如，上述的 plt.legend 函数可以修改为

```
plt.legend(labels=['A','B'],loc='upper left',fontsize=15)
```

运行结果如图 3-4-6 所示。

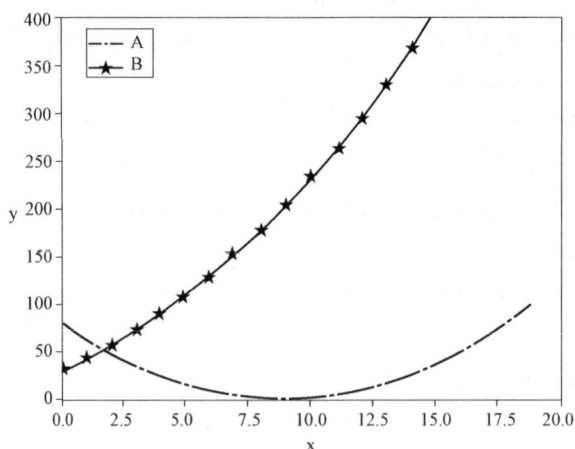

图 3-4-6　调整图例

matplotlib 图例的主要参数配置如表 3-4-5 所示。

表 3-4-5　图例参数配置

属性	说　明
Loc	图例位置。如果使用了 bbox_to_anchor 参数，则该项无效
Fontsize	设置字体大小
Frameon	是否显示图例边框
Ncol	图例的列的数量，默认为 1
Title	为图例添加标题
Shadow	是否为图例边框添加阴影
Markerfirst	True 表示图例标签在句柄右侧，False 表示图例标签在句柄左侧
Markerscale	图例标记为原图标记中的多少倍大小
Numpoints	表示图例中句柄上的标记点的个数，一般设为 1
Fancybox	是否将图例框的边角设为圆形
Framealpha	控制图例框的透明度
Borderpad	图例框内边距
Labelspacing	图例中条目之间的距离
Handlelength	图例句柄的长度
bbox_to_anchor	如果要自定义图例位置，就需要设置该参数

3.5　pyecharts 库

pyecharts 库是一个针对 Python 用户开发的、用于生成 ECharts 图表的库。与 matplotlib 库相比，pyecharts 库具有以下优势。

（1）简洁的 API 使开发者使用起来非常便捷，且支持链式调用。

（2）程序可在主流的 Jupyter Notebook 或 JupyterLab 工具上运行。

（3）程序可以轻松地集成至 Flask、Sanic、Django 等主流的 Web 框架中。

（4）灵活的配置项可以轻松搭配出精美的图表。

（5）详细的文档和示例可以帮助开发者快速上手。

（6）400 多个地图文件、原生百度地图为地理数据可视化提供强有力的支撑。

3.5.1　pyecharts 库安装验证

在使用 pyecharts 库进行开发之前，开发者需要先在本地计算机中安装 pyecharts 库。pyecharts 库官方支持 v0.5.x 和 v1 两个版本，两个版本之间互不兼容。其中，v0.5.x 是较早的版本，且已经停止维护；v1 是一个全新的版本，它支持 Python 3.6 以上的开发环境。截至目前，pyecharts 库的最新版本为 2.0.5。

下面将演示如何在 Anaconda 中安装 Pyecharts 2.0.5。打开 Anaconda Prompt 工具，在提示符的后面输入如下命令：

```
pip install pyecharts
```

安装完成后，在 Jupyter Notebook 中输入如下代码以查看安装的 pyecharts 库版本：

```
import pyecharts
print(pyecharts.__version__)
```

3.5.2　绘制图表

pyecharts 库提供了简单的 API 和众多示例，可以帮助开发人员快速开发项目，在 pyecharts 库官方文档 https://pyecharts.org/#/ 中有更详细的介绍。下面使用 pyecharts 库快速绘制一个柱形图，示例代码如下。

```
In[1]  from pyecharts.charts import Bar
       from pyecharts import options as opts
       bar=Bar(init_opts=opts.InitOpts(width='600px',height='300px'))
```

```
bar.add_xaxis(["衬衫","羊毛衫","雪纺衫","裤子","高跟鞋","袜子"])
bar.add_yaxis("商家A",[5,20,36,10,75,90])
bar.set_global_opts(
  title_opts=opts.TitleOpts(title="柱形图示例"),yaxis_opts=
  opts.AxisOpts(name="销售额/万元",name_location="center",name_
  gap=30)
)
bar.render('bar_chart.html')
```

运行程序，在该代码目录下找到 bar_chart.html 并打开，效果如图 3-5-1 所示。

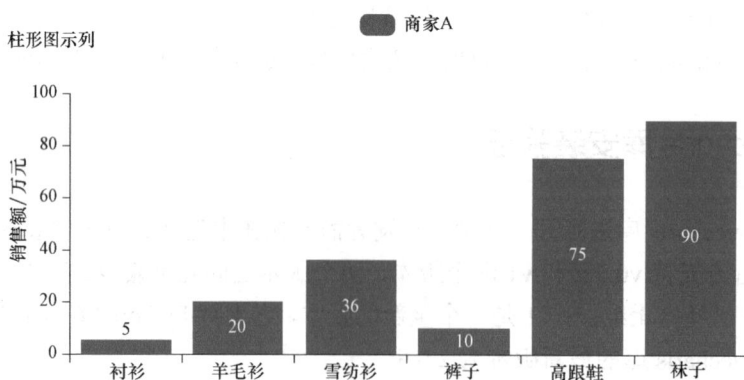

图 3-5-1　柱形示例图

为了使代码变得简洁、易懂，pyecharts 库在 v1 版本中增加了链式调用的功能。链式调用是指简化同一对象多次访问属性或调用方法的编码方式，以避免重复使用同一个对象变量。例如，将以上示例代码改为链式调用的写法，改后的代码如下：

```
In[1]  from pyecharts.charts import Bar
       from pyecharts import options as opts
       bar=(
         Bar(init_opts=opts.InitOpts(width='600px',height='300px'))
         .add_xaxis(["衬衫","羊毛衫","雪纺衫","裤子","高跟鞋","袜子"])
         .add_yaxis("商家A",[5,20,36,10,75,90])
         .set_global_opts(title_opts=opts.TitleOpts(title="柱形图示例"),
         yaxis_opts=opts.AxisOpts(name="销售额/万元",
         name_location="center",name_gap=30))
       )
       bar.render_notebook()
```

pyecharts 库支持绘制 30 余种丰富的 ECharts 图表，针对每种图表均提供了相应的类，并将这些图表类封装到 pyecharts.charts 模块中，如该节示例中表示柱形图的 Bar 类。pyecharts.charts 模块的常用图表类如表 3-5-1 所示。

表 3-5-1 pyecharts.charts 模块的常用图表类

类	说　　明
Line	折线图
Bar	柱形图/条形图
Pie	饼图
Scatter	散点图
EffectScatter	带有涟漪特效动画的散点图
Boxplot	箱型图
Radar	雷达图
Line3D	3D 折线图
Bar3D	3D 柱形图
Scatter3D	3D 散点图
Surface3D	3D 曲面图
Map	统计地图
HeatMap	热力图
Funnel	漏斗图
Gauge	仪表盘
Sankey	桑基图
Tree	树状图

表 3-5-1 中列举的所有类均继承自 Base 基类，它们都可以使用与类同名的构造方法创建实例。例如，Bar 类的构造方法的语法格式如下：

```
Bar(init_opts=opts.InitOpts())
```

以上方法的 init_opts 参数表示初始化配置项，该参数需要接收一个 InitOpts 类的对象，通过构建的 InitOpts 类的对象为图表指定一些通用的属性，如背景颜色、画布大小等。例如，该节示例中创建的指定画布大小的 Bar 类的对象，具体代码如下：

```
bar = Bar(init_opts=opts.InitOpts(width='600px',height='300px'))
```

3.5.3 配置项

pyecharts 库遵循"先配置后使用"的基本原则。pyecharts.options 模块中包含众多关于定制图表组件及样式的配置项。按照配置内容的不同，配置项可以分为全局配置项和系列配置项。

1. 全局配置项

全局配置项是一些针对图表通用属性的配置项，包括初始化属性、标题组件、图例组件、工具箱组件、视觉映射组件、提示框组件、数据区域缩放组件，其中每个配置项都对应一个类。pyecharts 库的全局配置项如表 3-5-2 所示。

表 3-5-2　pyecharts 库的全局配置项

类	说　　明
InitOpts	初始化配置项
AnimationOpts	Echarts 画图动画配置项
ToolBOxFeatureOpts	工具箱工具配置项
ToolboxOpts	工具箱配置项
BrushOpts	区域选择组件配置项
TitleOpts	标题配置项
DataZoomOpts	数据区域缩放配置项
LegendOpts	图例配置项
VisualMapOpts	视觉映射配置项
TooltipOpts	提示框配置项
AxisLineOpts	坐标轴轴脊配置项
AxisTickOpts	坐标轴刻度配置项
AxisPointerOpts	坐标轴指示器配置项
AxisOpts	坐标轴配置项
SingleAxisOpts	单轴配置项
GraphicGroup	原生图形元素组件配置项

以上每个类都可以通过与之同名的构造方法创建实例，如 3.5.2 节的示例中创建的 InitOpts 类的对象。每个类的构造方法的参数各有不同，由于篇幅有限，大家可以自行阅读 pyecharts 官方文档，此处不再赘述。

若 pyecharts 库需要为图表设置全局配置项（InitOpts 除外），则需要将全局配置项传入 set_global_opts 方法。set_global_opts 方法的语法格式如下：

```
set_global_opts(self, title_opts=opts.TitleOpts(),
legend_opts=opts.LegendOpts(), tooltip_opts=None,
toolbox_opts=None, brush_opts=None, xaxis_opts=None,
yaxis_opts=None, visualmap_opts=None, datazoom_opts=None,
graphic_opts=None, axispointer_opts=None)
```

各参数的含义如下。

- title_opts：表示标题组件的配置项。
- legend_opts：表示图例组件的配置项。
- tooltip_opts：表示提示框组件的配置项。
- toolbox_opts：表示工具箱组件的配置项。
- brush_opts：表示区域选择组件的配置项。
- xaxis_opts、yaxis_opts：表示 x 轴、y 轴的配置项。
- visualmap_opts：表示视觉映射组件的配置项。
- datazoom_opts：表示数据区域缩放组件的配置项。
- graphic_opts：表示原生图形元素组件的配置项。
- axispointer_opts：表示坐标轴指示器组件的配置项。

例如 3.5.2 节示例中设置的柱形图的标题，代码如下：

```
bar.set_global_opts(title_opts=opts.TitleOpts(title=" 柱 形 图 示
例 "))
```

2. 系列配置项

系列配置项是一些针对图表特定元素属性的配置项，包括图元样式、文本样式、标签、线条样式、标记样式、填充样式等，其中每个配置项都对应一个类。pyecharts 库的系列配置项如表 3-5-3 所示。

表 3-5-3 pyecharts 库的系列配置项

类	说　明
ItemStyleOpts	图元样式配置项
TextStyleOpts	文本样式配置项
LabelOpts	标签配置项
LineStyleOpts	线条样式配置项
SplitLineOpts	分割线配置项
MarkPointOpts	标记点配置项
MarkLineOpts	标记线配置项
MarkAreaOpts	标记区域配置项
EffectOpts	涟漪特效配置项
AreaStyleOpts	区域填充样式配置项
SplitAreaOpts	分割区域配置项
GridOpts	直角坐标系网格配置项

以上每个类都可以通过与之同名的构造方法创建实例。例如，创建一个标签配置项，代码如下：

```
label_opts = opts.LabelOpts(is_show=True, position='right',color=
'gray', font_size=14, rotate=10)
```

以上示例中，LabelOpts 方法的参数 is_show 设为 True，表示显示标签；参数 position 设为 right，表示标注于图形右侧；参数 color 设为 gray，表示标签文本的颜色为灰色；参数 font_size 设为 14，说明标签文本的字体大小为 14 号；参数 rotate 设为 10，说明标签逆时针旋转 10°。

若 pyecharts 库需要为图表设置系列配置项，则需要将系列配置项传入 add 函数或 add_×× 方法（直角坐标系图表一般使用 add_yaxis 方法）中。例如，隐藏 3.6.2 节柱形图示例的注释文本，修改后的代码如下：

```
bar.add_yaxis("商家 A", [5,20,36,10,75,90],
    _opts=opts.LabelOpts(is_show=False))
```

3.5.4　Web 框架整合

pyecharts 库可以轻松地整合 Web 框架，包括主流的 Django 和 Flask 框架等，实现在 Web 项目中绘制图表的功能。不同的框架和使用场景需要有不同的整合方法。下面以整合 Django 框架为例，演示如何在 Django 项目中使用 pyecharts 库。

1. 安装 Django
打开命令行工具，在命令提示符的后面输入以下命令：

```
pip install django
```

2. 新建 Django 项目
安装完成后，输入以下命令：

```
django-admin startproject pyecharts_django_demo
cd pyecharts_django_demo
python manage.py startapp demo
```

以上命令执行后会在根目录中创建一个名称为 pyecharts_django_demo 的 Django 项目，并且在项目中创建一个应用程序。

在 pyecharts_django_demo/settings.py 中，添加 demo 应用到 INSTALLED_APPS：

```
INSTALLED_APPS=[
  ...,
```

```
'demo'#注册的应用程序
]
```

由于创建的 demo 应用中不包含 urls.py 文件，需要手动创建 urls.py 文件。在 demo
应用的 urls.py 文件中添加路由，代码如下：

```
from django.urls import path
from .views import chart_view
urlpatterns = [
  path('chart/', chart_view, name='chart'),
]
```

然后在 pyecharts_django_demo/urls.py 文件中增加'demo.urls'，代码如下：

```
from django.contrib import admin
from django.urls import path, include
urlpatterns = [
    path('admin/', admin.site.urls),
    path('', include('demo.urls')),
]
```

3. 创建模板

在 demo 目录下新建 templates 文件夹，此时 demo 的目录如下：

```
├── __init__.py
├── __pycache__
├── admin.py
├── apps.py
├── migrations
├── models.py
├──templates
├──tests.py
├──urls.py
└── views.py
```

在 demo/templates/目录下创建一个 chart.html 文件：

```
<!DOCTYPE html>
<html>
<head>
    <meta charset="utf-8">
```

```
    <title>pyecharts Example</title>
    {{ chart | safe }}
</head>
<body>
</body>
</html>
```

4. 渲染图表

打开 demo/views.py 文件，在该文件中增加绘制图表的代码，具体如下。

```
from django.shortcuts import render
from pyecharts.charts import Bar
from pyecharts import options as opts
from pyecharts.globals import CurrentConfig

CurrentConfig.ONLINE_HOST = "https://assets.pyecharts.org/assets/"

def bar_chart():
    bar = Bar()
    bar.add_xaxis(["衬衫", "毛衣", "领带", "裤子", "风衣", "高跟鞋",
        "袜子"])
    bar.add_yaxis("商家A", [5, 20, 36, 10, 75, 90, 100])
    bar.set_global_opts(title_opts=opts.TitleOpts(title="Bar
                        Chart",subtitle="Example"))
    return bar

def chart_view(request):
    c = bar_chart()
    return render(request, "chart.html", {"chart":
    c.render_embed()})
```

5. 运行项目

在命令行中输入以下命令：

```
python manage.py runserver
```

在浏览器中打开 http://127.0.0.1:8000/chart/即可访问服务，此时的页面如图 3-5-2 所示。

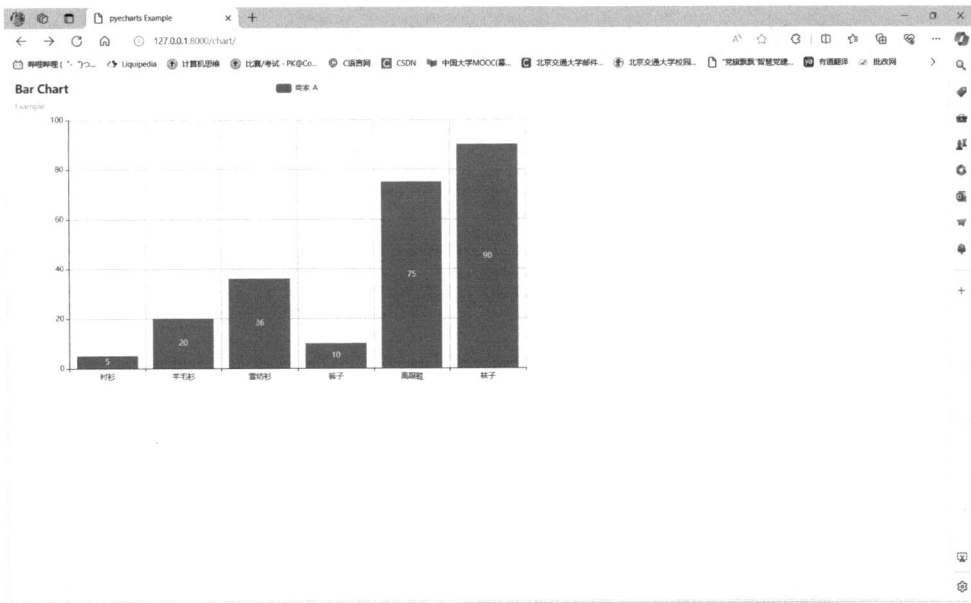

图 3-5-2 柱形图示例

3.5.5 绘制组合图表

除了前面介绍的单图表，pyecharts 库也支持绘制组合图表，即在同一画布上显示多个图表。多个图表按照不同的组合方式，可以分为并行多图、顺序多图、选项卡多图和时间轮播多图。下面以时间轮播多图为例对组合图表的相关知识进行详细介绍。

pyecharts.charts 的 Timeline 类表示按时间线轮播的组合图表，它可以通过单击时间线的不同时间来切换显示多个图表。Timeline 类中提供了两种重要的方法：add_schema 和 add。

1. add_schema 方法
add_schema 方法用于为图表添加指定样式的时间线，其语法格式如下：

```
add_schema(self, axis_type="category", orient="horizontal", sym
bol=None,
  symbol_size=None, play_interval=None, is_auto_play=False,
  is_loop_play=True, is_rewind_play=False, is_timeline_show=True,
  is_inverse=False, pos_left=None, pos_right=None, pos_top=None,
  pos_bottom="-5px", width=None, height=None, linestyle_opts=None,
  label_opts=None, itemstyle_opts=None)
```

2. add 方法

```
add(self, chart, time_point)
```

该方法的参数 chart 表示图表，time_point 表示时间点。

下面绘制一个由多个柱形图组成的带时间线的组合图表，示例代码如下：

In[1]
```
# 导入 pyecharts 官方的测试数据
from pyecharts.faker import Faker
from pyecharts import options as opts
from pyecharts.charts import Bar, Page, Pie, Timeline
# 随机获取一组测试数据
x = Faker.choose()
tl = Timeline()
for i in range(2015, 2020):
    bar = (
        Bar()
        .add_xaxis(x)
        # Faker.values() 生成一个包含 7 个随机整数的列表
        .add_yaxis(" 商家 A", Faker.values())
        .add_yaxis(" 商家 B", Faker.values())
        .set_global_opts(title_opts=opts.TitleOpts("时间线轮播柱形图示
            例"),
            yaxis_opts=opts.AxisOpts(name=" 销售额/万元 ",
            name_location="center", name_gap=30))
        )
    tl.add(bar, "{} 年 ".format(i))
    tl.render_notebook()
```

Out[1]

图 3-5-3 为绘制出的图形。

图 3-5-3 的下方增加了时间线，通过单击时间线的时间刻度可以展示其对应的单图表，还可以通过单击时间线左侧的播放按钮自动轮播每个图表。

该方法常用参数的含义如下。

● axis_type：表示坐标轴的类型，可以取值为 value（数值轴）、category（类目轴）、time（时间轴）、log（对数轴）。

● orient：表示时间线的类型，可以取值为 horizontal（水平）和 vertical（垂直）。

● play_interval：表示播放的速度（跳动的间隔），单位为 ms。

● is_auto_play：表示是否自动播放，默认为 False。

● is_loop_play：表示是否循环播放，默认为 True。

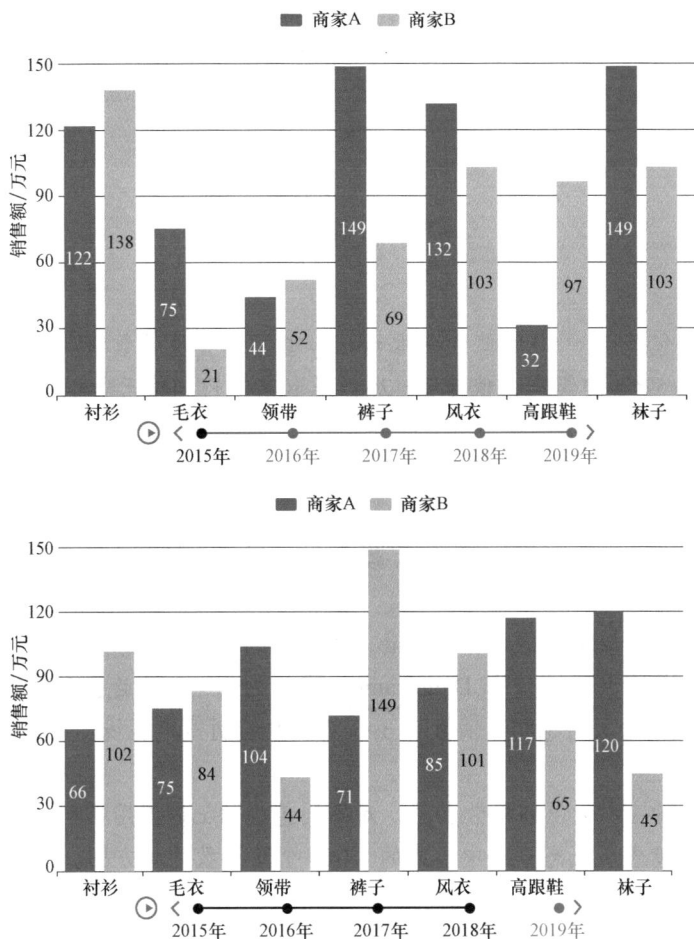

图 3-5-3 时间线轮播柱形图示例

- is_rewind_play：表示是否反向播放，默认为 False。
- is_timeline_show：表示是否显示时间线组件。
- width：表示时间线区域的宽度。
- height：表示时间线区域的高度。

小　结

本章介绍了 Python 编程的基础知识。我们详细讲解了如何安装 Python 并确保其运行环境正确配置。在数据处理和分析方面，我们介绍了 numpy 库及其强大的数值计算能力，pandas 库及其灵活的数据处理功能。在数据可视化部分，我们讲解了 matplotlib

库的基本用法，并展示了如何使用 pyecharts 库创建精美的交互式图表。通过本章的学习，你已经掌握了在 Python 环境中进行基本数据操作和可视化的技能，这将为你进一步深入学习和应用数据挖掘打下坚实的基础。

习　题

1. 创建一个包含 10～50 的值的一维 numpy 数组，并反转数组。

2. 创建一个 5×5 的矩阵，值为 1～25，提取第二行和第三行以及第二列和第三列的值。

3. 创建一个包含 10 个 0～1 之间随机数的 numpy 数组，计算数组的均值、中位数和标准差。

4. 创建一个包含 3 列 10 行的随机数据的 DataFrame，按其中一列进行分组，计算每组的均值。

5. 创建一个包含缺失值的 DataFrame，用该列的均值填充缺失值。

6. 创建两个具有共同键列的 DataFrame，进行内连接、左连接和右连接。

7. 用 x 轴值[1, 2, 3, 4, 5]和 y 轴值[2, 3, 5, 7, 11] 绘制简单折线图，并为图表添加标题和标签。

8. 使用随机的 x 和 y 值创建散点图，对不同范围的 x 值使用不同的颜色和标记。

9. 创建一个包含从正态分布中生成的 1 000 个随机数的直方图。

第4章
数据采集与预处理

　　数据采集与预处理包括从各种来源获取原始数据，并通过清洗、整合、转换和规范化等步骤，提高数据质量，使其更易于后续分析。这一环节的特点在于其实时性、广泛性和高效性，能够迅速捕捉最新信息，覆盖广泛的数据范围，并通过自动化工具高效处理大量数据，为后续的数据分析提供准确、可靠的数据基础。

4.1　数 据 采 集

　　数据挖掘的对象，即我们所说的数据源，是多种多样的。它们可能是存储在大型关系型数据库中的结构化数据，也可能是存储在数据仓库中的历史数据。此外，它们还可能是以数据文件形式存在的各种格式的数据，如 CSV、Excel、XML 等。更为复杂的是，随着技术的不断进步，还需要处理流数据，即实时产生、持续不断的数据流，如在线交易数据、社交媒体实时动态等。同时，多媒体数据，如图片、音频、视频及网页数据等，也逐渐成为数据挖掘的重要对象。面对如此复杂多样的数据源，数据采集成为首先要解决的问题。

　　数据采集是指对数据挖掘所需的数据进行系统性、有针对性的采集和整理的过程。这一过程需要借助各种方法和途径，以确保数据的完整性、准确性和有效性。常用的数据采集方法有很多，其中公开数据集是一个重要的来源。许多研究机构、政府部门和企业都会发布一些公开的数据集，这些数据集通常包含了大量的有用信息，可以直接用于数据挖掘和分析。此外，网络爬虫也是一种常用的数据采集方法。通过编写特定的爬虫程序，可以从互联网上自动抓取所需的数据，并将其保存到本地或远程服务器中。

　　在实际的数据采集过程中，需要根据数据挖掘目标的特点来选择最合适的方法和途径。例如，如果需要分析某个社交媒体的用户行为，那么网络爬虫可能是一个更好的选择；而如果需要研究某个行业的历史发展趋势，那么公开数据集可能更为合适。

　　一旦采集到所需的数据，就需要将其集中存储起来，以便后续的数据处理和分析。数据存储的方式也有很多种，可以是传统的关系型数据库，也可以是分布式存储系统或云存储服务。无论采用哪种方式，都需要确保数据的安全性和可靠性，并对其进行定期的备份和维护。

在完成了数据的采集和存储之后，就可以开始进行数据处理和分析工作了。通过运用各种数据挖掘技术和算法，可以从这些数据中挖掘出有价值的信息和知识，为企业的决策提供支持，为科研提供数据支撑，为社会的发展做出贡献。

4.2　数据的描述性统计

数据的描述性统计是统计学中的一项重要内容，它通过数量化、概括化和可视化的方式，对数据的特征进行全面的描述和分析。描述性统计的特点在于其数量性、概括性和可视化，这些特点使得描述性统计在数据分析中扮演着不可或缺的角色。

在数据分析中，描述性统计能够对数据进行有效的概括和描述，帮助人们快速了解数据的整体情况。通过描述性统计，可以知道数据的中心位置（如平均数、中位数等）、分散程度（如方差、标准差等）及分布情况。这些信息对于后续的数据比较、分析和决策都至关重要。

此外，描述性统计还能够通过绘制统计图的方式，将数据以图形的形式表达出来，使得数据更加直观和易于理解。这种可视化的方式不仅提高了数据分析的效率，也使得数据分析的结果更加具有说服力。

综上所述，数据的描述性统计在数据分析中具有重要的作用，是数据分析的基础和前提，能为后续的数据比较、分析和决策提供了有力的支持。下面以凯斯西储大学轴承数据集部分样本为例进行数据的描述性统计介绍。

4.2.1　集中趋势度量

集中趋势是指一组数据向某一中心靠拢的程度，代表了一组数据在一定时间、空间条件下的共同性质和一般水平，是一组数据的中心位置。描述集中趋势的统计量数叫作集中量数。在统计学中，集中趋势可以由多种"平均数"来表示，包括算术平均数、中位数、众数等。

1. 算术平均数

算术平均数又称为均值，是一组数据相加后除以数据的个数得到的结果，是统计学中重要的统计量之一。它表示一组数据的平均水平，是集中趋势度量的最主要的测量值，适用于数值型数据，用公式可表示为

$$\bar{x} = \frac{x_1 + x_2 + \cdots + x_n}{n} = \frac{\sum_{i=1}^{n} x_i}{n}$$

其中，$\bar{x}$ 为算术平均数，x_i 代表各样本值，n 代表样本数量。

在样本集中，求 DE_time 的均值，Python 的求解代码为

```
In [1]  import numpy as np
```

首先，导入需要的 pandas 库。

```
In [2]  file_path = 'example1.csv'
        df = pd.read_csv(file_path)
        mean_de_time = df['DE_time'].mean()
```

设置读取的 csv 文件路径 file_path，然后利用 pandas 库中的 read_csv 方法对文件进行读取，最后通过 mean 函数对 DE_time 求均值。

```
In [3]  mean_de_time
Out [3]  0.011374406161666668
```

输出 mean_de_time 变量，得到 DE_time 的均值为

$$\bar{x} \approx 0.0114$$

2. 中位数

中位数是一组有序数据中处于中间位置上的变量值，用 M_e 表示。它将一组数据等分为两部分，每部分都包含 50%的数据量，适用于测度顺序数据、数值型数据。它是一个位置代表值，不受极端值的影响，在研究收入分配时具有很大的价值。

计算中位数的步骤为：先对数据进行排序，然后确定中位数位置，对相应位置上的变量值计算后得到中位数。位置确定公式为

$$中位数的位置 = \frac{n+1}{2}$$

其中，n 为一组数据中的数量。

对于一组已经排好序的数据 $x_1, x_2, \cdots, x_n$，如果 n 为奇数，则中位数位置上的数就是这组数据的中位数；如果 n 为偶数，则以中间位置的两个变量值的算术平均数为中位数。

在样本集中，求 DE_time 的中位数，Python 的求解代码为

```
In [4]  median_de_time = df['DE_time'].median()
```

在 pandas 库中，median 函数用于求一组数的中位数。

```
In [5]  mean_de_time
Out [5]  0.018358153500000002
```

输出 median_de_time 变量，得到 DE_time 的中位数为

$$M_e \approx 0.0184$$

3. 众数

众数，是指一组数据中出现次数最多的变量值，通常用符号 M_o 表示。众数的主要

作用是测量分类数据、顺序数据及数值数据的集中趋势。一般情况下，只有在数据量比较大的情况下，众数才有意义。

从众数的字面意义可知，它只与变量出现频数有关，不受数据的极端值影响。从分布的角度来看，众数是一组数据分布的峰值，所以一组数据的峰点就是数据的众数。如果数据有多个高峰点，众数也可以是多个；当数据没有高峰点时，众数不存在。

在样本集中，求 DE_time 的众数，Python 的求解代码为

```
In [6]  mode_de_time = df['DE_time'].mode()
```

mode 函数计算众数时，返回一个 Pandas Series 对象，包含众数值、索引和数据类型信息。

```
In [7]  mode_de_time.values
Out [7]  [-0.03984554  0.00146031  0.03108369]
```

需要的是众数实际值，而不是 Series 本身。所以在输出众数的时候，使用 values 方法来简化输出，使其只显示实际的众数值。由此可知

$$M_o^{(1)} = -0.039\,845\,54$$

$$M_o^{(2)} = 0.001\,460\,31$$

$$M_o^{(3)} = 0.031\,083\,69$$

4.2.2 离散趋势度量

与集中趋势对应的是离散趋势，数据的离散程度反映了各变量值偏离数据中心的程度。一组数据的离散程度越大，其集中趋势的测量值的代表性就越差；反之，其代表性越好。描述数据离散趋势的测量值主要有四分位差、极差、平均差、方差和标准差等。

1. 四分位差

四分位差又称为内距或四分间距，为上四分位数与下四分位数之差，计算公式为

$$Q_d = Q_U - Q_L$$

其中，Q_d 表示四分位差；Q_U、Q_L 分别为上四分位数和下四分位数。

四分位差反映了一组数据中间 50%数据的离散程度，数值越小，说明中间的数据越集中；数值越大，说明中间的数据越分散，不受极值的影响。此外，由于中位数处于数据的中间位置，因此四分位差的大小在一定程度上也说明了中位数对一组数据的代表程度。四分位差主要用于测度顺序数据的离散程度。

在样本集中，求 DE_time 的四分位差，Python 求解的具体代码为

```
In [8]  q1 = df['DE_time'].quantile(0.25)
        q3 = df['DE_time'].quantile(0.75)
        iqr = q3 - q1
```

80

quantile 函数用于求数据的集中给定百分位数的值,因此利用它求得上四分位数和下四分位数，再得到四分位差。

```
In [9]    iqr
Out [9]    0.09408553925
```

得到 DE_time 的四分位差为

$$Q_d \approx 0.0941$$

2. 极差

极差也称全距，是一组数据的最大值与最小值之差，用 R 表示。与四分位差相似，它也可以用于衡量中位数的代表性，是最简单的描述数据离散程度的测度值，但容易受到极端值的影响。极差只是利用了一组数据两端的信息，不能反映整体数据的分散状况，因而不能准确描述数据的分散程度。其计算公式为

$$R = \max x_i - \min x_i$$

其中，$\max x_i$，$\min x_i$ 分别为一组数据中的最大值、最小值。

在样本集中，求 DE_time 的极差，Python 求解的具体代码为

```
In [10]    max_value = df['DE_time'].max()
           min_value = df['DE_time'].min()
           range_value = max_value - min_value
```

分别用 max 和 min 函数求得数据的最大值、最小值，再进行求差得到极差。

```
In [11]    range_value
Out [11]    0.416604924
```

得到 DE_time 的极差为

$$R \approx 0.4166$$

3. 平均差

平均差又称平均绝对离差，是各个变量值与平均数的离差绝对值的算术平均数，用 M_d 表示。它反映各标志值与算术平均数之间的平均差异。平均差越大，表明各标志值与算术平均数的差异程度越大，该算术平均数的代表性就越小；平均差越小，表明各标志值与算术平均数的差异程度越小，该算术平均数的代表性就越大。

平均差的一般公式为

$$M_d = \frac{\sum_{i=1}^{n}\left|x_i - \bar{x}\right|}{n}$$

在样本集中，求 DE_time 的平均差，Python 求解的具体代码为

```
In [12]    absolute_deviations = (df['DE_time'] - mean_de_time).abs()
           mad = absolute_deviations.mean()
```

要求平均差，先求 DE_time 列中每个数与均值的差的绝对值，得到 absolute_deviations，然后再对 absolute_deviations 求均值，得到平均差。

```
In [13]   mad
Out [13]  0.057332980357116675
```

输出求得的平均差，得到

$$M_\mathrm{d} \approx 0.057\,3$$

4. 标准差和方差

标准差是各变量值与其平均数离差平方的平均数的平方根，通常用 σ 表示，标准差的平方称为方差，用 σ^2 表示。

方差（或标准差）能较好地反映数据的离散程度，是应用最广的离散程度的测度值。不同的是标准差是有量纲的指标，与变量值的单位相同，比方差更具有实际意义。

由概念可知，要计算方差和标准差，首先要计算各变量值对其算术平均数的离差，再求离差平方，最后求离差平方的算术平均数，得到的结果即为方差，结果的平方根为标准差。计算标准差和方差的一般公式为

$$\sigma^2 = \frac{\sum_{i=1}^{n}(x_i - \overline{x})^2}{n}$$

$$\sigma = \sqrt{\frac{\sum_{i=1}^{n}(x_i - \overline{x})^2}{n}}$$

在样本集中，求 DE_time 的标准差和方差，Python 代码如下：

```
In [14]   variance = df['DE_time'].var()
          std_deviation = df['DE_time'].std()
```

分别用 var 函数和 std 函数求得 DE_time 的方差和标准差。

```
In [15]   variance
Out [15]  0.005226344236648587
```

输出 variance 变量，得到 DE_time 的方差为

$$\sigma^2 \approx 0.005\,2$$

```
In [16]   std_deviation
Out [16]  0.0722934591553661
```

输出 std_deviation 变量，得到 DE_time 的标准差为

$$\sigma \approx 0.072\,3$$

4.3 数据预处理

数据预处理包含大量以复杂的方式相关联的不同策略和技术,是一个广泛的领域,是指在进行数据分析和建模之前,对原始数据进行清洗、集成、归约、变换等操作的过程。数据预处理的意义是提高数据质量,使数据更适合分析和建模。本节介绍数据预处理的方法和相关代码,为读者处理原始数据提供思路,为实现更优质高效的数据挖掘奠定基础。

4.3.1 数据预处理概述

大规模的原始数据具有较高的杂乱程度,主要表现为不完整性、不一致性、有噪声、冗余性。其中,不完整性是指数据属性值的遗漏或不确定;不一致性是指由于原始数据的来源不同,缺乏统一的数据定义标准,导致系统间的数据内涵不一定;有噪声是指数据中存在明显偏离期望值的异常;冗余性是指数据记录或者数据属性的重复。此外,用于描述对象的原始数据有可能无法很好地反映潜在模式,因此需要进行有效属性的提取及构造。正确识别出无用的、冗余的属性,不仅可以有效提升数据挖掘和分析的效果,而且还可以发现更加有意义、明确且易于理解的知识,节省模型代码运行时间。

数据挖掘的工作中数据预处理占有较大的工作量,将杂乱的数据整理为可用于模型建构的数据,是一项复杂的工作。数据预处理是模型建构的重要前序工作,数据预处理的水平决定了模型建构的水平。通过预处理,可以减少后续分析中可能出现的错误,提升模型的准确性和泛化能力。同时,数据预处理有助于发现数据中的初步模式,为进一步的分析和决策提供支持。因此,在数据预处理过程中应当遵循合理的逻辑和方法,使用清晰的逻辑和简洁的步骤,获取清洁的数据,使构建模型的步骤更加顺利。

数据预处理主要包括以下几个步骤:数据清洗、数据集成、数据变换、数据归约等。下面重点介绍这几个数据预处理步骤。

4.3.2 数据清洗

数据清洗是数据预处理中的关键步骤,通过数据清理提升数据的质量,提高后续分析的准确性和有效性。现实生活中的原始数据集,由于数据采集错误、录入错误、系统错误或者其他问题,可能会导致数据集不完整、不正确或者出现重复值的问题。因此,通过数据清洗,可以提高数据质量,清除噪声和异常的数据,使数据集更加精准和可靠。数据清洗有助于提高模型性能,通过优化数据的输入,提高数据分析模型的训练效果和预测精确度;提高数据分析速度,减少数据处理的复杂性,提高效率。

为帮助读者更好地理解数据清洗的过程,本节使用 pandas 库展示如何完成数据清洗的基础步骤，解决缺失值、异常值、错误数据和重复记录的问题。

　　首先是处理缺失值。在数据总量小、数据缺失值占比较大的情况下，如果简单地将含有缺失值的信息整条删去，则可能损失很多有效信息。对于数值型的数据，可以采用均值或中位数进行填补；对于分类数据，可以采用众数进行填补。如果缺失值的数量很少，几乎不影响数据集整体，那么也可以直接删去缺失值所在的行；如果缺失值数量过多，并且传统填补缺失值的方法可能会影响分析结果，在这种情况下则考虑删除整列或者重新采集数据。

　　为帮助读者更好地理解，下面举一个处理缺失值的例子。首先导入需要使用的包。

```
In [1]    import pandas as pd
          import numpy as np
```

然后新建一个名为 data 的 DataFrame 作为示例。

```
In [2]    data = pd.DataFrame({
              'Age': [25, np.nan, 35, 50, 28],
              'Salary': [50000, 60000, 75000, np.nan, 120000],
              'Gender': ['Male', 'Female', 'Male', 'Male', np.nan]
          })
          print(data)
```

```
Out [2]       Age    Salary     Gender
          0  25.0    50000.0     Male
          1  NaN     60000.0     Female
          2  35.0    75000.0     Male
          3  50.0    NaN         Male
          4  28.0    120000.0    NaN
```

填补数值型数据的缺失值的代码如下。

```
In [3]    data['Age'] = data['Age'].fillna(data['Age'].mean())
          data['Salary'] = data['Salary'].fillna(data['Salary'].median())
          print(data)
```

```
Out [3]       Age    Salary     Gender
          0  25.0    50000.0     Male
          1  34.5    60000.0     Female
          2  35.0    75000.0     Male
          3  50.0    67500.0     Male
          4  28.0    120000.0    NaN
```

填补数值型数据的缺失值的代码如下。

```
In  [4]   data['Gender'] =
          data['Gender'].fillna(data['Gender'].mode()[0])
          print(data)
```

```
Out [4]        Age      Salary   Gender
          0   25.0     50000.0     Male
          1   34.5     60000.0   Female
          2   35.0     75000.0     Male
          3   50.0     67500.0     Male
          4   28.0    120000.0     Male
```

异常值的处理方法可以分为两类：一类是识别出异常值，将其去除；另一类是利用其他非异常值的数据降低异常值的影响。数据集中的异常值可以通过箱线图分析、Z-分数、IQR 范围等统计测试方法识别。如果异常值数量极少，极个别的数值由于错误或偶然因素产生异常，可以直接删去或使用均值、中位数等合理的估计值替换异常数据；如果异常值数量过多或呈现出规律性，则考虑是采集过程出现问题，应从数据来源进行修正。

以下代码展示了如何发现 Age 和 Salary 列中的异常值。首先定义一个函数来检测和替换异常值。

```
In  [5]   def handle_outliers(column):
              Q1 = column.quantile(0.25)
              Q3 = column.quantile(0.75)
              IQR = Q3 - Q1
              lower_bound = Q1 - 1.5 * IQR
              upper_bound = Q3 + 1.5 * IQR
              # 替换异常值为中位数
              column = np.where((column < lower_bound) | (column >
          upper_bound), column.median(), column)
              return column
```

应用该函数到数值型列：

```
In  [6]   data['Age'] = handle_outliers(data['Age'])
          data['Salary'] = handle_outliers(data['Salary'])
          print(data)
```

```
Out [6]        Age      Salary   Gender
          0   25.0     50000.0     Male
          1   34.5     60000.0   Female
          2   35.0     75000.0     Male
          3   34.5     67500.0     Male
          4   28.0     67500.0     Male
```

以下代码展示了如何修正 Gender 列中的错误输入。

```
In [7]   data['Gender'] = data['Gender'].replace(['male', 'female'],
         ['Male', 'Female'])
         print(data)
```

```
Out [7]      Age   Salary   Gender
         0  25.0  50000.0    Male
         1  34.5  60000.0  Female
         2  35.0  75000.0    Male
         3  34.5  67500.0    Male
         4  28.0  67500.0    Male
```

最后检查并删除数据集中的重复值，得到清洗结果。本数据集中没有重复值，得到的最终结果如下。

```
In [8]   data = data.drop_duplicates()
         print(data)
```

```
Out [8]      Age   Salary   Gender
         0  25.0  50000.0    Male
         1  34.5  60000.0  Female
         2  35.0  75000.0    Male
         3  34.5  67500.0    Male
         4  28.0  67500.0    Male
```

4.3.3 数据集成

数据集成解决的问题是，将不同来源的数据合并成一致的数据集。在数据分析实践操作中，数据集通常来源于不同的数据库，具有不同的特点，因此数据集成是保持数据质量一致性的关键步骤。通过有效集成多个数据源，可以增强数据完整性，提升数据质量，简化数据管理，获得更加全面的视角，提高分析的准确性。

数据集成的主要任务包括数据识别与合并、处理数据不一致性、数据变换和数据清洗。其中，数据识别与合并需要确定不同的数据源，充分考虑各数据源的访问方式和接口，从各个数据源中提取数据。处理数据不一致的问题时，需要考虑解决不同数据源中数据结构不一致的问题，对于不同数据表结构进行模式整合，同时需要识别并解决不同数据来源中代表同一实体的数据记录不同的问题，并进行合并，统一不同来源数据的日期格式、数字表示、编码方式问题，对于不恰当的数据类型进行修正。

实体识别问题是数据集成中的首要问题，来自多个信息源的现实世界的等价实体才能匹配。例如数据集成中如何判断一个数据库中的 student_id 和另一数据库中的 student_NO 是指相同的属性？这是一个需要解决的问题。

数据冗余是数据集成中的另一个重要问题。如果一个属性能由另一个或另一组属性值"推导"出来，则这个属性可能是冗余的。属性命名不一致也会导致结果数据集中的冗余。有些冗余可以被相关分析检测到，对于标称属性，使用卡方检验；对于数值属性，可以使用相关系数（correlation coefficient）和协方差（covariance）评估属性间的相关性。

数值数据的相关系数公式为

$$r_{A,B} = \frac{\sum_{i=1}^{n}(a_i - \overline{A})(b_i - \overline{B})}{n\sigma_A\sigma_B} = \frac{\sum_{i=1}^{n}(a_i b_i - n\overline{A}\,\overline{B})}{n\sigma_A\sigma_B}$$

数值数据的协方差公式为

$$\mathrm{cov}(X, Y) = E\left[(X - E(X))(Y - E(Y))\right] = E(XY) - E(X)E(Y)$$

假设有两个数据表 data1 和 data2，以下代码展示了如何进行数据集成，输出 data_merged。首先导入需要用的包。

```
In [1]  import pandas as pd
```

构建示例数据表 1：

```
In [2]  data1 = pd.DataFrame({
            'ID': [1, 2, 3],
            'Name': ['Alice', 'Bob', 'Charlie'],
            'Age': [25, 30, 35]
        })
```

构建示例数据表 2：

```
In [3]  data2 = pd.DataFrame({
            'ID': [2, 3, 4],
            'Name': ['Robert', 'Charlie', 'David'],
            'Salary': [50000, 60000, 70000]
        })
```

合并数据：

```
In [4]  data_merged = pd.merge(data1, data2, on='ID', how='outer')
        print(data_merged)
Out [4]     ID   Name_x   Age     Name_y    Salary
         0  1    Alice    25.0    NaN       NaN
         1  2    Bob      30.0    Robert    50000.0
         2  3    Charlie  35.0    Charlie   60000.0
         3  4    NaN      NaN     David     70000.0
```

处理 Name 字段不一致的问题：

```
In [5]   data_merged['Name'] = data_merged.apply(lambda x: x['Name_x'] if
         pd.notnull(x['Name_x']) else x['Name_y'], axis=1)
         data_merged.drop(['Name_x', 'Name_y'], axis=1, inplace=True)
         print(data_merged)
```

```
Out [5]      ID   Age   Salary        Name
         0    1   25.0     NaN        Alice
         1    2   30.0   50000.0      Bob
         2    3   35.0   60000.0      Charlie
         3    4   NaN    70000.0      David
```

4.3.4 数据变换

数据变换需要将数据进行规范化操作，将数据转换成恰当的形式，以适用于数据分析和挖掘任务，增强模型的稳健性和性能。常见的数据变换处理方式包括数据标准化处理、数据离散化处理、数据泛化处理。

1. 数据标准化

数据标准化是对数据进行处理的一种技术，主要是把不同类型的数据转化为可操作的数据的过程。其目的是使原始的数据能更容易地比较和分析，包括重新定义数据的数据类型、数据大小、数据格式及数据的结构等，通常是将数据按照比例进行缩放，这个范围是 0~1 或者使整个数据的均值为 0、标准差为 1。

许多数据挖掘算法和机器学习算法假设所有特征以相同的尺度测量，通过数据标准化可以提高算法性能，帮助在梯度下降等优化过程中加快收敛速度。第一，应当根据数据的特性和使用的模型，选择合适的标准化方法；第二，进行描述性统计，计算最小值、最大值、均值、标准差等；第三，应用标准化公式；第四，通过可视化方法检查数据分布和算法性能，确保标准化结果。

数据标准化的方法有多种，常见的有以下几种。

（1）Min-max 标准化。也叫离差标准化，是对原始数据的线性变换，使结果落到[0, 1]区间。其转换公式为

$$新数据 = \frac{原数据 - 最小值}{最大值 - 最小值}$$

（2）Z-分数标准化。是基于原始数据的均值和标准差进行数据的标准化。这种方法适用于属性的最大值和最小值未知的情况，或有超出取值范围的数据。

2. 数据离散化

数据离散化，也称为数据分箱或数据分段，是将连续型的数据划分为有限个区间的过程，每个区间对应一个离散值。通过离散化可以降低数据复杂性，简化模型结构，提高模型的解释性，帮助模型捕捉变量之间的非线性关系。

常见的数据离散化方法有以下几种。

（1）等宽离散化（equal-width discretization）。是将数据的范围分成具有相同宽度的区间。

（2）等频离散化（equal-frequency discretization）。是将数据分布到若干容量相等的区间中，每个区间内包含相同数量的观测值。

（3）基于聚类的离散化（clustering-based discretization）。使用聚类算法（如 K-means）将数据点分组，每个聚类形成一个区间。

（4）基于决策树的离散化（decision tree-based discretization）。利用决策树算法的分裂过程进行离散化，根据目标变量的信息增益或纯度改进指标，选择最佳的分割点。

以下代码是使用等宽离散化方法将一组连续型数据划分为几个离散区间，首先导入需要的包：

```
In [1]  import numpy as np
```

构建函数对给定数据进行等宽离散化，参数 data 是一维 numpy 数组，包含要离散化的数据；参数 num_bins 是整数，指定离散化后的区间数量。返回的 discretized_data 是一维 numpy 数组，包含离散化后的数据。

```
In [2]  def equal_width_discretization(data, num_bins):
            # 计算数据的最小值和最大值
            min_val = np.min(data)
            max_val = np.max(data)
            # 计算每个区间的宽度
            bin_width = (max_val - min_val) / num_bins
            # 初始化离散化后的数据数组
            discretized_data = np.zeros_like(data, dtype=int)
            # 对每个数据点进行离散化
            for i, val in enumerate(data):
                # 计算数据点属于哪个区间
                bin_index = int((val - min_val) // bin_width)
                # 确保 bin_index 在有效范围内
                bin_index = min(max(bin_index, 0), num_bins - 1)
                # 将离散化后的值赋给对应的数据点
                discretized_data[i] = bin_index
            return discretized_data
```

构建示例数据：

```
In [3]  data = np.array([1.2, 4.5, 2.3, 6.7, 3.4, 5.6, 7.8, 9.0])
```

离散化为 3 个区间：

```
In [4]   num_bins = 3
         discretized_data = equal_width_discretization(data, num_bins)
```

打印数据并进行对比：

```
In [5]   print("原始数据:", data)
         print("离散化后的数据:", discretized_data)
```
```
Out [5]  原始数据: [1.2 4.5 2.3 6.7 3.4 5.6 7.8 9. ]
         离散化后的数据: [0 1 0 2 0 1 2 2]
```

3. 数据泛化

数据泛化主要用于提高数据的隐私保护水平，减少数据的敏感性，简化模型，提高数据分析的效率。数据泛化通过将详细信息替换为更高层次的概括信息来实现，通过泛化处理减少数据中的噪声，帮助模型捕捉更加广泛的数据特征。

1）基于数据立方体的数据聚集（data focusing）

数据仓库和在线分析处理工具基于多维数据模型，将数据组织成数据立方形式，由维（或属性）和度量（聚集函数）组成。用户可以通过维的选择和在线分析处理操作（如上卷、下钻、切片、切块）来控制和指导数据泛化的过程。

2）面向属性的归纳

数据库查询、收集数据后，根据属性的不同值进行泛化。

数据泛化主要包括两种方式。一种是属性删除：当某个属性具有大量不同值，但该属性没有泛化操作符或其较高层概念可用其他属性表示时，可以选择删除该属性。另一种是属性泛化：当某个属性有大量不同值，并且该属性上存在泛化操作符的集合时，应当选择一个泛化操作符，并将它用于该属性。

以下示例中，将使用一个简单的数据集，包含员工的年龄，并将其泛化为更一般的年龄组（如青年、中年、老年）。其中，参数 age(int) 是员工的年龄，返回值 age_group(str) 是泛化后的年龄组。首先构建函数：

```
In [1]   def generalize_age(age):
             if age < 30:
                 age_group = '青年'
             elif 30 <= age < 60:
                 age_group = '中年'
             else:
                 age_group = '老年'
             return age_group
```

构建示例数据：

```
In [2]   ages = [25, 35, 42, 58, 22, 65, 30, 28]
```

泛化年龄数据：

```
In [3]   generalized_ages = [generalize_age(age) for age in ages]
```

打印数据并进行对比：

```
In [4]   print("原始年龄数据:", ages)
         print("泛化后的年龄组:", generalized_ages)
Out [4]  原始年龄数据: [25, 35, 42, 58, 22, 65, 30, 28]
         泛化后的年龄组: ['青年', '中年', '中年', '中年', '青年', '老年', '中年',
         '青年']
```

在这个例子中，generalize_age 函数接受一个年龄值作为输入，并返回一个对应的年龄组字符串。使用列表推导式遍历原始年龄数据，并对每个年龄值应用 generalize_age 函数，得到泛化后的年龄组列表。最后，打印原始年龄数据和泛化后的年龄组数据。

4.3.5　数据归约

数据归约的主要目标在于简化数据处理和分析的复杂性，通过缩减数据集的规模来提高数据挖掘算法的效率和准确性。这一过程在保持原始数据完整性和可用性的同时，可以减少数据的维度和数量。常用的数据归约技术包括维度归约、数值归约和数据压缩等多种方法。

主成分分析（principle component analysis，PCA）是一种广泛使用的统计技术，最早由 Karl Pearson 于 1901 年提出，而后经过 Harold Hotelling 发展。它通过正交变换将可能相关的变量转化为一组线性不相关的变量，即主成分。这种方法在降低数据集维度的同时，能够保留数据中的大部分变异性。

首先，对原始数据进行标准化处理，使每个特征的均值为 0，标准差为 1。

$$z_i = \frac{x_i - \mu}{\sigma}$$

其中，x_i 为原始数据，μ 为平均值，σ 为标准差。

随后，基于标准化数据计算特征之间的协方差矩阵，并对其进行特征分解，以获取特征值和对应的特征向量。协方差矩阵的特征值方程如下：

$$\sum v = \lambda v$$

其中，λ 为特征值，v 是对应的特征向量。

接着，根据特征值的大小，选择前几个最大的特征值所对应的特征向量，这些向量将构成新的数据空间。最后，将原始数据投影到这些选定的主成分上，以实现数据的降维。主成分分析广泛应用于探索性数据分析、特征抽取和数据压缩等多个领域。

除了主成分分析外，抽样技术也是数据归约的重要手段之一。抽样是选择数据子集的过程，它允许研究者通过较小的数据量来估计整体数据集的特性，进而减少计算负载，提高分析效率。抽样技术包括简单随机抽样、分层抽样、系统抽样、聚类抽样等多种方法。简单随机抽样确保每个样本被选中的概率相等；分层抽样则将数据集划分为若干相似的层，并从每层中进行简单随机抽样；系统抽样从数据集的第一个元素开始，按固定的间隔选择样本；聚类抽样则是将数据集分成多个聚类，然后随机选择几个聚类进行分析。

在聚类算法中，K means 聚类是一种常见的方法，它指定了 *K* 个聚类，并通过迭代移动这些聚类的中心来优化聚类结果，直到找到最佳聚类。层次聚类则通过逐步合并或分裂样本来构建一个聚类层次。基于密度的聚类算法则是根据数据区域的密度来形成聚类，这种方法能够处理任意形状的聚类，并有效地识别噪声点。这些聚类方法在数据归约和数据分析中发挥着重要作用。

4.4 数 据 存 储

4.4.1 TXT、CSV、Excel

将数据存储为 TXT、CSV、Excel 文件是常见的数据处理需求，可以很方便地在后续研究中进行调用。接下来将分别介绍详细的存储步骤。

1. TXT 文件形式存储

TXT 文件（通常称为文本文件）是一种简单的文件格式，用于存储纯文本数据，不包含任何格式化信息，如字体、颜色、大小等。它可以使用多种字符编码格式存储文本数据，常见的编码格式有 UTF-8、ASCII、GBK 等。

要将数据存储为 TXT 文件，可以使用 pandas 库来写入 TXT 文件。例如：

```
In [1]    import pandas as pd
          data = {
              '姓名': ['张三', '李四', '王五'],
              '年龄': [28, 22, 35],
              '城市': ['北京', '上海', '广州']
          }
          df = pd.DataFrame(data)
```

代码中，首先要导入 pandas 库，data 是示例集，第 7 行调用 panda 库，将数据转换为 DataFrame 对象，得到 df（见表 4-4-1）。

表 4-4-1　df 具体内容

	姓名	年龄	城市
0	张三	28	北京
1	李四	22	上海
2	王五	35	广州

其中，DataFrame 是 pandas 库中的一个数据结构，用于存储表格数据，类似于 Excel 表格或 SQL 中的表。

```
In [2]  df.to_csv('D:/output.txt', sep='\t', index=False)
```

之后，使用 to_csv 方法将 df 保存为 TXT 文件 output.txt。"sep='\t'"表示使用制表符 "\t"作为分隔符，通过修改参数可以使用不同的分隔符，如逗号与空格，"index=False" 表示不需要保存 DataFrame 的行索引；"D：/output.txt"是要写入 TXT 的路径和文件名，如果原本存在该 TXT 文件，进行读取和写入；如果不存在，则在该路径创建该文件并读入数据。

当然，也可以使用 Python 的内置函数 open 来写入 TXT 文件，例如：

```
In [3]  data = "这是要存储为 TXT 文件的数据."
        with open('output.txt', 'w', encoding='utf-8') as file:
        print("数据已成功写入 TXT 文件.")
```

代码中，变量 data 是要存储为 TXT 的数据。之后利用 open 函数将数据写入 output.txt 文件。'w'表示以写模式打开文件。常见的文件打开模式如下。

（1）r：读模式（默认）。如果文件不存在，会抛出一个错误。

（2）w：写模式。如果文件不存在，会创建一个新文件；如果文件存在，会覆盖文件内容。

（3）a：追加模式。如果文件不存在，会创建一个新文件；如果文件存在，新的数据会写入到文件的末尾。

（4）b：二进制模式。这是一个附加模式，可以与其他模式一起使用。例如"rb"表示以二进制读模式打开文件，"wb"表示以二进制写模式打开文件。

（5）t：文本模式（默认）。这是一个附加模式，可以与其他模式一起使用。例如"rt"表示以文本读模式打开文件，"wt"表示以文本写模式打开文件。

'utf-8'表示在读写文件时使用 UTF-8 编码，不同的文件可能使用不同的字符编码。如果不指定编码，Python 会使用系统默认的编码，这可能会导致读取或写入文件时出现乱码或错误。

2. CSV 文件形式存储

CSV 是一种常见的纯文本格式，用于存储表格数据，它将数据的每一行表示为一条记录，各字段之间用逗号分隔，是一种简单、广泛使用的数据存储格式，特别适合存储和交换表格数据。

要将数据存储为 CSV 文件，同样可以使用 pandas 库来写入，具体实现如下：

```
In [1]   data = [
         ["姓名", "年龄", "城市"],
         ["张三", 28, "北京"],
         ["李四", 22, "上海"],
         ["王五", 35, "广州"]
         ]

         df = pd.DataFrame(data[1:], columns=data[0])
```

与保存为 TXT 文件一样，需要调用 DataFrame 构造函数将数据保存为 DataFrame 对象。Data 是一个嵌套列表，包含表头和数据。其中，data[0]是表头（列名），data[1:]包含实际的数据行，具体内容如下：

```
In [2]   data[0]
Out [2]   ["姓名", "年龄", "城市"]
In [3]   data[1:]
Out [3]   [["张三", 28, "北京"], ["李四", 22, "上海"], ["王五", 35, "广州"]]
```

最后使用 DataFrame 的 to_csv 方法将数据写为 CSV 文件。

```
In [4]   df.to_csv('output.csv', index=False, encoding='gbk')
```

同样，也可以调用 Python 中的 "csv" 模块，以下是具体代码：

```
In [5]   import csv
         data = [
         ["姓名", "年龄", "城市"],
         ["张三", 28, "北京"],
         ["李四", 22, "上海"],
         ["王五", 35, "广州"]
         ]
         with open('output.csv', 'w', newline='', encoding='utf-8') as
         file:
         writer = csv.writer(file)
         writer.writerows(data)
         print("数据已成功写为 CSV 文件.")
```

data 表示常见的要存储为 CSV 文件的数据形式，先创建了一个 csv.writer 对象，该对象将用于写为 CSV 文件，之后将数据写为 CSV 文件，其中 writerows 是 csv.writer 对象的一个方法，用于写入多行数据到 CSV 文件中。它接受一个可迭代对象，如列表、元组等，并将其中的每个元素作为一行写为 CSV 文件，最后打印"数据已成功写为 CSV 文件。"。

3. Excel 文件形式存储

Excel 是一个功能强大且灵活的工具，广泛应用于各行各业的数据管理和分析任务，下面是存储的相关代码：

```
In [1]   import pandas as pd
         data = {
          "姓名": ["张三", "李四", "王五"],
         "年龄": [28, 22, 35],
         "城市": ["北京", "上海", "广州"]
         }
         df = pd.DataFrame(data)
         df.to_excel('output.xlsx', index=False, encoding='utf-8')
         print("数据已成功写入 Excel 文件。")
```

data 为常见的要存储为 Excel 文件的数据形式，使用 pandas 库的 dataframe 函数将数据转换为 DataFrame 对象（见表 4-4-2）。

表 4-4-2　DataFrame 对象具体内容

	姓名	年龄	城市
0	张三	28	北京
1	李四	22	上海
2	王五	35	广州

最后将 DataFrame 对象写入名为"output.xlsx"的 Excel 文件，最后打印"数据已成功写为 Excel 文件。"。

4.4.2　数据库

数据库是"按照数据结构来组织、存储和管理数据的仓库"，是一个长期存储在计算机内的、有组织的、可共享的、统一管理的大量数据的集合。在本书中，只考虑关系型数据库，不涉及 NoSQL 数据库等其他数据库。市面上主流的数据库如表 4-4-3 所示。

表 4-4-3　关系型数据库管理系统（RDBMS）

名称	开发者	特点	使用场景
MySQL	Oracle Corporation	开源、高性能、易用，广泛使用于 Web 应用	Web 应用、内容管理系统、电子商务平台
PostgreSQL	PostgreSQL Global Development Group	开源、支持复杂查询、ACID 合规、扩展性强	数据分析、地理信息系统、企业应用

续表

名称	开发者	特点	使用场景
Oracle Database	Oracle Corporation	商业数据库、强大的性能、安全性和支持、丰富的功能	企业级应用、金融系统、ERP 系统
Microsoft SQL Server	Microsoft	集成的商业解决方案，强大的分析功能，易于与其他微软产品集成	企业应用、数据仓库、商业智能
SQLite	D. Richard Hipp	嵌入式、轻量级、无服务器、零配置	移动应用、嵌入式系统、小型项目

将数据存储在数据库中通常涉及以下几个步骤：首先是连接到数据库；然后是创建表格，并将数据插入表格中；最后是关闭数据库连接。

但是市面上存在各种类型的数据库，不同数据库之间的上述步骤的操作不同。下面以常见的 SQLite 数据库和 MySQL 数据库为例，简要介绍将数据存储在数据库中的操作。

1. SQLite 数据库

SQLite 是一种轻量级的嵌入式关系型数据库管理系统，它不需要单独的服务器进程，可以直接访问存储在单个磁盘文件中的数据库，非常容易部署和使用。

SQLite 数据库相关操作需要调用 sqlite3 库，可以用下面的命令进行安装。

In [1]
```
pip install pysqlite
```

安装好之后，按照以下步骤将数据存储在 SQLite 数据库中。

In [2]
```
import sqlite3
conn = sqlite3.connect('example.db')
cur = conn.cursor()
cur.execute('''CREATE TABLE IF NOT EXISTS students (
        id INTEGER PRIMARY KEY,
        name TEXT,
        age INTEGER,
        city TEXT
        )''')
data = [
    (1, '张三', 28, '北京'),
    (2, '李四', 22, '上海'),
    (3, '王五', 35, '广州')
]
cur.executemany('INSERT INTO students VALUES (?, ?, ?, ?)', data)
conn.commit()
cur.close()
conn.close()
```

首先，使用 sqlite3.connect 方法连接到名为"example.db"的 SQLite 数据库。如果数据库文件不存在，则会被创建，之后用 cursor 方法创建一个游标对象，用于执行 SQL 语句。在数据库编程中，游标（cursor）是一个用于在数据库连接上执行 SQL 查询和获取结果的对象。它提供了一种在数据库中移动和操作数据的机制。通过游标对象，可以执行各种 SQL 语句，包括查询、插入、更新和删除等。同时，游标对象还可以获取查询结果集，帮助管理事务和获取、设置各种属性，是数据库编程中非常重要的一部分。

然后使用 CREATE TABLE 的 sql 语句，创建一个名为 students 的表格，其中包含 id、name、age 和 city 列。

最后将 data 数据插入到表格中并调用 commit 方法将更改保存到数据库。在 SQLite 中，所有的数据操作都需要通过事务来完成，并且在操作完成后必须显式提交。close 方法用于关闭游标和数据库连接，释放资源。

2. MySQL 数据库

MySQL 是一个开源的关系型数据库管理系统，广泛用于 Web 应用程序和其他数据存储需求。作为一个关系型数据库管理系统，MySQL 使用结构化查询语言（SQL）来管理和操作数据。同时，数据以表格的形式组织，表之间可以通过关系关联。无论是小型项目还是大型企业级应用，MySQL 都能提供可靠和高效的解决方案。

MySQL 的安装与配置不在本书的范畴内，请读者自行安装。实现 MySQL 存储操作需要使用"mysql-connector-python"库，可以用下面的命令安装：

```
In [1]  pip install mysql-connector-python
```

安装好之后，按照以下步骤将数据存储在 MySQL 数据库中：

```
In [2]  import mysql.connector
        conn = mysql.connector.connect(
        host="localhost",
        user="username",
        password="password",
        database="database"
        )
        cur = conn.cursor()
        cur.execute('''CREATE TABLE IF NOT EXISTS students (
              id INT AUTO_INCREMENT PRIMARY KEY,
              name VARCHAR(255),
              age INT,
              city VARCHAR(255)
              )''')
        data = [
        ("张三", 28, "北京"),
```

```
("李四", 22, "上海"),
("王五", 35, "广州")
]
sql = "INSERT INTO students (name, age, city) VALUES (%s, %s, %s)"
cur.executemany(sql, data)
conn.commit()
cur.close()
conn.close()
```

首先，要进行 mysql 数据库的连接操作，其中 localhost 是数据库的主机名，默认为 localhost；username 是 mysql 数据库的用户名称，password 是登录数据库的密码，database 是数据库的名称。和 SQLite 一样，也要创建一个游标对象，用于执行 SQL 语句。然后使用 CREATE TABLE 语句创建一个名为 students 的表格，其中包含 id、name、age 和 city 列；之后利用 sql 语句和 executemany 函数实现数据插入到表格中的操作。最后调用 commit 方法将更改保存到数据库及使用 close 方法关闭游标和数据库连接，释放资源。

4.4.3 云存储

随着云服务的日渐成熟，云存储开始变得越来越重要。云存储的高可用性和可靠性吸引了越来越多的企业进行云存储业务，尤其是它按使用量计费，用户只需为实际使用的存储空间付费，避免了购买和维护大量硬件设备的前期成本。进行云存储通常涉及使用云服务提供商提供的存储服务来存储、管理和访问数据，主流的云存储服务提供商如表 4-4-4 所示。

表 4-4-4　主流云存储服务提供商

提供商	服务	特　点
Amazon Web Services （AWS）	Amazon S3（Simple Storage Service）	高可用性、高扩展性、灵活的存储类和定价模型
Google Cloud Platform	Google Cloud Storage	全球网络、强大的数据分析工具集成、灵活的存储选项
Microsoft Azure	Azure Blob Storage	与微软产品无缝集成、强大的企业级安全性和管理功能
IBM Cloud	IBM Cloud Object Storage	多区域复制、企业级安全性和合规性
Alibaba Cloud（阿里云）	Alibaba Cloud Object Storage Service（对象存储服务，OSS）	适合亚洲市场、高性价比、多种存储类型

下面以阿里云为例，讲述云存储的基本步骤。

使用阿里云进行云存储的过程如下［涵盖选择和设置阿里云对象存储服务（OSS）、上传和管理数据等步骤］。

1. 阿里云对象存储服务

首先要选择和设置阿里云对象存储服务，可以访问阿里云官网并注册一个新的阿里云账户，然后登录阿里云管理控制台，找到对象存储标识，开通 OSS 服务。

2. 创建 OSS 存储空间

在开通 OSS 服务后，创建 OSS 存储空间。在阿里云控制台中，导航到"对象存储 OSS"，依次单击"存储空间"和"创建存储空间"按钮，开始配置存储空间名称、地域、存储类型和访问权限（推荐使用"私有"来确保数据安全）并单击"确定"完成存储空间的创建。

3. 上传和管理数据

这一步操作中，使用 OSS 管理控制台上传文件。首先，在"存储空间"列表中选择已创建好的存储空间，然后依次单击"文件管理"和"上传文件"按钮，选择要上传的文件，配置相关的设置，最后单击"上传"，完成上传任务。

4. 访问和管理数据

有两种方法可以实现访问和管理数据操作。

1）URL

利用 URL 可以实现文件的访问。在 OSS 管理控制台中，选择文件并生成其 URL，特别地，私有存储空间的文件需要生成临时访问 URL。生成 URL 之后，通过浏览器或应用程序使用 URL 访问文件。

2）OSS SDK

要使用 OSS SDK 访问文件需要先安装 OSS SDK，安装命令如下。

```
In [1]  pip install aliyun-python-sdk-oss2
```

安装成功后，使用 OSS SDK 编写代码来访问和管理 OSS 中的文件。

```
In [2]  import oss2
        auth = oss2.Auth('access-key-id', 'access-key-secret')
        bucket = oss2.Bucket(auth, 'endpoint', 'bucket-name')
        bucket.put_object_from_file('file-key', 'local-file-path')
        bucket.get_object_to_file('file-key', 'local-file-path')
```

首先对阿里云访问密匙进行配置，访问密匙在阿里云的访问控制台获得，put_object_from_file 方法用于上传文件，file-key 是上传到 OSS 存储空间中的文件在存储空间内的唯一标识符，也称为对象键（object key），local-file-path 是本地计算机上待上传文件的路径，也就是文件在本地文件系统中的位置，以便 OSS SDK 能够找到文件并将其上传到 OSS 存储空间，最后执行从 OSS 存储空间下载文件到本地的操作。

通过使用阿里云对象存储服务，可以方便地进行云存储，上传、管理和访问数据。

4.4.4 数据仓库

建立数据仓库是一个复杂的过程，涉及数据收集、转换、存储和管理等多个步骤。首先确定需求和设计架构，清楚数据仓库的目的和需求及数据类型，还要依据实际情况，确定数据仓库的架构和层次结构。然后选择技术和工具，包括数据库系统、ETL 工具和数据建模工具的选择。完成前面的准备工作后，进行数据收集和集成，也就是收集数据，对数据进行预处理后加载到数据仓库中。之后进行数据建模，定义事实表和维度表，设计数据模型，然后实现和优化，最后进行数据访问和分析。

下面是一个基于 Amazon Redshift 建立数据仓库的示例。

1. 连接集群

首先登录 AWS 管理控制台，导航到 Redshift 服务，创建一个新的 Redshift 集群。在集群创建好后，使用 SQL 客户端工具 SQL Workbench/J 连接到 Redshift 集群。

2. 创建表

接下来执行下面这段代码，创建 sales、products 和 customers 3 个表。

```
In [1]  CREATE TABLE sales (
            sale_id INT PRIMARY KEY,
            product_id INT,
            customer_id INT,
            sale_date DATE,
            sale_amount DECIMAL(10, 2)
        );
        CREATE TABLE products (
            product_id INT PRIMARY KEY,
            product_name VARCHAR(255),
            category VARCHAR(255)
        );
        CREATE TABLE customers (
            customer_id INT PRIMARY KEY,
            customer_name VARCHAR(255),
            city VARCHAR(255)
        );
```

3. 加载和查询数据

创建好表后，把数据加载到创建到好的表中。

```
In [2]  COPY sales
```

```
FROM 's3://your-bucket/sales_data.csv'
IAM_ROLE 'arn:aws:iam::your-account-id:role/your-redshift-role'
CSV
IGNOREHEADER 1;
COPY products
FROM 's3://your-bucket/products_data.csv'
IAM_ROLE 'arn:aws:iam::your-account-id:role/your-redshift-role'
CSV
IGNOREHEADER 1;
COPY customers
FROM 's3://your-bucket/customers_data.csv'
IAM_ROLE 'arn:aws:iam::your-account-id:role/your-redshift-role'
CSV
IGNOREHEADER 1;
```

上述代码将指定数据源的外部数据源加载到 Redshift 数据库表中。实现数据的加载后，可以对数据进行查询操作，例如查询在 2024 年 1 月 1 日出售的所有产品：

```
In [3]  SELECT * FROM sales WHERE sale_date ='2024-01-01';
```

总之，建立数据仓库是一个系统工程，涉及多个步骤和技术的选择与应用。从需求分析到技术选择、数据集成、数据建模、实现和优化，再到数据访问和分析，每一步都需要精心设计和实施。通过使用云服务（如 Amazon Redshift）、ETL 工具和分析工具，可以有效地建立和管理数据仓库。

小　结

本章主要讲述了在数据挖掘前期数据的采集工作和预处理，同时还有对数据的分析和存储。

数据获取作为数据挖掘的第一步，需要花费相当长的时间去进行。数据采集的方法有很多，在面对具体的问题时，要结合问题的特点和数据集的特征，对比不同方法的优缺点，综合考量选择数据采集的方法。同时，数据采集的注意事项有很多，有数据采集的合法性、质量和数量等，这就要求有坚实的数据采集基本技能来帮助我们从各个数据来源采集数据，为后续的研究打下坚实的基础。

在采集数据后，要对数据进行基本的分析，常用的分析角度有数据的集中趋势、离散趋势和描述性统计的可视化，通过这三部分可以对数据有一个全面大概的认识，方便后续问题的研究。

最后，对数据预处理和数据存储进行了简单介绍和实际操作代码展示。

习　题

1. 选择一个数据集，编写 Python 代码计算每列的均值、中位数和标准差，并解释这些统计量在数据分析中的作用。使用 matplotlib 库绘制数据集中某一列的直方图和箱线图，并解释这些图形如何帮助理解数据分布和异常值。

2. 给定一个数据集，编写 Python 代码检查缺失值，并使用平均值填充缺失值。解释为什么需要处理缺失值及填充方法的选择。

3. 编写 Python 代码对数据集中的数值型列进行标准化处理。解释标准化在机器学习中的重要性。

4. 编写 Python 代码将数据集保存到 SQLite 数据库中。解释关系型数据库在数据存储中的优点。

5. 编写 Python 代码将处理后的数据集保存为 CSV 文件。解释 CSV 文件在数据存储中的优点和缺点。

第 5 章

网络爬虫技术

随着大数据时代的到来，互联网上充斥着海量的信息，如何有效地获取、筛选和处理有价值的数据成为一个巨大的挑战，而网络爬虫技术可以高效地解决这些问题。如今网络爬虫在现代互联网生态系统中扮演着至关重要的角色，经常使用的搜索引擎就离不开网络爬虫。搜索引擎的爬虫每天会在海量的互联网信息中进行爬取，收集并整理互联网上的优质信息，当用户在搜索引擎上检索对应关键词时，搜索引擎将对关键词进行分析处理，从收录的网页中找出相关网页，按照一定的排名规则进行排序并将结果展现给用户。在大数据时代，数据和信息的重要性不言而喻，网络爬虫的应用将变得更加广泛和深入，为数据收集和分析、内容聚合、电子商务、学术研究、舆情监控等方面带来更多可能。

5.1　初识网络爬虫

学习网络爬虫开发，首先需要认识网络爬虫。本章将介绍几种典型的网络爬虫，并了解网络爬虫的分类和原理，以及使用网络爬虫时应该特别注意的约束。

5.1.1　网络爬虫概述

网络爬虫（又称为网页蜘蛛、网络机器人），是一种按照指定的规则，自动浏览、筛选或抓取互联网中信息的程序或者脚本。网络爬虫的实现可以使用 PHP、JAVA、C#、C++、Python 等多种编程语言和工具，其中 Python 由于语法简单易学、拥有丰富的第三方库和框架，如 Scrapy 框架、BeautifulSoup 库和 selenium 库等，以及强大的数据处理能力，成为开发网络爬虫的首选。

网络爬虫能爬取的数据种类繁多，涵盖了网页上的各种信息。最常见的数据类型是常规网页，对应可以抓取的就是 HTML 代码。有些网页返回的数据不是 HTML 代码，而是 JSON 字符串。这种格式常见于 API 接口中，爬虫也可以抓取这些 JSON 数据，并通过解析提取所需信息。一些二进制数据，如图片、视频和音频等，通常以文件的形式存在，并通过 URI 进行访问，爬虫可以下载这些二进制数据，并保存为相应的文件类型。此外，爬虫也可以爬取如 CSS、JavaScript 和配置文件等内容。总而言之，只要在浏览器中可以访问到的数据，通过爬虫都可以抓取到。

5.1.2　网络爬虫分类

网络爬虫按照系统结构和实现技术，大致可以分为以下几种类型：通用网络爬虫、聚焦网络爬虫、增量式网络爬虫、深层网络爬虫。实际的网络爬虫系统通常是由这几种爬虫技术相互结合所实现的。

1. 通用网络爬虫

通用网络爬虫又称全网爬虫（scalable web crawler），爬行对象从一些种子 URL 扩充到整个网络，主要为门户站点搜索引擎和大型 Web 服务提供商采集数据。这类网络爬虫的爬行范围和数量巨大，对于爬行速度和存储空间要求较高，对于爬行页面的顺序要求相对较低，同时由于待刷新的页面太多，通常采用并行工作方式，但需要较长时间才能刷新一次页面。通用网络爬虫适用于为搜索引擎搜索广泛的主题，有较强的应用价值。

通用网络爬虫的结构大致可以分为页面爬行模块、页面分析模块、链接过滤模块、页面数据库、URL 队列、初始 URL 集合几个部分。为提高工作效率，通用网络爬虫会采取一定的爬行策略。常用的爬行策略有：深度优先策略、广度优先策略。

1）深度优先策略

深度优先策略的基本方法是按照深度由低到高的顺序，依次访问下一级网页链接，直到不能再深入为止。爬虫在完成一个爬行分支后返回到上一个链接节点进一步搜索其他链接。当所有链接遍历完后，爬行任务结束。这种策略比较适合垂直搜索或站内搜索，但爬行页面内容层次较深的站点时会造成资源的巨大浪费。

2）广度优先策略

此策略按照网页内容目录层次深浅来爬行页面，处于较浅目录层次的页面首先被爬行。当同一层次中的页面爬行完毕后，爬虫再深入下一层继续爬行。这种策略能够有效控制页面的爬行深度，避免遇到一个无穷深层分支时无法结束爬行的问题。广度优先策略实现方便，无需存储大量中间节点，不足之处在于需较长时间才能爬行到目录层次较深的页面。

2. 聚焦网络爬虫

聚焦网络爬虫（focused web crawler），又称主题网络爬虫（topical web crawler），是指有选择性地爬行那些与预先定义好的主题相关页面的网络爬虫。和通用网络爬虫相比，聚焦网络爬虫只需爬行与主题相关的页面，极大地节省了硬件和网络资源，保存的页面也由于数量少而更新快，还可以很好地满足一些特定人群对特定领域信息的需求。

聚焦网络爬虫和通用网络爬虫相比，增加了链接评价模块及内容评价模块。聚焦网络爬虫爬行策略实现的关键是评价页面内容和链接的重要性，不同的方法计算出的重要性不同，由此导致链接的访问顺序也不同。

3. 增量式网络爬虫

增量式网络爬虫（incremental web crawler）是指对已下载网页采取增量式更新和只爬行新产生的或者已经发生变化网页的爬虫，它能够在一定程度上保证所爬行的页面是尽可能新的页面。和周期性爬行和刷新页面的网络爬虫相比，增量式网络爬虫只会在需要的时候爬行新产生或发生更新的页面，并不重新下载没有发生变化的页面，可有效减少数据下载量，及时更新已爬行的网页，减小时间和空间上的耗费，但是增加了爬行算法的复杂度和实现难度。

增量式网络爬虫的体系结构包含爬行模块、排序模块、更新模块、本地页面集、待爬行 URL 集及本地页面 URL 集。

4. 深层网络爬虫

Web 页面按存在方式可以分为表层网页（surface web）和深层网页（deep web）。表层网页是指传统搜索引擎可以索引的页面，以超链接可以到达的静态网页为主构成的 Web 页面。深层网页是那些大部分内容不能通过静态链接获取的、隐藏在搜索表单后的，只有用户提交一些关键词才能获得的 Web 页面。例如，用户注册后内容才可见的网页就属于深层网页。深层网页中可访问信息容量是表层网页的几百倍，是互联网上最大、发展最快的新型信息资源。

深层网络爬虫的体系结构包含 6 个基本功能模块（爬行控制器、解析器、表单分析器、表单处理器、响应分析器、LVS 控制器）和两个爬虫内部数据结构（URL 列表、LVS 表）。其中，LVS（label value set）表示标签/数值集合，用来表示填充表单的数据源。

5.1.3 网络爬虫原理

可以把互联网比作一张巨大的蜘蛛网，而网络爬虫就像在网上爬行的蜘蛛，一个个网页便是网的节点，蜘蛛爬到这些节点就相当于访问了这些网页，获取了其中的信息。网页之间的链接关系可以看作网的连线，这样蜘蛛通过一个节点后，可以沿着节点间的连线继续爬行到下一个节点，也就是通过一个网页的链接获取后续的网页信息。如此一来，蜘蛛可以遍历整个网络的节点，逐步抓取网站上的所有数据。一个通用的网络爬虫的基本工作流程如图 5-1-1 所示。

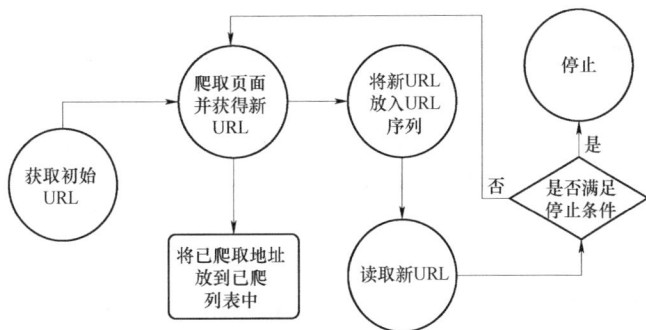

图 5-1-1 网络爬虫的基本工作流程

网络爬虫的基本工作流程如下。

（1）获取初始 URL，这些 URL 是用户指定的初始爬取网页地址。

（2）爬取对应 URL 地址的网页，并获取其中的新 URL 地址，将已爬取的 URL 放入已爬列表中。

（3）将新获取的 URL 地址放入 URL 队列中。

（4）从 URL 队列中读取新的 URL，爬取对应的网页，并从中获取更多的新 URL 地址，重复上述爬取过程。

（5）设置停止条件。如果未设置停止条件，爬虫会一直爬取，直到无法获取新的 URL 地址。设置停止条件后，爬虫将在满足条件时停止爬取。

爬取 URL 对应的网页时，主要步骤有获取网页、提取信息、保存数据。

1. 获取网页

网页爬虫首先需要获取网页源代码。源代码包含了网页上的有用信息，通过获取源代码，就能提取所需的信息。需要构造一个请求并发送给服务器，然后接受并解析服务器返回的响应。Python 提供了许多库来简化这个过程，如 urllib、requests 等。使用这些库，可以实现 HTTP 请求操作，获取响应体中的 Body（主体）部分，即网页源代码，从而通过程序实现获取网页的过程。

2. 提取信息

提取信息是爬虫的重要环节，即将杂乱的数据整理清晰，便于后续处理和分析。由于网页结构通常有一定规则，可以使用根据网页节点属性、CSS 选择器或 XPath 来提取信息的库，如 BeautifulSoup、pyquery、lxml 等。这些库可以高效地提取网页信息，如节点属性、文本值等。此外，还可以使用正则表达式来提取所需信息。

3. 保存数据

提取信息后，通常会将数据保存起来，以便后续使用。保存形式多种多样，可以简单保存为 TXT 文件或 JSON 文件，也可以存入数据库，如 MySQL，或者保存到远程服务器。

5.1.4　网络爬虫约束

使用网络爬虫获取信息虽然方便，但也会面临一些问题和风险。爬虫可能会收集用户个人信息而未经允许，存在侵犯隐私的风险。爬虫在抓取网页内容时，可能侵犯版权和知识产权，需要遵守相关法律法规。过度的爬虫活动可能导致网络流量过大，影响网站正常运行。随着互联网法律法规的逐渐完善，不当的爬虫行为可能会触犯法律。

如何避免上述问题呢？在进行 Python 爬虫开发之前，首先要了解相关法律法规。在许多国家，未经授权的爬取数据是违法的。因此，在开始爬虫项目之前，务必获得目标网站或数据所有者的授权。同时，关注当地法律法规的更新，确保行为合法。

其次，开发者在爬取数据前，应首先检查目标网站的 robots.txt 文件。robots.txt 文件是网站所有者对爬虫程序的约束声明，开发者要遵循其中的规则和限制。对于禁止爬取的网页或数据，坚决不碰，尊重网站所有者的意愿。

再次，要遵循适度原则。避免对目标服务器造成过大的负载压力，以免造成服务器瘫痪或其他不良影响。合理设置请求间隔、使用代理 IP、避免频繁请求等，都是降低对目标服务器影响的有效方法。

最后，在爬取数据时，要尊重用户的隐私权。避免爬取个人隐私数据，如身份证号码、手机号等敏感信息。同时，对获取的数据要进行去标识化处理，避免因数据泄露而引发不良的后果。在存储和使用数据时，要遵循相关法律法规和伦理规范，确保数据安全与合规。

5.2　Web 前端

在编写爬虫之前，了解一些前端的基础知识是非常必要的。这些基础知识包括 HTTP 原理、网页的基础结构（如 HTML、CSS、JavaScript 等）。HTML 定义了网页的内容和结构，CSS 描述了网页的布局，JavaScript 定义了网页的行为。下面对这些基础知识进行简要介绍。

图 5-2-1 为 Web 前端与爬虫的关系。

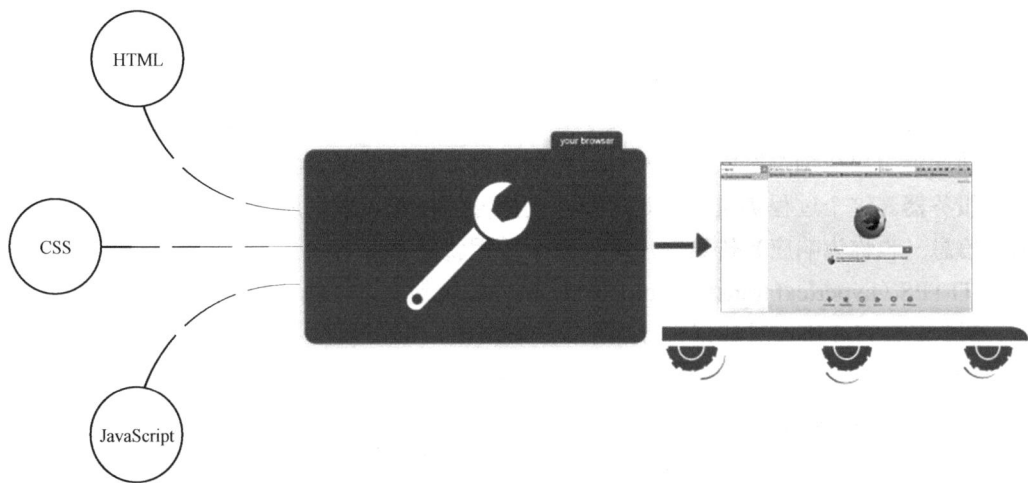

图 5-2-1　Web 前端与爬虫的关系

5.2.1　HTTP 基本原理

1. URI 和 URL

URI，统一资源标志符（uniform resource identifier，URI），表示的是网络上每一种可用的资源，如 HTML 文档、图像、视频片段、程序等都由一个 URI 进行标识。URI 通常由三部分组成：资源的命名机制、存放资源的主机名、资源自身的名称。

举例来说，https：//github.com/favicon.ico 是 GitHub 的网站图标链接，可以这样解释它：这是一个可以通过 https 协议访问的资源；位于主机 github.com 上；通过/favicon.ico 可以对该资源进行唯一标识。

URL 是 URI 的一个子集，它是 uniform resource locator 的缩写，译为"统一资源定位符"。采用 URL 可以用一种统一的格式来描述各种信息资源，包括文件、服务器的地址和目录等。URL 是 URI 概念的一种实现方式。

URL 与 URI 的区别在于：URI 和 URL 都定义了资源是什么，但 URL 还定义了该如何访问资源；URL 是一种具体的 URI，是 URI 的一个子集，它不仅唯一标识资源，而且还提供了定位该资源的信息；URI 是一种语义上的抽象概念，可以是绝对的，也可以是相对的，而 URL 则必须提供足够的信息来定位，是绝对的。

2. 超文本

超文本（hypertext）是用超链接的方法，将各种不同空间的文字信息组织在一起的网状文本。在浏览器中看到的网页就是超文本解析而成的,其网页源代码是一系列 HTML 代码，里面包含了一系列标签，比如 img 代表图片，P 指定显示段落等。浏览器解析这些标签后，便形成了平常看到的网页，而网页的源代码就可以称作超文本。

3. HTTP 和 HTTPS

URL 的开头会有 http 或 https，这是访问资源需要的协议类型。有时，还会看到以fp、sfip、smb 开头的 URL，它们都是协议类型。在爬虫中，抓取的页面通常是 http 或 https 的。

HTTP（hypertext transfer protocol，超文本传输协议）是一种用于传输超文本数据的协议，是万维网的基础协议，它定义了客户端（如浏览器）与服务器之间如何传输数据的标准。当用户在浏览器中输入网址访问网站时，用户的浏览器被称为客户端，网站被称为服务器。这个过程实质上就是客户端向服务器发起请求，服务器接收请求后将处理后的信息（也称为响应）传给客户端。这个过程就是通过 HTTP 实现的。

HTTPS（hypertext transfer protocol secure，安全超文本传输协议）是 HTTP 的安全版本，通过 SSL/TLS 协议对数据进行加密，确保数据在传输过程中不被窃取或篡改。HTTPS 在 HTTP 的基础上增加了安全层，使得通信更加安全。

4. HTTP 与 Web 服务器

在浏览器中输入 URL 后，浏览器会先请求 DNS 服务器，获得请求站点的 IP 地址，然后发送一个 HTTP 请求给拥有该 IP 的主机，接着就会收到服务器返回的 HTTP 响应。浏览器经过渲染后，以一种较好的效果呈现给用户，如图 5-2-2 所示。

图 5-2-2 Web 服务器与 HTTP

Web 服务器的工作过程可以概括为以下 4 步。

（1）建立连接。客户端通过 TCP/IP 建立到服务器的 TCP 连接。

（2）请求过程。客户端向服务器发送 HTTP 请求包，请求服务器里的资源文档。

（3）应答过程。服务器向客户端发送 HTTP 应答包，如果请求的资源包含动态语言的内容，那么服务器就会调用动态语言的解释引擎处理"动态内容"，并将处理后得到的数据返回给客户端，由客户端解释 HTML 文档，并在客户端屏幕上渲染图形结果。

（4）关闭连接。客户端与服务器断开。

为了更直观地说明这个过程，下面用 Chrome 浏览器的开发者模式下的 Network 监听组件来进行演示，它可以显示访问当前请求网页时发生的所有网络请求和响应。打开 Chrome 浏览器，单击并选择"检查"项，即可打开浏览器的开发者工具。这里访问百度 http://www.baidu.com/，输入该 URL 后按回车键，观察这个过程中发生了怎样的网络请求。可以看到，在页面下方出现了一个个的条目，其中一个条目就代表一次发送请求和接收响应的过程，每个过程由请求的名称、相应的状态码、请求的文档类型、从服务器下载的文件和请求的资源大小及发起请求到获取响应所用的总时间等构成，如图 5-2-3 所示。

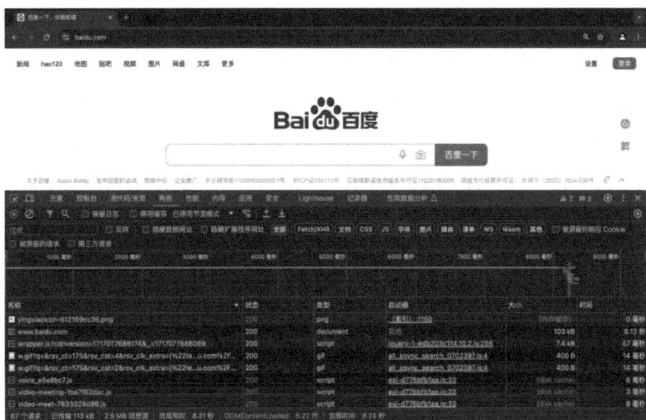

图 5-2-3　请求响应过程

选择 www.baidu.com 这个网络请求并单击打开，在标头栏可以看到更详细的信息。

常规部分：包含请求的网址、请求的方法、响应状态码、远程服务器的地址和端口及引荐来源网址政策。

请求头：包含客户端发送给服务器的附加信息，通常用于描述客户端的能力、请求的细节及客户端的偏好。例如，浏览器标识、Cookies、Host 等信息，这是请求的一部分，服务器会根据请求头内的信息判断请求是否合法，进而做出对应的响应。

响应头：响应的一部分，包含服务器返回给客户端的附加信息，通常用于描述响应的状态、响应的内容及服务器的相关信息。例如其中包含了服务器的类型、文档类型、日期等信息，浏览器接收到响应后，会解析响应内容，进而呈现出网页内容。

5. 请求

请求，由客户端向服务端发出，可以分为 4 部分：请求方法、请求网址、请求头、请求体。

常用的请求方法如表 5-2-1 所示。

表 5-2-1　常用的请求方法

请求方法	描　述
GET	请求指定的页面信息，并返回响应内容
POST	向指定资源提交数据进行处理请求（如提交表单或者上传文件），数据被包含在请求体中。POST 请求可能会导致新的资源的建立或已有资源的修改
HEAD	类似于 GET 请求，只不过返回的响应中没有具体的内容，用于获取报文头部信息
PUT	用客户端向服务器传送的数据取代指定的文档内容
DELETE	请求服务器删除指定的页面
OPTIONS	允许客户端查看服务器的性能

其中，平常遇到的绝大部分请求都是 GET 或 POST 请求。当在浏览器中直接输入 URL 并回车时，便发起了一个 GET 请求，请求的参数会直接包含到 URL 中。例如，在百度中搜索 Python，这就是一个 GET 请求，链接为 https://www.baidu.com/s?wd=Python，其中 URL 中包含了请求的参数信息，这里的参数 wd 表示要搜寻的关键字。POST 请求大多在表单提交时发起。比如，对于一个登录表单，输入用户名和密码后，单击"登录"按钮，通常会发起一个 POST 请求，其数据通常以表单的形式传输，而不会体现在 URL 中。

GET 请求和 POST 请求的方法有区别：一是 GET 请求中的参数包含在 URL 中，数据可以在 URL 中看到，而 POST 请求的 URL 不会包含这些数据，数据都是通过表单形式传输的，会包含在请求体中。二是 GET 请求提交的数据最多只有 1 024 B，而 POST 请求没有限制。因此在登录某个网站时，需要提交用户名和密码，其中包含了敏感信息，如果使用 GET 请求，密码就会暴露在 URL 中，造成密码泄露，所以这里最好以 POST 请求发送。上传文件时，由于文件内容比较大，也会选用 POST 请求。

请求网址，即统一资源定位符 URL，它可以唯一确定想请求的资源。

请求头用来说明服务器要使用的附加信息，是请求的重要组成部分，在写爬虫时，大部分情况下都需要设定请求头。常用的请求头信息如表 5-2-2 所示。

表 5-2-2　常用的请求头信息

请求头信息	描　述
User-Agent	标识客户端使用的浏览器和操作系统信息，在写爬虫时加上此信息，可以伪装为浏览器
Accept	指定客户端能够处理的内容类型，即可接收的媒体类型
Content-Type	指定请求体中的数据格式类型。常见的取值有 application/json、application/x-www-form-urlencoded 等，如果要构造 POST 请求，则需要使用正确的 Content-Type
Host	指定请求资源的主机 IP 和端口号
Cookie	网站为了辨别用户进行会话跟踪而存储在用户本地的数据，用于维持当前访问会话

请求体一般承载的内容是 POST 请求中的表单数据，而对于 GET 请求，请求体则为空。

6. 响应

响应，由服务端返回给客户端，可以分为三部分：响应状态码、响应头和响应体。

响应状态码表示服务器的响应状态，在爬虫中可以根据状态码来判断服务器响应状态。例如状态码为 200，则证明成功返回数据，可以进行进一步的处理，否则需要排查原因进行修复。常见的状态码可以分为 5 种类型，由它们的第一位数字表示，如表 5-2-3 所示。

表 5-2-3　常见响应状态码

状态码	含　义
1**	信息，请求收到，继续处理
2**	成功，行为被成功接收、理解和采纳
3**	重定向，为了完成请求必须进一步执行的动作
4**	客户端错误，请求包含语法错误或者请求无法实现
5**	服务器错误，服务器不能实现一种明显无效的请求

响应头，包含服务器对请求的应答信息，如 Content-Type、Server、Set-Cookie 等。

响应体，包含相应的主体正文内容，是进行爬虫时最想要的内容，主要通过响应体得到网页的源代码、JSON 数据等，然后从中进行相应内容的提取。

5.2.2　HTML 语言

1. HTML 的概念

超文本标记语言（hyper text markup language，HTML）是用来描述网页的一种语言，它定义了网页内容的含义和结构，使浏览器能够正确显示文字、按钮、图片和视频等各种复杂的元素。不同类型的元素通过不同类型的标签来表示，它们之间的布局又常通过布局标签 div 嵌套组合而成，各种标签通过不同的排列和嵌套才形成了网页的框架。

2. HTML 元素标签

HTML 由一系列的元素组成，这些元素可以用来包围或标记不同部分的内容，使其以某种方式呈现或者工作。HTML 元素通常由开始标签、内容和结束标签组成。例如：

<p>这是一个段落。</p>

整个组合 "<p>这是一个段落。</p>" 为一个元素，其中开始标签为 "<p>"，内容为 "这是一个段落。"，结束标签为 "</p>"。

可以看见，标签是由尖括号包围的关键词，用于标记 HTML 文档的各个部分。标签通常成对出现，包含一个开始标签和一个结束标签：开始标签，以尖括号包围，标记内容的开始；结束标签，以尖括号和斜杠包围，标记内容的结束。

有些 HTML 标签比较特殊，没有内容和结束标签，这些标签称为自闭合标签。例如，图像标签<img>和换行标签
。

<div align="center">

`<img src="image.jpg" alt="描述">`

`<br>`

</div>

HTML 元素也可以有属性，这些属性提供额外的信息和设置。例如，<a>标签可以包含 href 属性，指定链接的目标地址：

<div align="center">

`<a href="https://www.example.com">访问示例网站</a>`

</div>

属性应该包含：

- 在属性与元素名称之间的空格符。
- 属性的名称，并接上一个等号。
- 由引号所包围的属性值。

HTML 常见的元素包括用于结构化文档内容，创建表格，表单，嵌入多媒体等各种用途的元素。表 5-2-4 是常见 HTML 元素的总结及其简要描述。

<div align="center">表 5-2-4　HTML 元素总结</div>

元素	描　　述
结构化文档内容的元素	
<html>	定义 HTML 文档的根元素
<head>	包含元数据（meta 信息）、标题（title）和链接（link）等
<title>	定义文档的标题，在浏览器标签中显示
<meta>	提供文档的元数据，如字符编码、作者、描述等
<body>	定义文档的主体，包含可见内容
<header>	定义文档的头部区域，通常包含导航栏和标志
<footer>	定义文档的底部区域，通常包含版权信息和链接
<nav>	定义导航链接的部分
<section>	定义文档中的章节
<article>	定义独立的内容块，如文章
<aside>	定义侧边栏内容
<main>	定义文档的主要内容区域
<div>	定义文档中的块级区域，用于分组和布局
<span>	定义文档中的内联区域，用于文本样式和布局
内容分组和文本格式化的元素	
<h1>至<h6>	定义标题，<h1> 为最高级别，<h6> 为最低级别

元素	描　　述
内容分组和文本格式化的元素	
\<p\>	定义段落
\<br\>	插入换行符
\<hr\>	插入水平线
\<pre\>	定义预格式化文本，保留空格和换行符
\<blockquote\>	定义块引用
\<ol\>	定义有序列表
\<ul\>	定义无序列表
\<li\>	定义列表项
\<dl\>	定义列表
\<dt\>	定义列表中的术语
\<dd\>	定义列表中的描述
\<strong\>	定义重要的文本，通常以粗体显示
\<em\>	定义强调的文本，通常以斜体显示
\<b\>	定义粗体文本
\<i\>	定义斜体文本
\<u\>	定义下划线文本
\<mark\>	定义标记文本
\<small\>	定义小号文本
\<del\>	定义删除文本
\<ins\>	定义插入文本
链接和媒体的元素	
\<a\>	定义超链接
\<img\>	定义图像，使用 src 和 alt 属性
\<figure\>	定义图像或图表的分组
\<figcaption\>	定义图像或图表的标题
\<audio\>	定义音频内容，使用 src 属性和嵌套\<source\>元素
\<video\>	定义视频内容，使用 src 属性和嵌套\<source\>元素
\<source\>	定义多媒体资源，如音频和视频的多个来源
\<embed\>	定义嵌入的内容，如插件
\<iframe\>	定义内嵌框架，用于在页面中嵌入另一个 HTML 页面

元素	描　述
表格的元素	
<table>	定义表格
<caption>	定义表格标题
<thead>	定义表格头部
<tbody>	定义表格主体
<tfoot>	定义表格底部
<tr>	定义表格行
<th>	定义表头单元格
<td>	定义表格数据单元格
表单的元素	
<form>	定义交互表单
<input>	定义输入控件，如文本框、单选按钮等
<textarea>	定义多行文本输入控件
<button>	定义按钮
<select>	定义下拉列表
<option>	定义下拉列表中的选项
<label>	定义表单控件的标签
<fieldset>	定义表单中的一组相关元素
<legend>	定义<fieldset>元素的标题

3. HTML 结构

前面介绍了一些基本的 HTML 元素，下面来看看单个元素如何彼此协同构成一个完整的 HTML 页面。以下是一个包含多种元素的示例 HTML 文档及渲染后的结果示例（见图 5-2-4）。

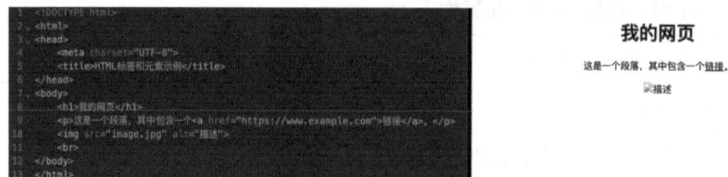

图 5-2-4　HTML 页面示例

其中包含一些基本元素，比如：

● <!DOCTYPE html>，声明文档类型，这是必不可少的开头。

● <html></html>，该元素包含整个页面的所有内容，有时候也称作根元素。里面也包含了 lang 属性，写明了页面的主要语种。

● <head></head>，该元素包含头部内容，包含元数据，如标题、给搜索引擎的关键字和页面描述、用于设置页面样式的 CSS、字符集声明等，这部分内容不向用户展示。

● <meta charset="utf-8">，该元素指明网页文档使用 UTF-8 字符编码，UTF-8 包括世界上绝大多数书写语言的字符，它基本上可以处理任何文本内容。

● <title></title>，该元素设置页面的标题，显示在浏览器标签页上，也作为收藏网页的描述文字。

● <body></body>，该元素包含期望让用户在访问页面时看到的全部内容，包括文本、图像、视频、游戏、可播放的音轨或其他内容。

HTML 文档的结构可以用树形结构来表示，这种树形结构被称为 DOM（文档对象模型）。DOM 将 HTML 文档解析为一个树状结构，其中每个元素、属性和文本节点都是树的一部分。这种结构有助于理解 HTML 文档的层次关系，方便在爬虫时进行数据解析。

DOM 树的基本概念如下。

节点：DOM 树的基本单元，包括元素节点、属性节点、文本节点等。

根节点：整个 HTML 文档的最顶层节点，通常是<html>标签。

子节点：某个节点包含的节点。

父节点：包含某个节点的节点。

兄弟节点：同一个父节点的子节点。

5.2.3　CSS 层叠样式表

HTML 定义了网页的结构，但是只有 HTML 的页面只是简单的节点元素的排列，布局并不美观。为了让网页看起来更好看一些，拥有更多外观和格式，可以使用层叠样式表（cascading style sheets，CSS）。CSS 是用于描述 HTML 文档外观和格式的样式表语言。"层叠"是指当在 HTML 中引用了数个样式文件，并且样式发生冲突时，浏览器能根据层叠顺序处理。"样式"指网页中文字大小、颜色、元素间距、排列等格式。

例如图 5-2-5 中的 CSS 代码，可以改变示例中的字体颜色为红色。

图 5-2-5　CSS 代码示例

CSS 的整个结构称为规则集，由以下部分构成。

（1）选择器（selector）。HTML 元素的名称，位于规则集开始，即大括号前。它选择了一个或多个需要添加样式的元素。要给不同元素添加样式，只需要更改选择器。

（2）声明（declaration）。指定单独的规则，位于大括号内部，如 color: red，用来指定添加样式元素的属性。

（3）属性（properties）。改变 HTML 元素样式的途径，本例中 color 就是<p>元素的属性。

（4）属性的值（property value）。在属性的右边，冒号后面即属性的值，属性和属性的值共同定义样式的具体效果，如颜色、字体大小等。

在网页中，一般会统一定义整个网页的样式规则，并写入 CSS 文件中。在 HTML 中可以用内联样式、内部样式表和外部样式表 3 种方法引入写好的 CSS 文件，这样整个页面就会变得美观、优雅。

常用的 CSS 选择器及示例如表 5-2-5 所示，熟悉 CSS 选择器的使用可以在爬虫时快速定位到感兴趣的元素。

表 5-2-5　常用的 CSS 选择器及示例

选择器名称	选择的内容	示例
元素选择器	所有指定元素	p { color: blue; }
类选择器	指定类名的所有元素	.example { color: blue; }
ID 选择器	指定 ID 的唯一元素	#unique { color: blue; }
属性选择器	所有包含指定属性的元素	a[target="_blank"] { color: blue; }
伪类选择器	元素的特定状态（如悬停、焦点等）	a:hover { color: red; }
伪元素选择器	元素的特定部分（如首行、首字母等）	p::first-line { font-weight: bold; }
后代选择器	所有在某元素内的指定后代元素	div p { color: blue; }
子选择器	所有在某元素内的指定子元素	div > p { color: blue; }
相邻兄弟选择器	所有紧接在某元素后的指定兄弟元素	h1 + p { color: blue; }
通用选择器	所有元素	* { color: blue; }
群组选择器	所有符合选择器组中任意选择器的元素	h1，h2，h3 { color: blue; }

5.2.4　JavaScript 动态脚本语言

JavaScript 是一种可以嵌入在 HTML 代码中由客户端浏览器运行的脚本语言。在网页中使用 JavaScipipt 代码，网页展现的不再是简单的静态信息，而是实时的内容更新——交互式的地图、2D/3D 动画、滚动播放的视频等。比如以下代码，就实现了一个动态过程。

```
const para = document.querySelector("p");
```

```
para.addEventListener("click", updateName);
function updateName() {
  const name = prompt("Enter a new name");
  para.textContent = `Player 1: ${name}`;
}
```

效果如图 5-2-6 所示。

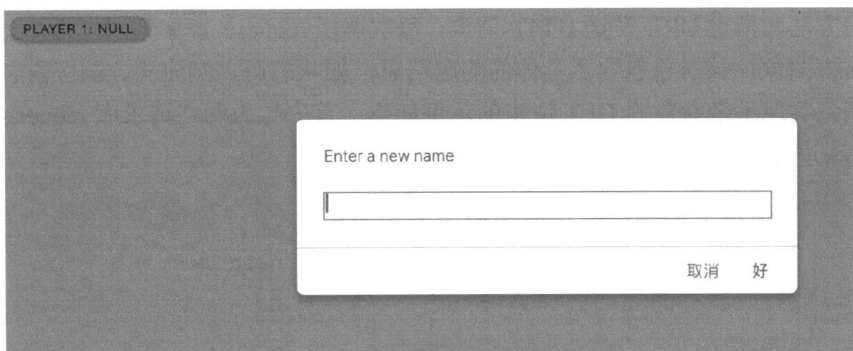

图 5-2-6 JavaScript 脚本效果图

通常情况下，在 Web 页面中使用 JavaScript 有以下两种方法。

1. 在页面中直接嵌入 JavaScript

可以使用\<script\>…\</script\>标签将 JavaScript 脚本嵌入其中。\<script\>标签可以放置在 Web 页面的\<head\>\</head\>标签中，也可以放在\<body\>\</body\>标签中。

2. 链接外部 JavaScript 文件

如果脚本代码比较复杂或者同一段代码可以被多个页面使用，则可以将这个代码放在一个单独的 JavaScript 文件中，然后在需要该代码的 Web 页面中链接该 JavaScript 文件，语法格式如下：

```
<script language="javascript" src="your-Javascript.js"></script>
```

5.3 数据请求库 requests

requests 库是 Python 中实现 HTTP 请求的一种方式，该库在实现 HTTP 请求时要比具有同样功能的 urllib、urllib3 等模块简化很多，操作更加人性化。本节主要介绍如何使用 requests 库实现 GET 请求、POST 请求、复杂网络请求设置及请求中所使用的代理服务。由于 requests 库是第三方库，所以在使用 requests 库时需要通过命令 "pip install requests" 进行该库的安装。当然，如果安装了 Anaconda，则不需要单独安装 requests 库。

最常用的 HTTP 请求为 GET 请求和 POST 请求，在使用 requests 库实现 GET 请求时可以用带参数和不带参数两种方式来实现。下面结合示例讲解如何使用 requests 库进行请求。

5.3.1 GET 请求

1. 不带参请求

使用 requests 库发送 GET 请求需要先导入 requests 库，导入后就可以使用 requests 库提供的方法向指定 URL 发送 HTTP 请求，每次调用 requests 库中请求之后，会返回一个 response 对象，该对象包含了具体的响应信息，如状态码、响应头、响应内容等。以百度为例，实现不带参数的 GET 请求的示例如下：首先导入网络请求库 requests，并使用 get 方法进行网络请求，打印请求状态码。

```
In [1]   import requests
         response = requests.get('https://www.baidu.com')
         print(response.status_code)
Out [1]  200
```

观察相应状态码为 200，说明本次网络请求已成功，此时可以进行爬虫的下一步，获取请求地址所对应的网页源码。注意：在大多数情况下，需要对相应内容进行 UTF-8 编码，否则网页源码中的中文信息有可能会出现乱码。示例代码如下：

```
In [2]   response.encoding = 'utf-8'
         print(response.text)
Out [2]  <!DOCTYPE html>
         <!--STATUS  OK--><html>  <head><meta  http-equiv=content-type
         content=text/html;charset=utf-8><meta
         http-equiv=X-UA-Compatible content=IE=Edge><meta content=always
         name=referrer>
         <link rel=stylesheet type=text/css href=https://ss1.bdstatic.com/
         5eN1bjq8AAUYm2zgo
         Y3K/r/www/cache/bdorz/baidu.min.css><title>百 度 一 下 , 你 就 知 道
         </title></head> <body link=#0000cc>
         <div id=wrapper> <div id=head> <div class=head_wrapper>
          <div class=s_form> <div class=s_form_wrapper> <div id=lg> <img
         hidefocus=true  src=//www.baidu.com/img/bd_logo1.png  width=270
         height=129> </div> <form id=form name=f
          action=//www.baidu.com/s    class=fm>    <input    type=hidden
         name=bdorz_come value=1> <input type=hidden name=ie value=utf-8>
         <input type=hidden name=f value=8>……
```

2. 带参请求

对于 GET 请求，如果要附加额外的信息，要怎样添加呢？最简单的方法是直接将参数添加在请求地址 URL 的后面，然后用问号进行分隔，如果要添加多个参数，参数之间用"&"进行连接。http://httpbin.org/get 是一个可以模拟各种请求操作的网站，下面通过这个网站进行模拟。比如现在想添加两个参数，其中"name"是 army，"age"是 12。构造这个请求链接，代码如下：

```
In  [1]    import requests
           response = requests.get('http://httpbin.org/get?name=army&age=
           12')
           print( response.text )
```
```
Out [1]    {
               "args": {
                 "age": "12",
                 "name": "army"
               },
               "headers": {
                 "Accept": "*/*",
                 "Accept-Encoding": "gzip, deflate, br, zstd",
                 "Host": "httpbin.org",
                 "User-Agent": "python-requests/2.31.0",
                 "X-Amzn-Trace-Id":
           "Root=1-66598b37-6271e94c2776ebb361bda3ef"
               },
               "origin": "218.249.50.32",
               "url": "http://httpbin.org/get?name=army&age=12"
           }
```

当然，有更优雅的方式来实现 requests 库的带参请求，这里会用到字符串字典来储存这些信息数据，示例代码如下（程序运行结果与前一个方法相同，不再展示）：

```
In  [1]    import requests
           data = {'name':'army', 'age':'12'}
           response = requests.get('http://httpbin.org/get',params=data)
           print( response.text)
```

3. 抓取二进制数据

在上述的例子中，抓取的都是一个网页，如果想抓取图片、音频、视频等文件，那么该怎么办呢？图片、音频、视频这些文件本质上都是由二进制数据组成的，由于有特定的保存格式和对应的解析方式，我们才可以看到这些形形色色的多媒体。所以要想抓取它们，就要拿到它们的二进制数据。使用 requests 库中的 get 函数不仅可以获取网页中的源码信息，还可以获取二进制数据，然后将数据保存在本地文件中。例如，下载百度首页中的 logo 图片即可使用如下代码：

```
In [1]  import requests
        url = 'https://www.baidu.com/img/bd_logo1.png?where=super'
        response = requests.get(url)
        print(response.text)
```

```
Out [1]  b'\x89PNG\r\n\x1a\n\x00\x00\x00\rIHDR\x00\x00\x02\x1c\x00\x
         00\x01\x02\x08\x03\x00\x00\x00\x82\x14\xfe8\x00\x......
```

5.3.2 POST 请求

POST 请求方式也叫提交表单，表单中的数据内容就是对应的请求参数。使用 requests 库可以很轻松地实现 POST 请求，在进行请求时需要设置请求参数 data。POST 请求的代码如下：

```
In [1]  import requests
        import json
        data = {'1': '苦海无涯', '2': '我学爬虫'}
        response = requests.get('http://httpbin.org/post', data=data)
        response_dict=json.loads(response.text)
        print(response_dict)
```

```
Out [1]  {'args': {}, 'data': '', 'files': {}, 'form': {'1': '苦海无涯',
         '2': '我学爬虫'}, 'headers': {'Accept': '*/*', 'Accept-Encoding':
         'gzip, deflate, br, zstd', 'Content-Length': '77', 'Content-Type':
         'application/x-www-form-urlencoded', 'Host': 'httpbin.org',
         'User-Agent': 'python-requests/2.31.0', 'X-Amzn-Trace-Id':
         'Root=1-665a66ba-5ce7905a6188212f0535d260'}, 'json': None,
         'origin': '114.254.0.141', 'url': 'http://httpbin.org/post'}
```

可以发现，我们成功获得了返回结果，其中 form 部分就是提交的数据，这就证明 POST 请求成功发送了。

此外，requests 库可以模拟提交一些数据。假如有的网站需要上传文件，也可以用它来实现，只需要指定 POST 函数中的 files 参数即可，用之前保存的百度 logo 来模拟文件上传的过程。需要注意的是，要上传的文件需要和当前 Python 代码在同一目录下。示例如下：

```
In [1]  import requests
        bd = open('百度 logo.png','rb')
```

```
response = requests.post('http://httpbin.org/post',files = file)
print(response_text)
```

```
Out [1]    {
        "args": {},
        "data": "",
        "files": {
            "file":
    "data:application/octet-stream;base64,iVBORw0KGgoAAAANSUhEUg
    AAAhwAAAECCAMAAACCFP44AAAACXBIWXMAAAs
    TAAALEwEAmpwYAAAKTWlDQ1BQaG90b3Nob3AgSU......"
        },
```

以上省略部分内容，这个网站会返回响应，里面包含 files 这个字段，而 form 字段是空的，这证明文件上传部分会单独有一个 files 字段来标识。

5.3.3　添加请求头 headers

有时在请求一个网页内容时，会发现无论是通过 GET、POST 还是其他请求方式，都会出现 403 错误。这种现象多数为服务器拒绝了访问，那是因为这些网页为了防止恶意采集信息，使用了反爬虫设置。此时可以通过模拟浏览器的头部信息来进行访问，这样就能解决以上反爬虫设置的问题。下面介绍 requests 库添加请求头的方式，代码如下：

```
In  [1]    import requests
url = 'https://www.baidu.com/'
headers = {'User-Agent':'Mozilla/5.0 (Windows NT 10.0; Win64;
x64; rv:72.0) Gecko/20100101 Firefox/72.0'
response  = requests.get(url, headers=headers)
print(response.status_code)
```

```
Out [1]   200
```

也可以在 headers 这个参数中任意添加其他的字段信息。

5.3.4　超时设置

在本机网络状况不好或者服务器网络响应太慢甚至无响应时，可能会等待特别久的时间才收到响应，甚至到最后收不到响应而报错。为了防止服务器不能及时响应，应设置一个超时时间，即超过了这个时间还没有得到响应，那就报错。这需要用到 timeout 参数。这个时间的计算是发出请求到服务器返回响应的时间。示例如下：

121

```
In [1]   import requests
         r = requests.get("https://www.baidu.com", timeout = 1)
         print(r.status_code)
```
Out [1]   200

5.4   数据解析库 Xpath

数据解析是指从结构化或非结构化的数据源中提取有用信息的过程。这个过程通常涉及读取数据、分析其结构、识别并提取所需的信息，以及将这些信息转换成便于处理和分析的格式。在 Python 爬虫中，数据解析指的是从上一节爬取到的网页 HTML 内容中提取出关心的数据。例如，从一个网页中提取文章标题、日期、作者、内容等信息。

Python 爬虫数据解析库主要有以下几种。

（1）lxml 是 Python 中的 XML 解析库，性能非常出色。lxml 提供了两种解析方式：基于 Xpath 和基于 CSS 选择器，可以非常方便地提取 HTML/XML 文档中的数据。

（2）BeautifulSoup 是 Python 中一个非常流行的 HTML/XML 解析库，能够自动将复杂的 HTML/XML 文档转化成树形结构，从而方便地提取其中的数据。BeautifulSoup 支持多种解析器，包括 Python 自带的标准库解析器、lxml 解析器等，可以自动选择最适合当前文档的解析器。

（3）re 是 Python 中的正则表达式模块，可以用来解析文本数据。虽然 re 比较灵活，但是对于复杂的 HTML/XML 文档，使用正则表达式进行解析可能会比较困难。

本节主要对 Xpath 进行介绍。正则表达式 re 将在 5.5 节中进行介绍。

5.4.1   Xpath 概述

Xpath（XML path language）是一种用于在 XML 文档中查找信息的语言。它可以用来在 XML 或 HTML 文档中选取节点，适用于爬虫中可用数据的抓取。

Xpath 的选择功能十分强大，它提供了非常简洁明了的路径选择表达式。另外，它还提供了超过 100 个的内建函数，用于字符串、数值、时间的匹配及节点、序列的处理等，几乎所有想要定位的节点都可以用 Xpath 来选择。Xpath 于 1999 年 11 月 16 日成为 W3C 标准，它被设计为供 XSLT、XPointer 及其他 XML 解析软件使用。

5.4.2   Xpath 常用路径表达式

Xpath 使用路径表达式在 XML 或 HTML 中选取节点，最常用的路径表达式如表 5-4-1 所示。

表 5-4-1　常用路径表达式

表达式	描　　述
nodename	选取此节点的所有子节点
/	从当前节点选取直接子节点
//	从当前节点选取子孙节点
.	选取当前节点
..	选取当前节点的父节点
@	选取属性

例如：//title[@lang="eng"]就代表选择所有名称为 title，属性 lang 的值为 eng 的节点。

5.4.3　Xpath 解析 HTML

在 Python 中可以支持 Xpath 提取数据的解析库有很多，这里主要介绍 lxml 库。该库可以解析 HTML 与 XML，并且支持 Xpath 解析方式。因为 lxml 库的底层是通过 C 语言编写的，在解析效率方面非常优秀。由于 lxml 库为第三方库，如果读者没有使用 Anaconda，则需通过"pip install lxml"安装该库。

lxml 库的 parse 方法主要用于解析本地的 HTML 文件，示例代码如下：

```
In [1]    from lxml import etree
          parser=etree.HTMLParser()
          html = etree.parse('demo.html',parser=parser)
          html_txt = etree.tostring(html,encoding = "utf-8")
          print(html_txt.decode('utf-8'))
```

```
Out [1]   <!DOCTYPE html PUBLIC "-//W3C//DTD XHTML 1.0 Transitional//EN"
          "http://www.w3.org/TR/xhtml1/DTD/xhtml1-transitional.dtd">
          <!-- saved from url=(0038)http://sck.rjkflm.com:666/spider/auth/
          --><html xmlns="http://www.w3.org/1999/xhtml"
          xmlns="http://www.w3.org/1999/xhtml"><head><meta
          http-equiv="Content-Type" content="text/html; charset=UTF-8" />
          <title>test</title>
          </head>

          <body>
          <br />
          hello 爬虫 ~
          </body></html>
```

lxml 库的 HTML 方法主要用于解析字符串类型的 HTML 文件，示例代码如下：

```
In [1]  from lxml import etree
        parser=etree.HTMLParser()
        html_str = '''
                <title>test</title>
                </head>
                <body>
                <img src="./demo_files/logo1.png" />
                <br />
                hello 爬虫 ~
                </body></html>'''
        html_txt = etree.tostring(html,encoding = "utf-8")
        print(html_txt.decode('utf-8'))
```

```
Out [1]  <html><head><title>test</title>
         </head>
         <body>
         <img src="./demo_files/logo1.png"/>
         <br/>
         hello 爬虫 ~
         </body></html>
```

在实际爬虫的过程中，由于发送请求后服务器发回的响应大多要转换为字符串类型，所以 HTML 函数的使用率非常高，示例如下：

```
In [1]  from lxml import etree
        import requests
        url = 'https://www.baidu.com'
        response = requests.get(url=url)
        if response.status_code==200:
            html = etree.HTML(response.text)
            html_txt = etree.tostring(html,encoding = "utf-8")
            print(html_txt.decode('utf-8'))
```

```
Out [1]  <html> <head><meta http-equiv="content-type"
         content="text/html;charset=utf-8"/><meta http-equiv=
         "X-UA-Compatible" content="IE=Edge"/><meta content="always"
         name="referrer"/><link rel="stylesheet" type="text/css"
         href="https://ss1.bdstatic.com/5eN1bjq8AAUYm2zgo
         Y3K/r/www/cache/bdorz/baidu.min.css"/><title>……
```

5.4.4　Xpath 获取节点

一般会用"//"开头的 Xpath 规则来选取所有符合要求的节点，这里使用"*"代表匹配所有节点，也就是整个 HTML 文本中的所有节点都会被获取，可以看到返回形式是一个列表，每个元素是 Element 类型，其后跟了节点的名称，如 html、body、div、ul、li、a 等，所有的节点都包含在列表中了。当然，此处匹配也可以指定节点名称，如果想获取所有 li 节点，示例如下：

```
In [1]   from lxml import etree
         html_str = '''
         <div class="level_one on">
         <ul>
         <li> <a href="/index/index/view/id/1.html" title="什么是 Java"
         class="on">什么是 Java</a> </li>
         <li> <a href="javascript:" onclick="login(0)" title="Java 的版本
         ">Java 的版本</a> </li>
         <li> <a href="javascript:" onclick="login(0)" title="Java API 文
         档">Java API 文档</a> </li>
         <li> <a href="javascript:" onclick="login(0)" title="JDK 的下载
         ">JDK 的下载</a> </li>
         <li> <a href="javascript:" onclick="login(0)" title="JDK 的安装
         ">JDK 的安装</a> </li>
         <li> <a href="javascript:" onclick="login(0)" title="配置 JDK">
         配置 JDK</a> </li>
         </ul>
         </div>
         '''
         html = etree.HTML(html_str)
         li_all = html.xpath('//li')
         print(li_all)
```

```
Out [1]   [<Element li at 0x10f8e1780>, <Element li at 0x10f8e17c0>, <Element
          li at 0x10f8e1800>, <Element li at 0x10f8e1840>, <Element li at
          0x10f8e1880>, <Element li at 0x10f8e1900>]
```

通过"/"可查找元素的子节点。假如想选择 li 节点的所有直接 a 子节点，可以这样来实现：

```
In [2]    html = etree.HTML(html_str)
          a_all = html.xpath('//li/a')
          print('所有子节点a',a_all)
          print('获取指定a节点:',a_all[1])
          a_txt = etree.tostring(a_all[1],encoding = "utf-8")
          print('获取指定节点HTML代码:',a_txt.decode('utf-8'))
```

Out [2]   所有子节点a [<Element a at 0x11e492d00>, <Element a at 0x11e492640>,
           <Element a at 0x11e493f40>, <Element a at 0x11e493900>]
           获取指定a节点: <Element a at 0x11e492640>
           获取指定节点HTML代码: <a>Java</a>

可以用 ".." 来获取父节点，示例如下：

```
In [3]    html = etree.HTML(html_str)
          a_all_parent = html.xpath('//a/..')
          print('所有a的父节点',a_all_parent)
          print('获取指定a的父节点:',a_all_parent[0])
          a_txt = etree.tostring(a_all_parent[0],encoding = "utf-8")
          print('获取指定节点HTML代码:\n',a_txt.decode('utf-8'))
```

Out [3]   所有a的父节点 [<Element li at 0x1178aa740>, <Element li at
           0x1178a91c0>]
           获取指定a的父节点: <Element li at 0x1178aa740>
           获取指定节点HTML代码:
            <li><a href="/index/index/view/id/1.html" title="什么是Java"
           class="on">什么是Java</a></li>

5.4.5 Xpath 获取文本

当使用 Xpath 获取 HTML 代码中的文本时，可以使用 text 方法，代码如下：

```
In [3]    html = etree.HTML(html_str)
          a_text = html.xpath('//a/text()')
          print('所有a节点中文本信息:',a_text)
```

Out [3]   所有a节点中文本信息：['什么是Java', 'Java的版本']

5.4.6 Xpath 属性匹配

如果需要更精确地获取某个节点中的内容，可以使用 "@" 来实现节点属性的获取。

示例如下：

```
In [3]   html = etree.HTML(html_str)
         div_one = html.xpath('//div[@class="level"]/text()')
         print( div_one)
Out [3]   ['什么是 Java', 'Java 的版本']
```

有时候某些节点的某个属性可能有多个值，可以将所有值作为匹配条件进行节点的筛选。例如下面的例子：

```
In [3]   html = etree.HTML(html_str)
         div_one = html.xpath('//div[@class="level one"]/text()')
         print( div_one)
Out [3]   ['什么是 Java']
```

如果属性有多个值，就需要用 contains 函数，如：

```
In [4]   html = etree.HTML(html_str)
         div_all = html.xpath('//div[contains(@class,"level")]/text()')
         print( div_all)
Out [4]   ['什么是 Java', 'Java 的版本']
```

另外，可能还会遇到一种情况：可能需要根据多个属性才能确定一个节点，这时就需要同时匹配多个属性，那么可以使用运算符 and 来连接，示例如下：

```
In [4]   html = etree.HTML(html_str)
         div_all = html.xpath('//div[@class="level" and @id="one"]/ text()')
         print(div_all)
Out [4]   ['什么是 Java', 'Java 的版本']
```

这里的"and"其实是 Xpath 中的运算符，另外还有很多其他运算符，如 or、mod 等，大家可以自行学习使用。

5.5 正则表达式

正则表达式又称规则表达式，通常被用来检索、替换那些符合某个模式（规则）的文本，是对字符串操作的一种逻辑公式，是用事先定义好的一些特定字符及这些特定字符的组合，组成一个"规则字符串"。正则表达式是处理字符串的强大工具，它有自己特定的语法结构。对于爬虫来说，有了它，从 HTML 中提取想要的信息就非常方便了。

5.5.1 匹配规则

如果想从获取到的网页字符串中提取出 URL 文本，可以使用正则表达式。正则表达式是各种匹配规则的组合。常用的匹配字符规则如表 5-5-1 所示。

表 5-5-1　常用的匹配字符规则

模式	描　　述
\w	匹配字母、数字及下划线
\W	匹配不是字母、数字及下划线的字符
\s	匹配任意空白字符，相当于{\t\n\r\f}
\S	匹配任意非空白字符
\d	匹配任意数字，等价于[0-9]
\D	匹配任意非数字字符
\A	匹配字符串开头
\Z	匹配字符串的结尾，如果存在换行，只匹配到换行前的字符串
\z	匹配字符串的结尾，如果存在换行，同时还会匹配换行符
\G	匹配最后完成匹配的位置
\n	匹配换行符
\t	匹配制表符
^	匹配一行字符串的开头
$	匹配一行字符串的结尾
.	匹配除换行符外的任意字符，当 re.DOTALL 标记被指定时，则可以匹配包括换行符的任意字符
[⋯]	用来表示一组字符单独列出，比如[amk]匹配 a，m，k
[^⋯]	不在[ ]中的字符，比如^abc，表示匹配除了 a，b，c 之外的字符
*	匹配 0 个或多个表达式
+	匹配 1 个或多个表达式
?	匹配 0 个或 1 个前面正则表达式定义的片段（非贪婪匹配）
{n}	精确匹配 n 个前面的表达式
{n, m}	匹配 n 到 m 次，由前面正则表达式匹配的片段（贪婪匹配）
a|b	匹配 a 或 b
( )	匹配括号内的表达式，也表示一个组

Python 的 re 库提供了整个正则表达式的实现，利用这个库，可以在 Python 中使用正则表达式。在 Python 中写正则表达式几乎都用这个库，下面介绍它的一些常用方法。

5.5.2　查找一个匹配项

re.match 方法会尝试从字符串的起始位置匹配正则表达式，如果匹配，就返回匹配成功的结果；如果不匹配，就返回 None。

re.search 方法会匹配整个字符串并返回第一个匹配成功的值，否则返回 None。

re.fullmatch 方法会匹配整个字符串是否与正则表达式完全相同，否则返回 None。

上面方法的语法格式一致，返回的都是一个匹配对象，如：

```
re.match(pattern,string,flags=0)
re.search(pattern,string,flags=0)
re.fullmatch(pattern,string,flags=0)
```

其中，pattern 表示匹配的正则表达式或字符串；string 表示匹配的字符串；flags 表示标准位，用于控制正则表达式的匹配方式，也可以忽略不写。

下面用一个示例来理解上面的方法：

```
In [1]  import re
        print(re.match('Hello,Word','Hello,WOrd'))
        print(re.search('e.*?$','hello Word'))
        print(re.fullmatch('e.*?$','Hello Word'))

Out [1]  None
         <re.Match object; span=(1, 10), match='ello Word'>
         None
```

re.match 方法中，第一个参数是字符串，第二个参数是要匹配的字符串，由于两个字符串中的字母 "o" 不同，所以匹配不成功，返回的值为 None。

re.search 方法中，第一个参数是正则表达式，第二个参数是要匹配的字符串，在输出结果中，object 是输出对象类型，span=(1, 10)表示该匹配的范围是 1～9，match='ello Word'表示匹配的内容。

re.fullmach 方法与 re.match 方法差不多，第一个参数是正则表达式，第二个参数是要匹配的字符串，由于要匹配的字符串与正则表达式不匹配，所以返回的值为 None。

5.5.3　查找多个匹配项

re.findall 方法用于在字符串任意位置中找到与正则表达式所匹配字符，并返回一个列表；如果没有找到匹配的，则返回空列表。

re.finditer 方法用于在字符串任意位置中找到与正则表达式所匹配字符，并返回一个迭代器。

上述方法的语法结构如下：

```
re.findall(pattern, string, flags=0)或pattern.findall(string, n,m)
re.finditer(pattern, string, flags=0)
```

其中，string 表示待匹配字符串；n，m 是可选参数，指定字符串的起始位置 n（默认值为 0）和结束位置 m（默认为字符串的长度）；pattern 表示匹配的正则表达式或字符串；flags 表示标志位，用于控制正则表达式的匹配方式，如是否区分大小写。

下面通过一个示例来理解上面的方法：

```
In [1]  import re
        fd1 = re.findall('\D+','11a33c4word34f63')


        fi=re.finditer('\D+','11a33c4word34f63')
        print(fd1)
        print(fi)

Out [1] ['a', 'c', 'word', 'f']
        <callable_iterator object at 0x00000193BD2C5F10>
```

fd1 是使用 re.findall 方法输出的结果。在该方法中第一个参数是由 "\D+简单匹配字符" 组合起来的正则表达式，其意思是匹配 1 个或多个任意非数字的字符，第二个参数是要匹配的字符串，所以匹配的内容是 "acwordf"，没有被匹配的字符作为列表的分割点，所以返回的内容是['a','c','word','f']。

fi 是使用 re.finditer 方法返回的结果。在该方法中第一个参数是正则表达式，第二个参数是要匹配的字符串，返回的内容中的 "callable_iterator" 代表迭代器，可以用 for 循环打印输出匹配成功的字符串。

```
In [2]  fi=re.finditer('\D+','11a33c4word34f63')
        for i in fi:
            print(i)

Out [2] <re.Match object; span=(2, 3), match='a'>
        <re.Match object; span=(5, 6), match='c'>
        <re.Match object; span=(7, 11), match='word'>
        <re.Match object; span=(13, 14), match='f'>
```

5.5.4 分割字符串

re.split 方法按照能够匹配的子串将字符串分割后返回列表，其语法格式如下：

```
re.split(pattern, string ,maxsplit=0, flags=0)
```

其中，pattern 表示匹配的正则表达式或字符串；string 表示要匹配的字符串；maxsplit 表示分隔次数，maxsplit=1，表示分隔一次，默认为 0，不限制次数；flags 表示标志位，用于控制正则表达式的匹配方式，如是否区分大小写。

下面通过一个示例来理解上面的方法：

```
In  [1]    sp1=re.split('\d+','I5am5Superman',maxsplit=0)
           sp2=re.split('\d+','I4am5Superman',maxsplit=1)
           sp3=re.split('5','I4am5Superman',maxsplit=0)
           print(sp1)
           print(sp2)
           print(sp3)
Out [1]    ['I', 'am', 'Superman']
           ['I', 'am5Superman']
           ['I4am', 'Superman']
```

5.5.5　替换字符串

re.sub 方法用于替换字符串中的匹配项；re.subn 方法用于替换字符串中的匹配项，返回一个元组。上述方法的语法格式为：

```
re.sub(pattern, repl, string, count=0, flags=0)
re.subn(pattern, repl, string, count=0, flags=0)
```

其中，pattern 表示匹配的正则表达式或字符串；repl 表示字符串或函数，当 repl 为字符串时，其中的反斜杠转义序列（如\n、\t 等）会被自动处理并转换为对应的特殊字符，当 repl 为函数时，该函数只能接收一个参数，即匹配对象（Match 对象），函数的返回值将作为替换内容；string 表示要被查找替换的原始字符串；count 表示匹配后替换的最大次数，默认为 0，表示替换所有的匹配；flags 表示用到的匹配模式。

下面用一个示例来理解上面的方法：

```
In  [1]    import re
           def loo(matchobj):
               if matchobj.group(0)=='1':
                   return '*'
               else:
                   return '+'
           print(re.sub('\w+',loo,'1-23-123-ds-fas23221'))
           print(re.sub('\d+','1','1-23-123-ds-fas23221',count=2))
```

```
print(re.subn('\w+','1','1-23-123-ds-fas23221adsa2'))
```

```
Out [1]    *-+-+-+-+
           1-1-123-ds-fas23221
           ('1-1-1-1-1', 5)
```

首先定义了一个 loo 函数，其作用是根据字符来返回特定的字符，使用 re.sub 方法时，repl 传入的参数分别为函数和字符，第一个 re.sub 函数没有传入 count 数据，所以替换所有的匹配，第二个 re.sub 函数传入的 count 数据为 2，所以替换了匹配的前两个数据。

使用 re.subn 方法时，其返回的是一个元组，传入的第一个参数为正则表达式，其作用是匹配字母、数字及下划线，第二个参数为替换的字符，第三个参数为要被查找替换的原始字符串，由于替换了 5 次，所以返回的是（'1-1-1-1-1'，5）。

5.5.6 正则表达式对象

re.compile 方法用来将正则字符串编译成正则表达式对象，其语法格式为：

```
re.compile(pattern,flags)
```

其中，pattern 表示正则表达式；flags 表示匹配模式，如忽略大小写、多行模式等。下面用一个实例来理解上面的方法：

```
In [1]    import re
          pattern=re.compile('\w+')
          content='I-am-superman'
          result=re.findall(pattern,content)
          print(result)
```

```
Out [1]    ['I', 'am', 'superman']
```

首先调用 re.compile 方法创建一个正则表达式对象，定义一个 content 变量来存放字符串，再调用 re.findall 方法，将匹配的字符串以列表的形式输出。re.compile 方法是给正则表达式做了一层封装，以便更好地复用，这样在调用 re.search 方法、re.findall 方法等时就不需要重新写正则表达式了。

5.6 爬虫实战：豆瓣电影 Top 250

本节将用 requests 库与 lxml 库中的 Xpath 解析器，爬取豆瓣电影 Top 250 中的电影信息，如图 5-6-1 所示。

图 5-6-1　豆瓣电影 250 网页

在豆瓣电影 Top 250 首页的底部可以确定电影信息一共有 10 页内容，每页有 25 个电影信息，如图 5-6-2 所示。

图 5-6-2　网页页数

切换页面，可以发现每页的 URL 地址的规律如图 5-6-3 所示。URL 地址由一组固定字符串与一组根据页码变化的数字集合而成。

图 5-6-3　网页 URL 变化规律

打开浏览器开发者工具，在顶部选项卡中选择"元素"选项，然后单击 ![]图标，接着单击鼠标左键选中网页中电影名称，查看电影名称所在 HTML 代码的位置，如图 5-6-4 所示。

图 5-6-4　网页检查器

除了电影名称，还可以获取"导演""主演""电影评分""评价人数""电影总结"等信息。同样，要像电影名称一样，获取其所对应的 HTML 代码的位置。接下来就可以用 Python 编写爬虫代码。

首先，导入爬虫所需的库，主要有 lxml、time、random、requests 库，然后创建一个请求头信息来模拟浏览器，代码如下：

```
In [1]   from lxml import etree        # 导入 etree 子模块
         import time                    # 导入时间模块
         import random                  # 导入随机模块
         import requests                # 导入网络请求模块
         header = {'User-Agent': 'Mozilla/5.0 (Windows NT 10.0; WOW64)
         AppleWebKit/537.36 (KHTML, like Gecko) Chrome/83.0.4103.61
         Safari/537.36'}
```

由于 HTML 代码中的信息内存在大量的空白符，所以创建一个 processing 方法，用于处理字符串中的空白符，代码如下：

```
In [2]   def processing(strs):
             s = ''  # 定义保存内容的字符串
             for n in strs:
                 n = ''.join(n.split())  # 去除空字符
                 s = s + n  # 拼接字符串
             return s        # 返回拼接后的字符串
```

　　创建 get_movie_info 方法，在该方法中首先通过 requests.get 方法发送网络请求，然后通过 etree.HTML 方法解析 HTML 代码，最后通过 Xpath 提取电影的相关信息，代码如下：

```
In [3]  def get_movie_info(url):
            response = requests.get(url,headers=header)
                                    # 发送网络请求
            html = etree.HTML(response.text)
                                    # 解析 html 字符串
            div_all = html.xpath('//div[@class="info"]')
            for div in div_all:
                names = div.xpath('./div[@class="hd"]/a//span/text()')
                                    # 获取电影名字相关信息
                name = processing(names)
                                    # 处理电影名称信息
                infos = div.xpath('./div[@class="bd"]/p/text()')
                                    # 获取导演、主演等信息
                info = processing(infos)
                                    # 处理导演、主演等信息
                score = div.xpath('./div[@class="bd"]/div/span[2]/text()')
                                    # 获取电影评分
                evaluation = div.xpath('./div[@class="bd"]/div/span[4]/
        text()')                   # 获取评价人数
                                    # 获取电影总结文字
                summary = div.xpath('./div[@class="bd"]/p[@class="quote"]/
        span/text()')
                print('电影名称:',name)
                print('导演与演员:',info)
                print('电影评分:',score)
                print('评价人数:',evaluation)
                print('电影总结:',summary)
                print('--------分隔线--------')
```

　　创建程序入口，然后创建步长为 25 的 for 循环，并在循环中替换每次请求的 URL 地址，再调用 get_movie_info 方法获取电影信息，代码如下：

```
In [4]  if __name__ == '__main__':
            for i in range(0,250,25):    # 每页 25 为间隔,实现循环,共 10 页
                # 通过 format 替换切换页码的 url 地址
```

```
        url = 'https://movie.douban.com/top250?start={page}&filter
='.format(page=i)

        get_movie_info(url)                    # 调用爬虫方法,获取电
影信息

        time.sleep(random.randint(1,3))        # 等待1~3 s 随机时间
```

程序运行结果如图 5-6-5 所示（部分）。

电影名称：　肖申克的救赎/TheShawshankRedemption/月黑高飞(港)/刺激1995(台)
导演与演员：　导演:弗兰克·德拉邦特FrankDarabont主演:蒂姆·罗宾斯TimRobbins/...1994/美国/犯罪剧情
电影评分：　['9.7']
评价人数：　['3027003人评价']
电影总结：　['希望让人自由。']
--------分隔线--------
电影名称：　霸王别姬/再见，我的妾/FarewellMyConcubine
导演与演员：　导演:陈凯歌KaigeChen主演:张国荣LeslieCheung/张丰毅FengyiZha...1993/中国大陆中国香港/剧情爱情同性
电影评分：　['9.6']
评价人数：　['2237703人评价']
电影总结：　['风华绝代。']
--------分隔线--------
电影名称：　阿甘正传/ForrestGump/福雷斯特·冈普
导演与演员：　导演:罗伯特·泽米吉斯RobertZemeckis主演:汤姆·汉克斯TomHanks/...1994/美国/剧情爱情
电影评分：　['9.5']
评价人数：　['2255484人评价']
电影总结：　['一部美国近现代史。']
--------分隔线--------

图 5-6-5　网页爬取结果

小　　结

首先，本章详细介绍了网络爬虫的基础知识和关键技术。通过对网络爬虫的概述，了解了网络爬虫的定义、用途、重要性及要注意的约束。接下来，深入探讨了 Web 前端的基本组成和工作原理，以帮助读者更好地理解如何定位和获取网页中的数据。

其次，本章介绍了如何使用 Python 中的 requests 库发送 HTTP 请求，以便与网页服务器进行通信。通过示例，展示了如何获取网页的 HTML 内容，并对不同类型的请求（如 GET 和 POST）进行了说明。

在数据解析部分，重点讲解了两种主要的解析技术：Xpath 和正则表达式。通过 Xpath，可以使用路径表达式精准地提取 HTML 文档中的特定元素。而正则表达式则提供了强大的文本匹配功能，使我们能够灵活地从网页中提取所需的数据。

通过本章的学习，读者应当具备了构建基本网络爬虫的能力，能够发送请求、解析网页，并提取和处理所需的数据。这些技能将为数据处理奠定坚实的基础。

习　　题

1. 爬虫可以分为哪两大类?

2. 获取 URL 的方法有哪些?

3. 普通爬虫的爬虫流程是怎样的?

4. 使用 requests 库访问 https://www.baidu.com 并输出其状态码。

5. 给出一个数据集 data，使用 pyecharts 库绘制 data 对应的词云图。

6. 使用 numpy 库和 matplotlib 库绘制一个圆。

7. 使用 BeautifulSoup 库爬取豆瓣电影 Top 250 的电影名称、评分和评价人数等信息，并将这些信息保存到 CSV 文件中。

8. 编写一个爬虫，从一个公开的 API（如高德地图）获取数据，并保存到本地文件中，保存格式为 JSON。

第6章

数据挖掘基础算法

随着信息时代的到来，各行各业产生的海量数据不断增长，传统的数据处理和分析方法已无法满足现实需求。数据挖掘应运而生，它通过建模和算法从数据中提取有价值的模式和规律，为决策提供有力支持。数据挖掘算法是数据挖掘的核心和基础。不同的算法针对不同的数据类型和任务，能够高效地发现数据中蕴含的知识。常见的数据挖掘算法包括关联规则挖掘、分类与预测、聚类分析等。关联规则挖掘揭示事物之间的内在联系，分类与预测对数据进行归纳和推理，聚类分析发现数据的自然分组结构。本章主要介绍数据挖掘中几种主要算法的原理，以帮助读者快速了解几种常见的数据挖掘算法。

6.1 机器学习概述

如今，机器学习无处不在。当我们与银行交互、在线购物或使用社交媒体时，机器学习算法会发挥作用，让我们获得高效、顺畅和安全的体验。机器学习是人工智能的一个分支，旨在构建能够根据所使用的数据进行学习或改进性能的系统。人工智能是一个比较宽泛的概念，泛指能够模仿人类智能的系统或机器。机器学习与人工智能有时会互相使用，但二者还是存在一定的区别。所有的机器学习都是人工智能，但不是所有的人工智能都是机器学习。

6.1.1 机器学习的定义

机器学习（machine learning）从字面上可以理解为，让机器学习某些方面的知识。例如，当计算机能够自动识别猫和狗的图片时，就认为计算机学到了关于分辨猫、狗的知识。当计算机能够准确识别出正常邮件和垃圾邮件时，就认为计算机学到了关于区分垃圾邮件的知识。

"学习"可以理解为从信息或者观察中得到知识或者相关知识的记忆。例如，学生通过看书理解社会常识；人通过接收外界提供的信息，积累经验，从而做出决策。要让计算机学会某些方面的知识，必须给计算机输入一定的信息，让计算机能够记住这些东西。与人学习的过程类似，机器学习的基础是数据。计算机从输入的历史数据中总结规律，基于规律对新数据进行归纳，这就是机器学习的简单原理。规律被称为模型，总结的方法被称为算法，如图 6-1-1 所示。

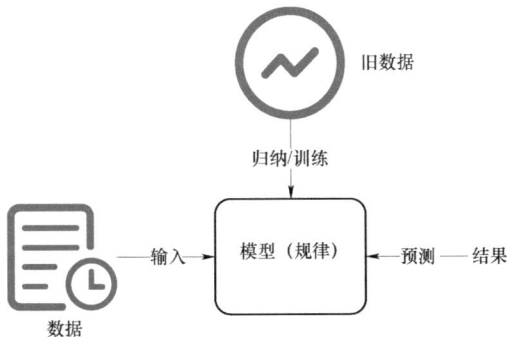

图 6-1-1　机器学习的原理

机器学习是一门从数据中研究算法的科学学科，研究计算机怎样模拟或实现人类的学习行为，以获取新的知识或技能，重新组织已有的知识结构使之不断改善自身的性能。

从数学的角度上讲，机器学习就是从大量的数据中找出一个函数，使这个函数能够同时拟合旧数据和新数据。假设，$x \in X$，$y \in Y$，那么机器学习的目标就是找到一个目标函数（target function）f，使得

$$f : X \to Y$$

但我们无法得到真实的目标函数 f。通过机器学习，只能找到一个理论上非常近似 f 的函数，即函数 g，如图 6-1-2 所示。

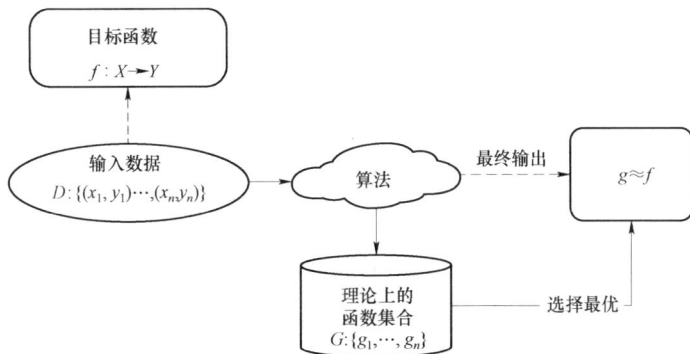

图 6-1-2　机器学习的目标

为了便于后文叙述，下面介绍几个机器学习中常见的术语。

（1）数据集（dataset）：包含大量数据样本的集合，通常由多个数据样本组成。

（2）特征（feature）：构成数据样本的各个属性，如颜色、尺寸等。每个数据样本都由若干特征构成。

（3）特征值（feature value）：特征对应的具体值，如颜色的特征值可以是红、绿、蓝等。

（4）特征向量（feature vector）：由一个数据样本的所有特征值构成的向量。

（5）学习/训练（learning/training）：使用训练数据集，通过算法、模型从数据中学习规律的过程。

（6）训练集（training set）：用于模型训练的数据集合。

（7）训练样本（training sample）：训练集中的每个数据样本。

（8）验证集（validation set）：在模型训练时，用于评估模型性能、调整超参数的数据集合。

（9）验证样本（validation sample）：验证集中的每个数据样本。

（10）测试集（test set）：在模型最终确定后，用于评估其在未见数据上的泛化能力的数据集合。

6.1.2 机器学习的一般方法

机器学习的一般方法包括数据整理、算法选择、参数调优和效果评价等，如图 6-1-3 所示。

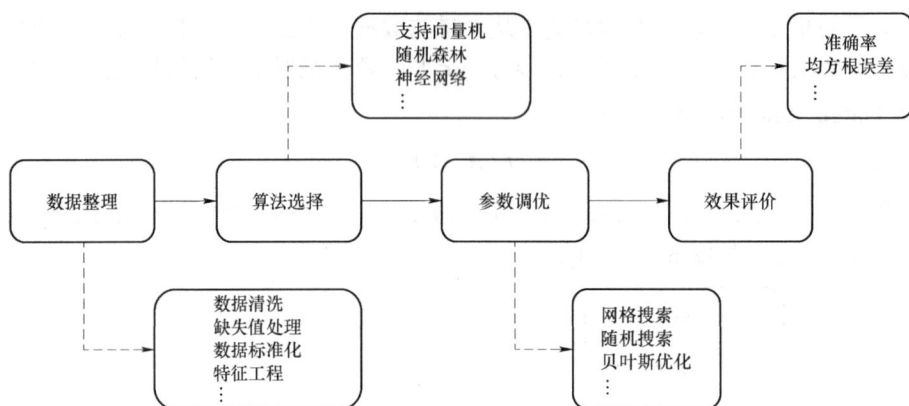

图 6-1-3 机器学习的一般方法

1. 数据整理

数据整理主要是对原始数据进行预处理，包括数据清洗、缺失值处理、数据标准化和特征工程等步骤。其中，数据清洗主要是去除数据中的噪声、删除重复值和异常值处理等。缺失值处理既可以选择删除有缺失值的样本，也可以使用平均值等填充。数据标准化是将数据缩放到相同的范围内，加快模型的收敛和训练速度。而特征工程可以将原始数据转换为能更好地表示业务逻辑和潜在问题的特征，能够提高机器学习的性能和准确性。

2. 算法选择

如何选择算法取决于具体的任务类型。如果需要发现数据集隐藏的模式，可以使用 K-means 聚类、主成分分析等无监督学习算法。如果需要进行预测，则可以考虑支持向量机、随机森林、神经网络等监督学习算法。

3. 参数调优

在机器学习中，通常需要针对特定任务选择和调整超参数，如 K-means 算法中的 K 值选取、支持向量机的正则化参数。超参数的选择可以使模型在特定任务上表现最佳。超参数的调整对于提高模型性能、防止过拟合、加速收敛等方面都非常重要。

常见的参数调优算法有网格搜索、随机搜索和贝叶斯优化等。网格搜索是穷举指定的参数组合，选择表现最好的参数组合。随机搜索基于随机采样，在参数空间中随机选择参数组合，寻找最优解。贝叶斯优化是一种利用贝叶斯定理和最优化方法寻找全局最优解的优化算法。

4. 效果评价

建好模型之后，必须对它进行评价。不同类型的任务，其评价指标也各不相同。对于分类任务，常见的评价指标有准确率、精确率、召回率和 F1-分数。对于回归任务，常见的评价指标有均方根误差、均方误差和平均绝对误差等。对于聚类任务，则可以考虑轮廓系数、Calinski-Harabasz 指标和 Davies-Bouldin 指标等。而对于生成任务，则使用 FID（Fréchet inception distance）评估生成模型和真实数据分布之间的差异。

6.1.3　机器学习的分类

机器学习算法可以根据不同的标准进行分类，如根据学习方式和任务类型进行分类。

1. 根据学习方式分类

根据学习方式的不同，机器学习算法可以分为监督学习、无监督学习、半监督学习、强化学习 4 类。

监督学习是指给定输入和输出之间存在明确的对应关系，也就是说，每个输入都有一个正确的或期望的输出。监督学习的目标是让模型能够从训练集中学习到这种对应关系，并能够泛化到未知的输入上。监督学习的典型应用有分类、回归、序列标注等。

无监督学习是指给定输入之间不存在明确的对应关系，也就是说，没有预先定义好的输出或标签。无监督学习的目标是让模型能够从训练集中发现输入数据的内在结构或规律，并能够对未知的输入进行合理的处理。无监督学习的典型应用有聚类、降维、生成等。

半监督学习是监督学习与无监督学习相结合的一种学习方法。半监督学习使用大量的未标记数据，以及同时使用标记数据，来进行模式识别工作。当使用半监督学习时，将会要求尽量少的人员来从事工作，同时又能够带来比较高的准确性。

强化学习是指给定输入和输出之间存在动态的交互关系，也就是说，每个输入都会产生一个反馈或奖励。强化学习的目标是让模型能够从训练集中学习到如何根据当前的状态选择最优的行为，并能够最大化累积的奖励。强化学习的典型应用有控制、游戏、导航等。

2. 根据任务类型分类

根据任务类型的不同，机器学习算法可以分为分类、回归、聚类和生成 4 类。

分类是指将输入数据分配到预先定义好的类别中,也就是说,输出是离散的或有限的。分类可以是二分类(只有两个类别)或多分类(有多个类别)。分类的典型应用有垃圾邮件检测、人脸识别、情感分析等。

回归是指预测输入数据的连续值或实数值,也就是说,输出是连续的或无限的。回归可以是线性回归(输出和输入之间存在线性关系)也可以是非线性回归(输出和输入之间存在非线性关系)。回归的典型应用有房价预测、股票预测、年龄估计等。

聚类是指将输入数据分组到没有预先定义好的类别中,也就是说,输出是未知的或无标签的。聚类可以是硬聚类(每个数据只属于一个类别)也可以是软聚类(每个数据可以属于多个类别)。聚类的典型应用有客户分群、图像分割、社交网络分析等。

生成是指根据输入数据产生新的数据,也就是说,输出是新颖的或创造性的。生成可以是条件生成(根据给定的条件生成数据)也可以是无条件生成(不需要任何条件生成数据)。生成的典型应用有图像生成、文本生成、语音合成等。

6.1.4 过拟合与欠拟合

通常,当训练好一个模型并将其应用到测试集时,会发现模型在训练集和测试集的表现不太一致。要解释上面的现象,首先要了解训练误差(training error)和泛化误差(generalization error)。训练误差是指模型在训练集上与真实样本的误差,而泛化误差是指模型在测试集上与真实样本的误差。

在机器学习中,通常假设训练集和测试集是独立同分布的。所以,一个训练好的模型,在训练集和测试集上的误差应该是近似的。使用训练集训练模型,模型的参数是以最小化训练误差在训练集上学习得到的。因此,通常模型在训练集的表现要优于验证集。

当模型在训练集上表现良好,在测试集上表现不佳时,通常称为模型过拟合。即模型对训练数据过度学习,以至于对测试数据无法泛化。欠拟合就是模型还没有完全捕捉到数据的内在规律,在训练集上表现不佳,自然在测试集上泛化能力较差,如图 6-1-4 所示。可以看到,过拟合的曲线虽然实现了对训练样本百分之百的拟合,但对未知数据却不一定能得到比较好的输出,看起来比较好,但用起来比较差。

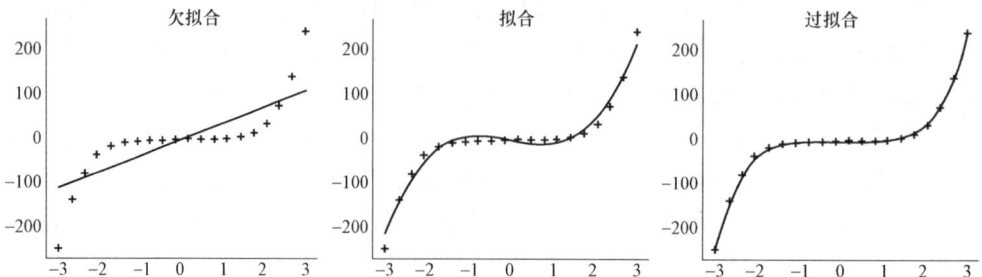

图 6-1-4 欠拟合、拟合和过拟合

在具体的实践中，一般通过模型在训练集和测试集上的误差曲线来判断是欠拟合还是过拟合。通常，在训练过程中，模型在训练集上的误差会不断下降，最后趋于稳定。与此同时，模型在测试集上的误差也会不断下降，直至稳定。如果模型在测试集上的误差出现先下降后上升，在训练集上的误差不断下降，则说明模型过拟合，如图 6-1-5 所示。

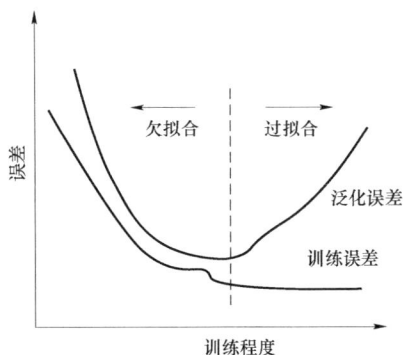

图 6-1-5　欠拟合和过拟合的误差

训练集样本太少、模型比较复杂、数据质量较差及模型训练时间太长都有可能导致模型过拟合。为了避免过拟合，在条件允许的情况下可以考虑增大数据集。但是在实际工程应用中，数据集的大小往往不能由自己决定。因此，可以尝试减小模型的复杂度，如使用正则化，给模型的参数添加一些约束，控制参数的数量，使模型更加简单和稳定；或者采用集成学习的方法，训练多个模型，综合各个模型的输出，减少单个模型的误差；也可以控制模型的训练时间，如使用早停（early stopping）的方法，在合适的时间停止训练，避免模型过度学习。

6.1.5　机器学习性能评估

在模型训练好之后，会采用一些评价指标来比较模型的性能。不同类型的任务会有不同的评价指标。下面主要介绍机器学习几种常见任务的评价指标。

1. 分类任务评价指标

在介绍各种指标之前，首先介绍混淆矩阵。混淆矩阵是一种可视化工具，用于监督学习中评价分类模型的性能。混淆矩阵每一行代表数据的真实类别，每一列代表预测类别，如表 6-1-1 所示。

表 6-1-1　混淆矩阵实例

		预测类别		
		A	B	C
实际类别	A	35	7	6
	B	4	56	2
	C	9	11	32

用 TP（true positive）表示被正确地预测为正类的实例数，用 TN（true negative）表示被正确地预测为负类的实例数，用 FP（false positive）表示被错误地预测为正类的实例数，用 FN（false negative）表示被错误地预测为负类的实例数。在多分类中，通常将其中一个类别指定为正类，其余都是负类。

分类任务的评价指标主要有准确率、精确率、召回率及 F1-分数。其中，准确率（accuracy）表示预测正确的结果占总样本的比例，其计算方式如下：

$$accuracy = \frac{TP + TN}{TP + TN + FP + FN}$$

精确率（precision）表示预测为正类且实际为正类的样本占预测为正类样本的比例，其计算方式如下：

$$precision = \frac{TP}{TP + FP}$$

召回率（recall）表示预测为正类且实际为正类的样本占实际为正类样本的比例，其计算方式如下：

$$recall = \frac{TP}{TP + FN}$$

F1-分数综合考虑了精确率和召回率的影响。精确率和召回率有一定的取舍关系，当模型偏向于预测正例时，召回率会提高，但精确率会降低；反之亦然。F1-分数就是精确率和召回率的调和平均值，其计算公式为

$$F1 - 分数 = \frac{2 \times precision \times recall}{precision + recall}$$

2. 回归任务评价指标

由于回归预测使用连续值，因此误差一般被量化成预测值和实际值之差，惩罚随误差大小而不同。均方根误差（REMS）是一个常用的回归指标，尤其可用于避免较大的误差。因为每个误差都取了平方，所以大误差就被放大了，这使得均方根误差对异常值极其敏感，对这些值的惩罚力度也更大，其计算方式如下：

$$REMS = \sqrt{\frac{1}{n} \sum_{i-1}^{n} (y_i - \hat{y}_i)^2}$$

平均绝对误差（MAE）用来衡量预测值与真实值之间的绝对误差，是一个非负值，MAE 越小表示模型越好，其计算方式如下：

$$MAN = \frac{1}{n} \sum_{i=1}^{n} |y_i - \hat{y}_i|$$

RMSE 和 MAE 各有侧重，可以根据不同场景下选择合适的评估指标。通常来说，RMSE 被广泛应用于回归任务的评估。

3. 聚类任务评价指标

聚类的纯度是一种最直观的评价方式，也称为聚类准确率，其计算方式如下：

$$\text{pure}=(W,C)=\frac{\sum_k \max_j \left|w_k \cap c_j\right|}{n}$$

其中，n 表示样本数，$W=\{w_1,w_2,\cdots,w_k\}$ 表示聚类后的类，$C=\{c_1,c_2,\cdots,c_j\}$ 表示正确的类；w_k 表示第 k 个类簇的数据，c_j 表示第 j 个正确类簇所含的数据。pure 的值为$[0,1]$，pure 的值越大，效果越好。假设某聚类算法结果如图 6-1-6 所示。

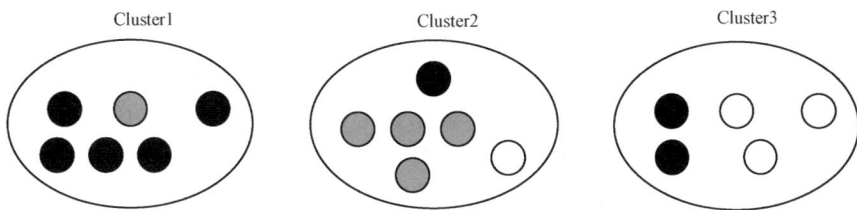

图 6-1-6 聚类算法结果

可以看出，算法把样本划分为 3 个簇：Cluster1、Cluster 2、Cluster 3。其中 Cluster1 中黑色点最多，把 Cluster1 看作黑色的簇。Cluster2 中灰色点最多，将其看作灰色的簇。Cluster3 中白色点最多，将其看作白色的簇。而 Cluster1 有 5 个黑点，Cluster2 有 4 个灰色点，Cluster3 有 3 个白色点，总样本数为 17，那么此次聚类的纯度 pure = (5+4+3)/17 = 0.71。

纯度为外部评估方法，需要知道数据的真实类别。轮廓系数（silhouette coefficient，SC）是聚类效果好坏的一种评价指标。定义 a 为某个样本与其所在簇内其他样本的平均距离，b 为某个样本与其他簇样本的平均距离，则某个样本的轮廓系数 s 为

$$s=\frac{b-a}{\max(a,b)}$$

而聚类总的轮廓系数为所有样本轮廓系数的平均值。轮廓系数的取值范围为$[-1,1]$，取值越接近 1，说明聚类性能越好；相反，取值越接近-1，说明聚类性能越差。轮廓系数是一种内部评估指标，无需知晓数据的真实类别。

为了验证模型是否稳定，有时候会使用交叉检验进行验证，常见的做法有 K 折交叉检验和留一验证两种方式。

K 折交叉验证（K-fold cross-validation）是一种常用的模型评估技术，用于评估机器学习模型在训练数据上的性能。它将原始数据集分成 K 个子集，称为折（fold）。然后，模型在 K 个不同的训练集上进行 K 次训练和验证，在每次训练中，其中一个折被作为验证集，而剩下的 $K-1$ 个折被用作训练集。通过多次重复 K 折交叉验证，可以评估模型在不同数据集上的稳定性，从而更全面地了解模型的性能表现。

留一验证（leave one out cross validation，LOOCV）就是每次只留下一个样本作为测试集，其他样本作为训练集，如果有 k 个样本，则需要训练 k 次，测试 k 次。留一验证

适合小样本数据集。

6.1.6 scikit-learn 简介

scikit-learn 自 2007 年发布以来，已经成为颇受欢迎的机器学习类库。它建立在 numpy、scipy 和 matplotlib 等知名科学计算库之上，可以与它们无缝集成。scikit-learn 库提供了包括分类、回归、降维和聚类等常用机器学习的算法，同时也提供用于数据预处理、提取特征、优化超参数和评估模型的模块，如图 6-1-7 所示。

scikit-learn 库基于广受欢迎的 numpy 库和 scipy 库构建。numpy 扩展了 Python 支持大数组和多维矩阵更高效的操作。scipy 库提供了用于科学计算的模块。可视化库 matplotlib 常用于展示算法结果。

scikit-learn 库具有简洁易懂的 API 文档，易于使用且非常灵活，在学术研究领域广受欢迎。开发者只需修改几行代码，就可以使用 scikit-learn 库开展不同的算法实验。scikit-learn 库包含了一些流行的机器学习算法的实现，包括 K-means、SVM 和 DBSCAN 等。scikit-learn 库同时提供了许多著名的数据集，如鸢尾花数据集、手写数字数据集，这让开发者可以专注于算法而无须收集和清洗数据。

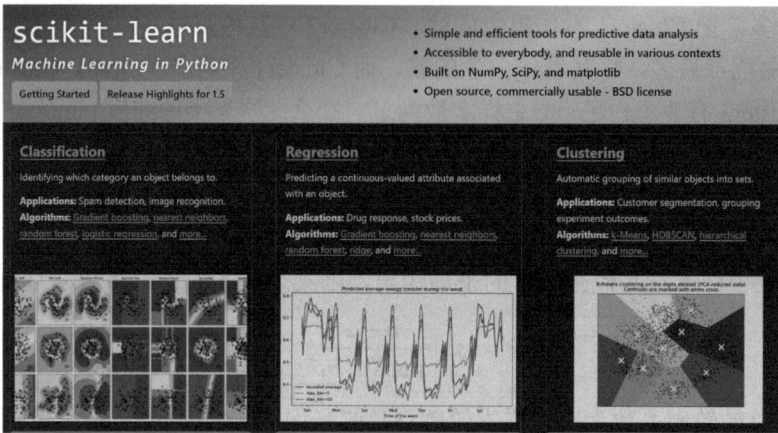

图 6-1-7 scikit-learn 官网介绍

scikit-learn 库最简单的安装方式是使用 pip：

```
In [1]   pip install scikit-learn -i https://pypi.tuna.tsinghua.edu.cn/simple
```

安装好后，可以导入 scikit-learn 库并再次核实 scikit-learn 库版本：

```
In [1]   import sklearn
         sklearn.__version__
Out [1]  '1.2.1'
```

6.2　回　归　分　析

回归分析广泛应用于各个领域。例如，在经济学中，回归分析可以用来预测经济指标（如 GDP、通货膨胀率等）；在医学研究中，回归分析可以用来分析疾病风险因素和治疗效果；在市场营销中，回归分析可以用来评估广告效果和消费者行为；在工程中，回归分析常用于建立实验数据和理论模型之间的关系，从而优化设计和过程控制。此外，在社会科学和心理学中，回归分析常用于研究社会现象和心理行为的影响因素。

回归分析方法多种多样，包括但不限于简单线性回归、多元线性回归和逻辑回归。通过选择适当的回归方法并结合数据特征和研究需求，可以有效地解决实际问题并获得有价值的信息。

6.2.1　回归分析概述

回归分析是统计学中的一种方法，用于研究因变量（响应变量）与一个或多个自变量（预测变量）之间的关系。其主要目的是通过构建一个数学模型来描述一个因变量与一个或多个自变量之间的关系，从而解释因变量的变化情况，并对其进行预测。

回归分析的主要目标如下。

（1）确定自变量对因变量的影响程度。通过估计模型参数来了解每个自变量对因变量的影响大小和方向。

（2）预测因变量。利用已知的自变量值，通过回归模型预测因变量的值。

（3）解释因变量的变异性。评估模型能够解释因变量变异性的程度，如通过 R^2（决定系数）来衡量模型的拟合优度。

（4）检验假设。通过统计检验，验证自变量和因变量之间的关系是否显著。

在回归分析中，通常假设因变量和自变量之间存在某种形式的函数关系。根据自变量的数量和关系的形式，回归分析可以分为多种类型，包括简单线性回归、多元线性回归、逻辑回归等。

回归分析的一般流程如图 6-2-1 所示。

回归分析是一种广泛应用于统计学和数据科学的工具，其优点和缺点都十分显著。优点方面，回归分析能够定量描述因变量与自变量之间的关系，提供预测未来数据点的能力。此外，回归分析方法灵活多样，能够处理多种类型的数据（如连续型、离散型和分类数据），并提供多种统计指标（如 R^2、调整后的 R^2、p 值）来评估模型的拟合程度和显著性。此外，多元回归分析可以同时考虑多个自变量的影响，使其适用于复杂的数据分析场景。

然而，回归分析也存在一些缺点。许多回归分析方法依赖于一些假设（如线性关系、正

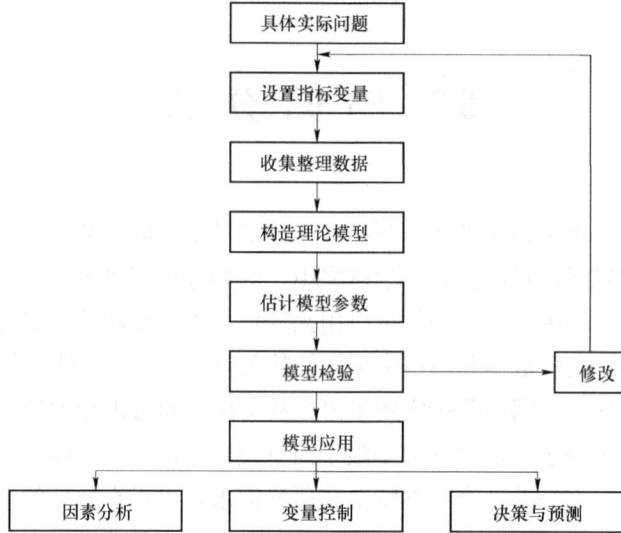

图 6-2-1　回归分析的一般流程

态分布、同方差性等），这些假设在实际应用中可能并不总是成立。此外，在包含大量变量的情况下，模型可能会过拟合训练数据，从而使在新数据上的预测效果变差。回归分析对异常值和多重共线性也比较敏感，可能导致模型不稳定或得到误导性结果。

6.2.2　简单线性回归

简单线性回归是一种统计方法，用于研究两个连续变量之间的线性关系。简单线性回归中，一个变量作为自变量，另一个变量作为因变量，目标是通过拟合一条直线来最小化观测值与预测值之间的差异。

简单线性回归模型的公式为

$$y = \beta_0 + \beta_1 x + \varepsilon$$

其中，y 是因变量；x 是自变量；β_0 是截距；β_1 是斜率；ε 是误差项，表示因变量的随机误差。

简单线性回归的目标是找到最优的 β_0 和 β_1，使预测值 $\hat{y} = \beta_0 + \beta_1 x + \varepsilon$ 与实际观测值 y 之间的差异最小，通常使用最小二乘法衡量。

最小二乘法的目标是找到回归系数 β_0 和 β_1，使以下损失函数最小。

$$\text{RSS} = \sum_{i=1}^{n}\left(y_i - \hat{y}_i\right)^2 = \sum_{i=1}^{n}\left[y_i - (\beta_0 + \beta_1 x_i)\right]^2$$

为了最小化损失函数，需要对 β_0 和 β_1 求导并令导数为零。

对 β_0 求导：

$$\frac{\partial \text{RSS}}{\partial \beta_0} = -2\sum_{i=1}^{n}\left[y_i - (\beta_0 + \beta_1 x_i)\right] = 0$$

对 β_1 求导：

$$\frac{\partial \text{RSS}}{\partial \beta_1} = -2\sum_{i=1}^{n} x_i \left[y_i - \left(\beta_0 + \beta_1 x_i \right) \right] = 0$$

解方程组，得到回归系数的闭式解：

$$\beta_1 = \frac{\sum_{i=1}^{n}\left(x_i - \overline{x}\right)\left(y_i - \hat{y}_i\right)}{\sum_{i=1}^{n}\left(x_i - \overline{x}\right)^2}$$

$$\beta_0 = \overline{y} - \beta_1 \overline{x}$$

以下为简单线性回归用 Python 代码实现的例子。

导入必要的库：

```
In[1]   import numpy as np
        import matplotlib.pyplot as plt
        from sklearn.model_selection import train_test_split #导入划分数
        据集函数
        from sklearn.linear_model import LinearRegression #导入用于创建和
        训练线性回归模型的库
```

生成示例数据：

```
In[2]   np.random.seed(0)
        X=2*np.random.rand(100,1)
        y=4+3*X+np.random.randn(100,1)
```

将数据集分成训练集和测试集：

```
In[3]   X_train,X_test,y_train,y_test=train_test_split(X,y,test_size=0
        .2,random_state=42)
```

创建、训练线性回归模型，并用模型进行预测：

```
In[4]   #创建线性回归模型
        model=LinearRegression()
        model.fit(X_train,y_train)
        y_pred=model.predict(X_test)
```

可视化结果为：

```
In[5]   plt.rcParams['font.sans-serif']=['SimHei']
        plt.scatter(X_test,y_test,color='blue',label='实际值')
        plt.plot(X_test,y_pred,color='red',linewidth=2,label='预测值')
```

```
plt.title('简单线性回归')
plt.xlabel('X')
plt.ylabel('y')
plt.legend()
plt.show()
```
Out[1]

输出结果如图 6-2-2 所示。

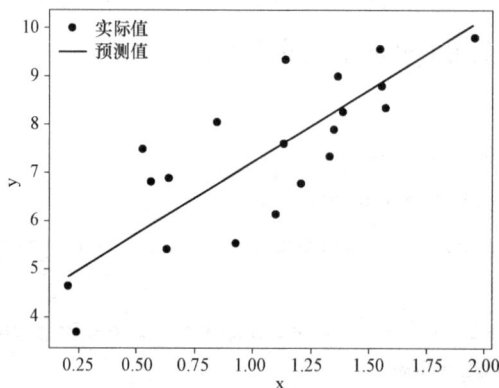

图 6-2-2　简单线性回归

6.2.3　多元线性回归

社会经济现象的变化往往受到多个因素的影响，因此一般要进行多元回归分析。把包括两个或两个以上自变量的回归称为多元线性回归。

多元线性回归的基本原理和基本计算过程与一元线性回归相同，但由于自变量个数多，计算相当麻烦，一般在实际应用时都要借助统计软件。这里只介绍多元线性回归的一些基本问题。

由于各个自变量的单位可能不一样，比如在一个消费水平的关系式中，工资水平、受教育程度、职业、地区、家庭负担等因素都会影响到消费水平，而这些影响因素（自变量）的单位显然是不同的，因此自变量系数的大小并不能说明该因素的重要程度。更简单地来说，同样是工资收入，如果用元为单位就比用百元为单位所得的回归系数要小，但是工资水平对消费的影响程度并没有变，所以应将各自变量化到统一的单位上来。需要将所有变量（包括因变量）用公式 $Z = X - \mu / \sigma$（其中 X 为原始数据，μ 是 X 的均值，σ 是 X 的方差）进行标准化，再进行线性回归，此时得到的回归系数就能反映对应自变量的重要程度，这时的回归方程称为标准回归方程，回归系数称为标准回归系数，具体表示如下：

$$y = \beta_0 + \beta_1 x_1 + \beta_2 x_2 + \cdots + \beta_p x_p + \varepsilon$$

其中，β_0，β_1，…，β_p 是 $p+1$ 个未知参数，β_0 称为回归常数，β_1，…，β_p 称为回

归系数，y 为因变量，x_1，x_2，$\cdots$，x_p 为自变量，ε 为随机误差。上式称为多元线性回归模型。

多元线性回归与一元线性回归类似，可以用最小二乘法估计模型参数，也需对模型及模型参数进行统计检验。

以下为多元线性回归用 Python 代码实现的例子。

导入必要的库：

```
In[1]   import numpy as np
        import pandas as pd
        import matplotlib.pyplot as plt
        from sklearn.model_selection import train_test_split
        from sklearn.linear_model import LinearRegression
```

生成示例数据，并将特征组合成一个矩阵：

```
In[2]   np.random.seed(0)
        X1=2*np.random.rand(100,1)
        X2=3*np.random.rand(100,1)
        y=4+3*X1+5*X2+np.random.randn(100,1)
        X=np.hstack([X1,X2])
```

将数据集分成训练集和测试集：

```
In[3]   X_train,X_test,y_train,y_test=train_test_split(X,y,test_size=0
        .2,random_state=42)
```

创建、训练线性回归模型，并用模型进行预测：

```
In[4]   model=LinearRegression()
        model.fit(X_train,y_train)
        y_pred=model.predict(X_test)
```

可视化结果为：

```
In[5]   plt.rcParams['font.sans-serif']=['SimHei']
        plt.figure(figsize=(12,6))
        plt.subplot(1,2,1)
        plt.scatter(y_test,y_pred,color='blue',edgecolor='k',alpha=0.7
        )
        plt.plot([y.min(),y.max()],[y.min(),y.max()],'r--',lw=2)
        plt.xlabel('实际值')
        plt.ylabel('预测值')
```

```
plt.show()
```
Out[1]

输出结果如图 6-2-3 所示。

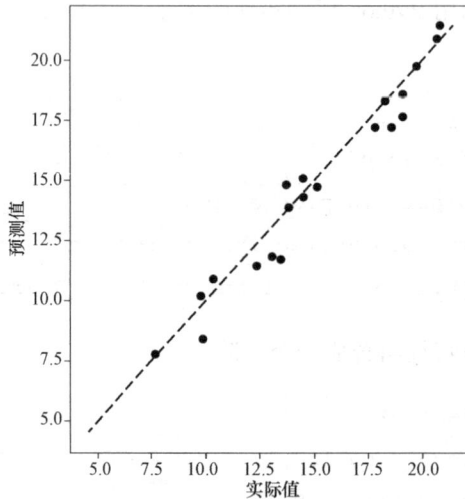

图 6-2-3　多元线性回归

6.2.4　逻辑回归

逻辑回归是一种广义的线性回归分析模型。逻辑回归与线性回归不同，逻辑回归用于估计类别变量的概率，通过逻辑函数（sigmoid 函数）将预测值限制在 0～1 之间。逻辑回归模型用于估计因变量 Y 取值为 1 的概率，即 $P(Y=1|X)$。假设自变量 X 对应多个特征，那么逻辑回归模型的形式为

$$P(Y=1|X)=\sigma(\beta_0+\beta_1 X_1+\beta_2 X_2+\cdots+\beta_k X_k)$$

其中，σ 是逻辑函数，定义为

$$\sigma(z)=\frac{1}{1+\mathrm{e}^{-z}}$$

为了方便参数估计，通常将概率 P 转换为对数几率：

$$\mathrm{logit}(P)=\log\left(\frac{P}{1-P}\right)$$

其中，逻辑回归模型 $\mathrm{logit}(P)$ 为

$$\mathrm{logit}(P)=\beta_0+\beta_1 X_1+\beta_2 X_2+\cdots+\beta_k X_k$$

逻辑回归使用极大似然估计来估计模型参数。定义似然函数为数据在给定参数下的概率，表示为

$$L(\beta)=\prod_{i=1}^{n}P(Y_i|X_i)$$

其中，n 是样本数量，$P(Y_i|X_i)$ 是第 i 个样本的预测概率。

为简化计算，通常使用对数似然函数：

$$l(\beta) = \sum_{i=1}^{n} \left[Y_i \log(P(Y_i|X_i)) + (1-Y_i)\log(1-P(Y_i|X_i)) \right]$$

最后通过优化算法，得到参数估计值。

以下为逻辑回归用 Python 代码实现的例子。

导入必要的库：

```
In[1]    import numpy as np
         import matplotlib.pyplot as plt
         from sklearn.datasets import make_classification #导入用于创建分类
         数据集的库
         from sklearn.linear_model import LogisticRegression #导入用于创建
         和训练逻辑回归模型的库
         from sklearn.model_selection import train_test_split
```

生成一个二分类数据集，并将数据集分为训练集和测试集：

```
In[2]    X,y=make_classification(n_samples=100,n_features=2,n_informati
         ve=2,n_redundant=0,random_state=42)
         X_train,X_test,y_train,y_test=train_test_split(X,y,test_size=0
         .3,random_state=42)
```

创建、训练逻辑回归模型并进行预测：

```
In[3]    model=LogisticRegression()
         model.fit(X_train,y_train)
         y_pred=model.predict(X_test)
```

绘制决策边界：

```
def plot_decision_boundary(X,y,model):
    x_min, x_max = X[:, 0].min() - 1, X[:, 0].max() + 1
    y_min, y_max = X[:, 1].min() - 1, X[:, 1].max() + 1
    xx, yy = np.meshgrid(np.arange(x_min, x_max, 0.01),
                    np.arange(y_min, y_max, 0.01))

    Z = model.predict(np.c_[xx.ravel(), yy.ravel()])
    Z = Z.reshape(xx.shape)
```

```
    plt.contourf(xx, yy, Z, alpha=0.8)
    plt.scatter(X[:,0], X[:,1], c=y, edgecolors='k', marker='o')
    plt.xlim(xx.min(), xx.max())
    plt.ylim(yy.min(), yy.max())
    plt.xlabel('特征1')
    plt.ylabel('特征2')
    plt.title('决策边界')
    plt.show()
plot_decision_boundary(X_train, y_train, model)
```

Out[1]

输出结果如图 6-2-4 所示。

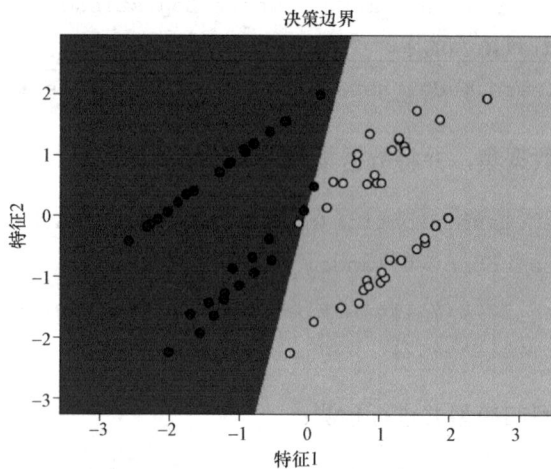

图 6-2-4 逻辑回归

6.3 分 类 分 析

分类分析，作为数据挖掘的核心技术之一，广泛应用于各种场景中。基于数据的特性，分类分析能够将数据对象归入不同的类别，从而揭示数据的深层内涵。例如，在动物识别领域，通过分析已有的动物图片及其对应的名称，能够训练模型对新图片进行自动分类，以确定其所属的动物种类。在金融服务中，对于新申请的信用卡用户，可以通过整合各类信息，运用分类分析对他们的信用状况进行全面评估，并据此进行分类。在医疗诊断方面，医生可以借助患者的症状描述、化验结果和X光片数据，通过分类分析判断其疾病类型，实现精准治疗。在交通管理中，实时交通数据和历史拥堵信息也可用于预测未来某个时间点的交通拥堵情况，从而优化交通流量管理。

6.3.1　分类分析概述

在现实生活中，分类问题具有共同的特点，即可以通过分析对象的已有特性和对应标签，对其所属的类别进行判断，通过对历史数据的分析、归纳、总结，得出每个类别区别于其他类别的共同特点，最终对新的数据的类别进行确定。

分类（classification），指通过对历史数据的学习，构造一个目标函数或分类模型［又称分类器（classifier）］，根据此函数预测某一对象的类别，把每个属性集 x 映射到一个预先定义的类标号 y。其中，历史数据被称为训练数据集（training dataset）。表 6-3-1 是分类训练数据集的一个示例。

表 6-3-1　分类训练数据集

样本 ID	温度/℃	湿度/%	风速/（m/s）	天气类型
1	25	60	3	晴天
2	20	80	2	多云
3	15	90	1	雨天
⋮	⋮	⋮	⋮	⋮
1 000	28	55	4	晴天

在表 6-3-1 中，数据集包括 1 000 个样本，每个样本代表不同时刻某地的天气状况，每个样本都有自己的 ID。每一行代表一个样本，内容包括温度、湿度、风速等反映天气的特点，以及该时刻的天气类型，如晴天、多云、雨天等。每一列称为一个属性，用于描述对象的某个特性或性质。其中，"天气类型"是分类的目标属性，称为分类属性或分类特征；每一种取值称为一个类别。该表中的分类属性有 3 个类别，晴天、多云、雨天。构造分类器的过程称为学习。在该表中，通过学习，可以根据给定的天气特征预测天气类别。

分类分析的步骤如下。

1. 问题抽象与定义

首先，需要深入理解分类任务的背景，明确分类目标，确定样本的选取范围和标签的定义。在分类任务开始之前，需要清晰界定解决的问题，以及如何通过分类来解决这一问题。在这一过程中，可以明确构建分类框架，为后续分类任务打好基础。

2. 数据预处理

确定研究问题之后，根据数据挖掘一般流程进行数据预处理。在上述例子中，温度、湿度、风速是数值型特征，天气类别是分类特征。在进行模型构建之前，一般需要对数值型特征进行归一化或标准化处理；分类特征一般会被编码（成为数值），如晴天=1，多云=2，雨天=3，以便模型可以处理。

3. 特征选择与特征提取

特征选择是从原始特征集中选择与目标变量最相关的特征子集。通过特征选择可以减少数据集的维度，提高模型泛化能力，降低模型过拟合的风险。特征提取是通过分析不同特征之间的关系，构造新特征的过程。通过特征提取可以在原始数据中提取出具有更强代表性和区分性的特征。在实际应用中，需要根据具体的分类任务和数据特点选择合适的特征选择与特征提取的方法。

4. 模型构建与训练

模型构建的目的主要包括 2 个：描述性建模和预测性建模。描述性建模是指分类模型用于区分不同类别中的对象，是一种解释性工具。预测性建模是指分类模型用于预测非历史数据的类标号。预测性建模可以看作是一个黑箱，当给定未知记录的属性集上的值时，分类模型赋予未知样本类别标号。

使用训练数据训练得到分类模型，可以采用的方法包括基于规则的分类、基于最近邻的分类、决策树分类、贝叶斯分类、支持向量机分类、随机森林分类、人工神经网络等。在上述例子中，通过训练，模型将学习如何将新的天气数据样本分配到正确的天气类型中。

5. 参数优化

根据对比训练集和验证集的结果，调整优化模型的参数，不断迭代模型，选择最佳参数，提升模型的分类性能。

6. 测试与评估

根据数据分类模型判断一组已知类别的对象的分类，这些用于判断性能的数据称为测试数据。测试数据是从原始数据集中分离出来的一部分数据，这部分数据不参与模型的训练过程。测试集应与训练集具有相同的特征，但样本应完全不同，以确保测试的公正性和准确性。常见的分离比例是 30%～70%或 20%～80%，其中大部分数据用于训练，小部分数据用于测试。构建测试集后，就可以使用训练好的模型在测试集上运行，对模型进行评估。

6.3.2 基于规则的分类

基于规则的分类是一种依赖于一组明确制定的 if-then 规则来进行分类的方法。这种方法在处理结构化数据时尤为有效，因为结构化数据中的每个数据项都具有清晰定义的特征和属性。规则是捕捉和表示信息或特定知识片段的有力工具。

下面以一个具体的规则 R1 为例来解释什么是规则。

R1：IF 学历=本科 AND 工作经验>3 THEN 适合高级职位=是

也可以采用逻辑表示法来书写这个规则：

R1：（学历=本科）∧（工作经验>3）⇒（适合高级职位=是）

在这个规则中，"IF"部分（或左部）被称为规则的前件或前提。前件由一个或多个属性测试组成，这些测试之间用逻辑连接词"AND"（在逻辑表示法中为"∧"）连接。例如，在 R1 中，有两个属性测试："学历=本科"和"工作经验>3"。

"THEN"部分（或右部）则是规则的结论。结论是对数据项所属类别的预测。在 R1 中，结论是对员工是否适合高级职位的预测。

通过制定这样的规则，能够根据数据项的属性值快速、准确地将其分到不同的类别中。这种方法简洁明了，尤其适用于可以明确定义分类条件和结果的场景。

规则可以用它的覆盖率和准确率来评估。给定类标记的数据集（D）中的一个元组 X，设 n_{covers} 为覆盖的元组数，$n_{correct}$ 为规则正确分类的元组数，可以将规则的覆盖率和准确率定义为

$$\text{coverage}(R) = \frac{n_{covers}}{|D|}$$

$$\text{accuracy}(R) = \frac{n_{correct}}{n_{covers}}$$

规则的覆盖率是规则覆盖的元组的百分比。对于规则的准确率，考察在它覆盖的元组中，可以被规则正确分类的元组所占的百分比。

下面对简化鸢尾花数据集进行分类，结合代码和注释，加强对基于规则的分类方法的理解。

假设有以下简化的鸢尾花数据集。

```
In [1]    data = [
             {'petal_length': 1.4, 'petal_width': 0.2, 'species': 'Setosa'},
             {'petal_length':4.7,'petal_width': 1.4, 'species':
          'Versicolor'},
             {'petal_length': 1.3, 'petal_width': 0.3, 'species': 'Setosa'},
             {'petal_length': 4.6, 'petal_width': 1.3, 'species':
          'Versicolor'}]
```

首先定义基于规则的分类函数。

规则 1：如果花瓣长度小于 2.5 cm 且花瓣宽度小于 0.8 cm，则认为是 Setosa；

规则 2：如果花瓣长度大于或等于 2.5 cm，则认为是 Versicolor。

```
In [2]    def iris_rule_based_classifier(petal_length, petal_width):
             if petal_length < 2.5 and petal_width < 0.8:
                 return 'Setosa'
             elif petal_length >= 2.5:
                 return 'Versicolor'
             else:
                 return 'Unknown'
```

使用函数对单个实例进行分类。

```
In [3]   example_iris = {'petal_length': 2.0, 'petal_width': 0.5}

         predicted_species=
         iris_rule_based_classifier(example_iris['petal_length'],
         example_iris['petal_width'])

         print(f"For iris with petal length {example_iris['petal_length']}
         and petal width {example_iris['petal_width']}, the predicted
         species is: {predicted_species}")
```

```
Out [3]  For iris with petal length 2.0 and petal width 0.5, the predicted
         species is: Setosa
```

遍历整个数据集进行分类。

```
In [4]   for iris in data:
             predicted_species                                        =
         iris_rule_based_classifier(iris['petal_length'],
         iris['petal_width'])
             print(f"For iris with petal length {iris['petal_length']} and
         petal width {iris['petal_width']}, the predicted species is:
         {predicted_species}")
```

```
Out [4]  For iris with petal length 1.4 and petal width 0.2, the predicted
         species is: Setosa
         For iris with petal length 4.7 and petal width 1.4, the predicted
         species is: Versicolor
         For iris with petal length 1.3 and petal width 0.3, the predicted
         species is: Setosa
         For iris with petal length 4.6 and petal width 1.3, the predicted
         species is: Versicolor
```

6.3.3 基于最近邻的分类

基于最近邻（nearest neighbor，NN）的分类方法是一种懒惰方法，不需要事先学习分类模型，当需要预测时，根据预测样本的特性和已知训练集中的数据进行类别的判断。

这种方法的基本思想是：如果一个样本在特征空间中的 k 个最相似（特征空间中最邻近）的样本中的大多数属于某一个类别，则该样本也属于这个类别。其中，k 由用户指定，通常是不大于 20 的整数。一种最为直观的相似度衡量方法是：将每个样本看作是多维空间中的一个点，点之间的距离可以用于衡量相似度，距离越近的点越相似。常用的距离度量方法是欧氏距离。

给定样本 a 和样本 b，分别由 n 个属性 A_1，A_2，…，A_n 描述，两个样本分别表示 $a = (x_{a1}, x_{a2}, …, x_{a3})$，$b = (x_{b1}, x_{b2}, …, x_{b3})$，可以计算两个样本之间的欧氏距离 d_{ab}。

$$d_{ab} = \sqrt{\sum_{i=1}^{n} (x_{ai} - x_{bi})^2}$$

由于每个指标的取值范围不一致，因此进行标准化之前需要进行规范化，将每个指标的取值映射到同一范围，如[0, 1]或[−1, 1]；否则，对于一些取值范围较大的指标，将导致其在计算距离时权重过大。规范化通常采用标准化方法，即从原来的数值中取最大值（max）、最小值（min），然后按以下公式将原数值映射到一个新区间。

$$v_1 = \frac{v - \min}{\max - \min}(\max_1 - \min_1) + \min_1$$

在 k-NN 算法中，k 值的选择至关重要。较小的 k 值意味着模型更加"敏感"，容易受到噪声数据的影响；而较大的 k 值则会使模型变得"迟钝"，对数据的局部特征不够敏感。因此，需要根据具体的应用场景和数据集特性来选择合适的 k 值。根据未知数据点与已知数据点之间的距离，选择距离最近的 k 个数据点。然后，根据这 k 个数据点的类别标签，通过多数投票等方式来确定未知数据点的类别。

下面是使用 Python 中的 scikit-learn 库实现 k-NN 算法的简单示例。

导入需要使用的包：

```
In [1]   from sklearn.datasets import make_classification
         #从 sklearn.datasets 模块导入 make_classification 函数,用于生成一个用
         于分类的虚拟数据集

         from sklearn.model_selection import train_test_split
         #从 sklearn.model_selection 模块导入 train_test_split 函数,用于将数据
         集分割成训练集和测试集

         from sklearn.neighbors import KNeighborsClassifier
         #从 sklearn.neighbors 模块导入 KNeighborsClassifier 类,用于创建 K 最近
         邻分类器

         from sklearn.metrics import accuracy_score
         #从 sklearn.metrics 模块导入 accuracy_score 函数,用于计算分类模型的准确
         率
```

首先使用 scikit-learn 库的 make_classification 函数生成了 100 个样本,每个样本有 2 个特征。

```
In [2]  X,  y  =  make_classification(n_samples=100,  n_features=2,
        n_informative=2, n_redundant=0, random_state=42)
```

然后，将数据集分成 80% 的训练集和 20% 的测试集：

```
In [3]  X_train, X_test, y_train, y_test = train_test_split(X, y,
        test_size=0.2, random_state=42)
```

创建 k-NN 模型，使用 3 个最近邻进行分类：

```
In [4]  knn = KNeighborsClassifier(n_neighbors=3)
```

训练模型：

```
In [5]  knn.fit(X_train, y_train)
```

对测试集进行预测：

```
In [6]  predictions = knn.predict(X_test)
```

计算模型的准确率：

```
In [7]  accuracy = accuracy_score(y_test, predictions)
        print(f"Accuracy: {accuracy:.2f}")
Out [7]  Accuracy: 0.95
```

6.3.4　决策树分类

决策树，作为一种经典的分类分析技术，以其层次结构和直观性在机器学习领域占据重要地位。它利用递归方式，从一组无序、杂乱的实例中提炼出条理清晰的分类规则，这些规则以树状结构的形式展现。在决策树中，每一个椭圆形节点代表一个决策点，也就是对某一属性的测试。根据该属性的不同取值，决策树会产生相应的分支，指向下一个决策点或最终分类结果。这些分支由有向边连接，每一条边都代表了一个特定的测试结果。图 6-3-1 为决策树示意图。

决策树的内部节点通常用矩形表示，它们对应着对数据的属性进行测试或判断；而树叶节点则用椭圆表示，它们代表了最终的分类结果。决策树的构造结果既可以是二叉树，也可以是具有多个分支的多叉树。其构建过程基于一组带有类标签的训练数据，通过不断地对属性进行测试和划分，最终形成一个能够准确分类新数据的决策树。

决策树的优点包括：计算体量小，分类快，容易转换为分类规则；分类准确性高，从决策树中挖掘的规则准确性高且便于理解。通过构建决策树，可以清晰地看到数据之间的关联和分类规则，这有助于理解和解释模型的工作原理。

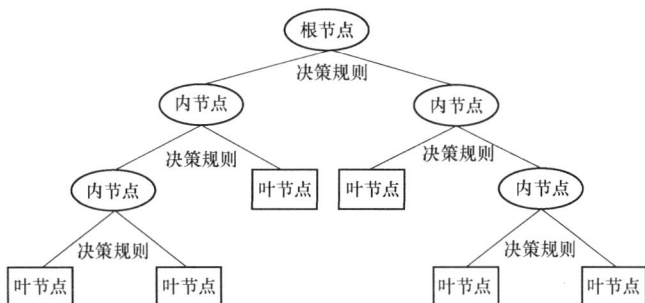

图 6-3-1 决策树示意图

1. 决策树构建过程

决策树的构建过程是一个递归的过程，开始于根节点，通过不断地将训练集分割成更小的子集来生成树的分支和节点。这个过程中首先选择一个最优切分属性，这个属性能够最大限度地减少数据的不确定性或混杂程度。

然后，根据所选属性的不同取值，将数据集分成几个子集，并为每个子集创建一个新的分支和子节点。如果某个子集中的所有样本都属于同一类别，那么该子节点就成为叶节点，并被标记为该类别；否则，继续对这个子集进行递归分割，直到所有子节点都成为叶节点或者达到预设的停止条件。在构建过程中，还会进行剪枝操作，以避免过拟合和提高模型的泛化能力。

生成的决策树可以用于对新数据进行分类预测：从根节点开始，根据每个节点的判断条件，逐步向下遍历树，直到到达某个叶节点，从而确定新数据的类别。

2. 决策树的剪枝

剪枝（pruning）可以有效地去掉神经网络中无用的连接和节点，减少网络的规模和模型的复杂度，从而降低过拟合的风险，提高网络的泛化能力。决策树的基本剪枝策略包括先剪枝和后剪枝。

先剪枝（pre-pruning）是在构造决策树的过程中，在划分前先对每一个节点进行估计，若当前节点的划分不能提高决策树模型的泛化能力，则不对当前节点进行划分，并且将该节点标记为叶节点，即进行剪枝。

后剪枝（post-pruning）是首先完成构建整体决策树，然后自决策树底部向上，对非叶节点进行估计，若将该节点对应的子树替换为叶节点能够提高决策树模型整体的泛化能力，则进行剪枝，将该节点更改为叶节点。

3. 定量属性的分类条件

当决策树中的属性是定量（数值型）属性时，需要确定如何基于这些属性的值来划分数据集。

首先，在构建决策树的过程中，需要从当前节点可用的属性中选择一个定量属性作为划分标准。对于定量属性，不能像处理定性（分类型）属性那样直接根据属性值的不同来划分数据，而是需要确定一个或多个划分点，将定量属性的值域划分为几个区间，并根据这些区间来划分数据。

可采用二分法来确定一个阈值，该阈值的选择是基于评估指标（如信息增益或基尼指数）的优化，目的是使按照该阈值划分数据后，子集的不确定性最低。一旦确定了阈值，就可以将所有属性值小于或等于该阈值的样本归为一个子集，而将大于该阈值的样本归为另一个子集。

除了二分法，还可以选择多区间划分的方法。这种方法需要确定多个区间边界，通常可以通过统计方法（如直方图分析或聚类）来实现：根据样本的属性值落在的区间，就将其划分到相应的子集中。这种方法相比于二分法，能够更细致地划分数据，但也可能增加模型的复杂度。

对于每个划分得到的子集，重复上述步骤，包括选择定量属性、确定划分点、评估划分和递归构建子树。这个过程会一直持续到满足停止条件，比如所有样本都属于同一类、没有剩余的特征可用或者子集的大小小于某个预设的阈值。

下面是使用 Python 的 scikit-learn 库实现决策树分类的示例。数据集使用著名的鸢尾花（iris）数据集。

首先导入需要使用的包：

```
In [1]   import numpy as np

         from sklearn.datasets import load_iris
         # 使用 load_iris 函数加载鸢尾花数据集。

         from sklearn.model_selection import train_test_split
         # train_test_split 将数据随机分为训练集和测试集。

         from sklearn.tree import DecisionTreeClassifier
         # sklearn.tree 包含决策树模型,DecisionTreeClassifier 用于分类任务的决
         策树

         from sklearn.metrics import accuracy_score
         # sklearn.metrics 包含许多评估模型性能的函数。accuracy_score 用来计算
         分类准确率。
```

从 scikit-learn 库中加载鸢尾花数据集。为了降低模型的复杂度和准确率，仅使用数据集的前两个特征。

```
In [2]   data = load_iris()
         X = data.data[:, :2]
         y = data.target
```

划分训练集和测试集：

```
In [3]   X_train, X_test, y_train, y_test = train_test_split(X, y,
         test_size=0.3, random_state=42)
```

创建决策树模型：

```
In [4]  tree = DecisionTreeClassifier(max_depth=3, random_state=42)
```

训练模型：

```
In [5]  tree.fit(X_train, y_train)
```

预测测试集：

```
In [6]  y_pred = tree.predict(X_test)
```

计算模型的准确率：

```
In [7]  accuracy = accuracy_score(y_test, y_pred)
        print(f'模型准确率: {accuracy:.2f}')
```

```
Out [7]  模型准确率: 0.76
```

6.3.5　贝叶斯分类

贝叶斯分类是基于贝叶斯定理的一种监督算法，利用它可以预测类隶属关系的概率，从而得到给定对象属于某一个类的概率。贝叶斯分类应用简单且分类速度快，能有效处理高维数据且在少量训练数据下表现良好，尤其是在文本分类任务中。因此，贝叶斯分类广泛应用于文本分类、医学诊断和市场营销等领域。

1. 贝叶斯定理

在介绍该定理之前，先对一些基础的统计学概念进行简单了解。假设有一对随机变量 X，Y 相互独立，它们的概率分别为 $P(X)$ 和 $P(Y)$。

1）联合概率

X，Y 的联合概率表示为 $P(X=x, Y=y)$，即 X 取值 x 且 Y 取值 y 的概率，记为 $P(XY)$。

2）条件概率

条件概率是指在某一个随机变量已知的情况下，另一个随机变量取某一个特定值的概率。例如，$P(Y=y \mid X=x)$，表示变量 X 取值 x 的时候，Y 取值 y 的概率。

定义：设 X，Y 为两个随机变量，且 $P(X)>0$，则称 $P(Y \mid X)$ 为在事件 X 发生的条件下事件 Y 的条件概率，用公式表示为

$$P(Y \mid X) = \frac{P(XY)}{P(X)}$$

3）贝叶斯定理

对于 X 和 Y，它们的联合概率和条件概率满足以下关系，调整式子，可以得到表达式，称为贝叶斯定理。

$$P(XY) = P(Y|X)P(X) = P(X|Y)P(Y)$$

$$P(Y|X) = \frac{P(X|Y)P(Y)}{P(X)}$$

2. 贝叶斯定理在分类中的应用

一般而言，利用贝叶斯定理解决分类问题，需要对分类问题进行形式化定义。设 X 为属性集，Y 表示类变量。如果属性和类变量之间的关系不确定，那么可以将 X 和 Y 看作随机变量，用 $P(Y|X)$ 以概率的形式描述两者之间的关系，即计算 Y 的后验概率。

在训练过程中，要依据训练数据，对 X 和 Y 的每种组合学习后验概率 $P(Y|X)$，从而找出使后验概率 $P(Y'|X')$ 最大的类 Y' 来对测试记录 X' 进行分类。

可以通过一个例子来理解上述这段话。如表 6-3-2 所示，现有一个学生去图书馆学习的记录情况，已知样本 X'={天气=晴，是否周末=是}，预测这名同学是否去图书馆学习。可以通过已发生的数据记录计算得到每一种组合的后验概率，即 $P(是|X)$ 和 $P(否|X)$，通过计算得到 $P(是|X)=0.214$，$P(否|X)=0.047$，$P(是|X)>P(否|X)$，所以预测他会去图书馆学习。

表 6-3-2　学习记录情况

序号	天气	是否周末	是否学习
1	晴	是	是
2	阴	是	是
3	晴	否	否
4	雨	否	否
5	阴	是	否
6	晴	否	是
7	晴	否	是

要准确地估计类标号和属性值的每一种可能组合的后验概率是非常困难的，因为即便属性数量不是很多，也需要很大的数据集。利用贝叶斯定理，允许使用先验概率 $P(Y)$、类条件概率 $P(X|Y)$ 和 $P(X)$ 来表示后验概率。

在比较不同 Y 值的后验概率时，分母 $P(X)$总是一个常数，可以忽略。先验概率 $P(Y)$ 可以依据训练集中属于每个类的训练样本所占的比例进行估计。对于类条件概率 $P(X|Y)$ 的估计可以通过朴素贝叶斯分类器进行估计。

3. 朴素贝叶斯分类器

朴素贝叶斯分类器是一个概率分类器，它基于一个简单的假设：属性之间相互条件独立，即模型中的一个特征独立于另一个特征而存在，所以被称为朴素。换句话说，参与预测的每个特征之间彼此没有依赖关系。现用一个 n 维特征向量 $\boldsymbol{X}=(x_1, x_2, \cdots, x_n)$ 来表示具有 n 个属性的数据样本，该数据有 m 个类别，分别是 $C_1, C_2, \cdots, C_m$，分类为某个

类别 C_i 的概率可以表示为

$$P(C_i|\boldsymbol{X}) = \frac{P(C_i)\prod_{k=1}^{n}P(x_k|C_i)}{P(\boldsymbol{X})}$$

　　因此，朴素贝叶斯分类器的分类步骤可以简述为：首先，根据训练数据分别计算每个类别的先验概率 $P(C_i)$ 和在给定类别 C_i 下每个特征 x_k 的条件概率 $P(x_k|C_i)$，然后应用贝叶斯定理，对新的输入向量 $\boldsymbol{X}$，计算每个类别 C_i 的后验概率 $P(C_i|\boldsymbol{X})$，最后选择后验概率
最大的类别作为输入向量 $\boldsymbol{X}$ 的分类结果。

　　下面是使用 Python 中的 scikit-learn 库实现贝叶斯分类器的简单示例。首先，导入所需要的库。

```
In [1]   import pandas as pd
         from sklearn.model_selection import train_test_split# 导入将数据
         集分割成训练集和测试集的库
         from sklearn.naive_bayes import GaussianNB# 导入高斯朴素贝叶斯分类
         器
```

　　然后读取样本集：

```
In [2]   file_path = 'example.csv'
         data = pd.read_csv(file_path)
         X = data[['DE_time', 'FE_time']]
         y = data['class']
```

　　之后将数据分为训练集和测试集，划分比例为 7:3，同时设置固定 random_state，确保结果可复现，即每次运行代码时都会得到相同的分割。

```
In [4]   X_train, X_test, y_train, y_test = train_test_split(X, y,
         test_size=0.3, random_state=42)
```

　　初始化高斯朴素贝叶斯分类器并训练模型：

```
In [5]   model = GaussianNB()
         model.fit(X_train, y_train)
```

　　最后用训练好的模型对测试集进行预测：

```
In [6]   y_pred = model.predict(X_test)
         print(f'预测结果: { y_pred }')
Out [6]  预测结果: [0 0 1 0 1 1 1 1 0 0 1 0 0 1 1 1 0 0 1 0 0 1 1 0 1 1 1
         1 1 0 1 0 1 0 0 0 0 1 1 0 1 0 1 0 1 1 1 0 1 1 1 1 0 1 1 1 0 1 1 0
         1 1 0 1 1 1 0 1 1 0 1 1 1 0 1 1 1 1 1 1 1 1 1 1 1 0 0 1 1 0 1]
```

```
1110011110110011001001111011010
100111110111110101010111111000111
1111010101101011111111111110]
```

6.3.6　支持向量机分类

支持向量机（support vector machine，SVM）是由 Cortes 和 Vapnik 于 1995 年提出的，在解决小样本、非线性及高维模式识别中表现出许多特有的优势，并推广到人脸识别、行人检测和文本分类等其他机器学习问题中。支持向量机建立在统计学习理论的 VC 维理论和结构风险最小原理基础上，根据有限的样本信息在模型的复杂性和学习能力之间寻求最佳平衡，以求获得最好的推广能力。支持向量机可以用于数值预测和分类。

下面通过一个实例来引出支持向量机的介绍。假定在某个分类问题中，采用的数据是具有两个分类的目标变量，属性是两个输入的连续值。现有一个平面坐标系，x 轴表示其中一个属性，y 轴表示另外一个属性，得到类似图 6-3-1 中的结果。现需要建立一个分类器，使其能将数据进行很好的分类。从图 6-3-1 中可以看出，存在很多个线性分类器能将两类样本区别开，那么这些线性分类器的效果是不是一样好呢？肯定不是。因此，要选出具有最佳效果的分类器，这就是支持向量机要解决的问题。

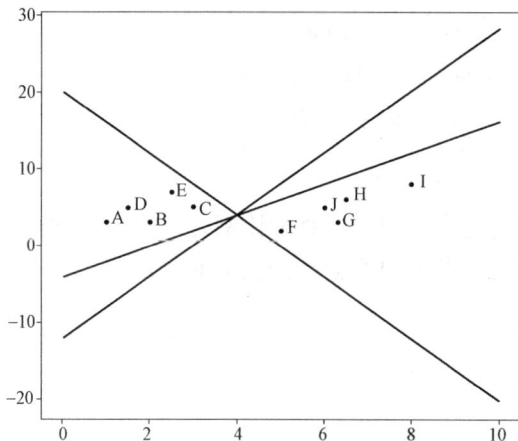

图 6-3-1　二维空间数据分类

在讨论之前，先了解几个基本概念。

（1）决策边界。决策边界是一个多维空间中的超平面或曲面，它将不同类别的数据点分隔开来。数据点位于决策边界的不同侧面，则被分为不同的类别。这些线性分类器也就可理解为是决策边界。

（2）间隔。间隔是指最近的训练数据点到超平面的距离。最大化间隔可以增加模型的泛化能力，使其在测试数据上的表现更好。

（3）支持向量。支持向量是指位于间隔边界上的训练数据点。这些点对确定超平面起着关键作用，改变这些点的位置将改变最终的分类结果。

对于上面的问题，寻找具有最佳效果的分类器也就是寻找最大化间隔的超平面。对于线性可分的数据，支持向量机寻找的超平面可以用以下形式表示：

$$wx + b = 0$$

其中，w 是法向量，决定了超平面的方向；b 是偏置，决定了超平面的位置。

所以找到一个能够最大化间隔的超平面可以通过求解以下优化问题来实现：

$$\min_{w, b} \frac{1}{2}|w|^2$$

$$\text{s.t.} \quad c_i\left(w^{\mathrm{T}}x_i + b\right) \geqslant 1, i = 1, 2, \cdots, N$$

上述式子是一个常见的优化问题，可以使用拉格朗日乘子法转化为对偶问题，从而可以利用现有的优化算法进行求解。

当数据在原始空间中线性不可分时，支持向量机使用核函数（kernel function）将数据映射到一个高维空间，使其在这个空间中线性可分。常用的核函数包括线性核、多项式核、高斯径向基核（RBF）及 sigmoid 核函数。其中，核函数的作用是计算数据点在高维空间中的内积，而不需要显式地进行高维映射。因此，通过选择适当的核函数，支持向量机能够处理复杂的分类问题。

不同于上述两种情况，在实际应用中，数据往往是近似线性可分的。为此，支持向量机引入了软间隔和正则化参数 C，以允许一些数据点违反间隔约束，最终优化目标变为：

$$\min_{w, b} \frac{1}{2}|w|^2 + C\sum_{i=1}^{n}\xi_i$$

$$\text{s.t.} \quad c_i\left(w^{\mathrm{T}}x_i + b\right) \geqslant 1 - \xi_i, i = 1, 2, \cdots, N$$

其中，ξ_i 是松弛变量，表示第 i 个样本违反间隔约束的程度。

最终的优化问题可以通过各种方法求解，包括梯度下降法、序列最小优化（SMO）算法等。在实际应用中，支持向量机的优化求解通常依赖于现有的库实现，如 LIBSVM、scikit-learn 等，可以通过调用这些库来解决遇到的分类问题。

下面是使用 Python 中的 scikit-learn 库实现支持向量机分类的简单示例。

首先导入所需要的库：

```
In [1]    import pandas as pd
          from sklearn.model_selection import train_test_split
          from sklearn.preprocessing import StandardScaler # 导入用于标准化
          特征的库
          from sklearn.svm import SVC # 导入 SVC 分类器
```

读取样本集，将数据划分为训练集和测试集：

```
In [2]    file_path = 'example.csv'
          data = pd.read_csv(file_path)
          X = data[['DE_time', 'FE_time']]
```

```
y = data['class']
X_train, X_test, y_train, y_test = train_test_split(X, y,
test_size=0.3, random_state=42)
```

对数据进行标准化处理：

```
In [3]   scaler = StandardScaler()
         X_train = scaler.fit_transform(X_train)
         X_test = scaler.transform(X_test)
```

利用训练集来训练模型：

```
In [4]   model = SVC(kernel='linear')
         model.fit(X_train, y_train)
```

对测试数据进行预测：

```
In [5]   y_pred = model.predict(X_test)
         print(f'预测结果: { y_pred }')
Out [5]  预测结果:[0 0 1 1 1 1 1 1 1 1 1 0 0 1 1 1 0 0 1 1 1 1 1 1 0 1 1 1
         1 0 1 1 0 0 0 1 1 0 1 0 1 0 1 1 1 1 1 1 0 1 1 0 1 1 1 0 1 1 1 0
         1 1 1 1 1 0 1 1 1 1 1 1 1 0 1 1 1 1 1 1 1 1 1 0 0 1 1 1 1 1
         0 1 0 0 1 1 0 1 1 1 1 1 0 0 0 0 0 0 1 1 1 1 1 1 0 1 1 1
         1 0 0 1 1 1 1 1 1 1 0 1 1 1 1 0 1 1 1 1 1 1 1 1 1 1 1 1 1
         1 1 1 1 0 1 1 1 0 0 0 1 1 1 0 1 1 1 1 1 1 0]
```

6.3.7　随机森林分类

随机森林就是通过集成学习的思想将多棵树集成的一种算法，主要用于分类和回归任务。它的基本单元是决策树，本质上属于机器学习的一大分支——集成学习方法。

集成学习是一种将多个基学习器结合起来，以提高整体预测性能的方法。这些基学习器可以独立地训练，并使用某种策略（如投票、平均等）将它们的结果组合起来，以获得最终预测结果。根据基学习器的类型和组合方式，集成学习可以分为同质集成和异质集成。同质集成中的基学习器都是同一种类型的，随机森林中的决策树便是这种类型；而异质集成中的基学习器则是不同类型的。它常用的结合策略包括平均法、投票法和学习法，其中投票法常用于分类。顾名思义，平均法是简单平均或加权平均；投票法是相对多数投票或加权投票；学习法则是一种更为复杂的结合策略，它使用另一个学习器来组合基学习器的预测结果。

了解了集成学习后，可以从直观角度对随机森林进行解释：每个决策树都是一个分类器，那么对于一个输入样本，N个树会有N个分类结果，而随机森林集成了所有的分类投票结果,将投票次数最多的类别指定为最终的输出。这种方法通过集成多个模型,可以有效地处理过拟合问题,提高模型的泛化能力。

随机森林的训练过程主要有 3 个步骤。首先是数据准备,将训练集分为多个子样本集,每个子样本集通过有放回抽样得到。然后将得到的多个子样本集分别训练,每个子样本集得到一个决策树。在每个节点分裂时,从所有特征中随机选择一个特征子集,并在这个子集中选择最佳分裂特征。最后,对所有决策树的预测结果进行多数投票,选择出现次数最多的类别作为最终预测。

从随机森林的训练过程可知,其核心思想体现在随机性和集成性。随机性源自随机子样本和特征随机选择。随机森林从训练集中有放回地随机抽取多个子样本,每个子样本训练一个决策树,同时在构建每个决策树的过程中,每个节点只考虑特定数量的随机选择特征,而不是所有特征。这使得每个决策树具有差异性,增加了模型的多样性,从而提高了泛化能力。集成性体现在随机森林对预测结果的多数投票上,它使得出现次数最多的类别作为最终预测结果。

下面是使用 Python 中的 scikit-learn 库实现随机森林分类的简单示例。

首先导入所需要的库:

```
In [1]   import pandas as pd
         from sklearn.model_selection import train_test_split
         from sklearn.preprocessing import StandardScaler
         from sklearn.ensemble import RandomForestClassifier#导入随机森林
         分类器
```

读取和处理数据集:

```
In [2]   file_path = 'example.csv'
         data = pd.read_csv(file_path)
         X = data[['DE_time', 'FE_time']]
         y = data['class']
         X_train, X_test, y_train, y_test = train_test_split(X, y,
         test_size=0.3, random_state=42)
         scaler = StandardScaler()
         X_train = scaler.fit_transform(X_train)
         X_test = scaler.transform(X_test)
```

使用训练集数据对随机森林分类器进行训练:

```
In [3]   model=RandomForestClassifier(n_estimators=400,
         random_state=42)
         model.fit(X_train, y_train)
```

使用训练好的模型对测试集进行预测:

```
In [4]   y_pred = model.predict(X_test)
         print(f'预测结果: { y_pred }')
Out [4]  预测结果: [0 0 1 0 1 1 0 1 0 0 1 0 0 1 0 0 0 0 1 0 0 0 1 1 0 0 1
         1 0 0 0 0 0 0 0 0 1 1 1 1 0 1 1 1 1 1 1 1 0 1 0 1 1 1 1 0 0 0
         0 0 1 1 1 1 0 1 1 0 1 0 0 1 0 1 1 1 1 1 0 1 1 0 1 1 0 0 1 1 0 0
         1 1 1 0 0 0 1 1 1 0 1 1 0 0 1 1 0 0 0 0 0 1 0 0 0 1 0 1 1 0 0 0
         0 1 0 1 1 1 0 1 0 0 0 0 1 0 0 0 0 0 0 1 1 1 0 1 1 1 0 1 1 1 1
         1 1 1 0 0 1 0 1 1 0 0 0 1 1 0 0 0 1 1 1 1 1 1 0 0]
```

6.3.8 人工神经网络

神经网络的原理会在后续章节进行更详细的介绍，本节仅把人工神经网络当作一个分类工具来使用。下面是对数据集进行分类的实例，具体代码如下。

首先导入所需要的库：

```
In [1]   import pandas as pd
         from sklearn.model_selection import train_test_split
         from sklearn.preprocessing import StandardScaler, LabelEncoder #
         导入将分类标签转换为数字编码的库
         from keras.utils import to_categorical # 导入将标签进行独热编码的库
         from keras.models import Sequential # 导入构建顺序模型的库
         from keras.layers import Dense# 导入添加全连接层的库
```

读取样本集，将样本以 7:3 的比例划分为训练集和测试集，同时对数据进行标准化处理：

```
In [2]   file_path = 'example.csv'
         data = pd.read_csv(file_path)
         X = data[['DE_time', 'FE_time']]
         y = data['class']
         X_train, X_test, y_train, y_test = train_test_split(X, y,
         test_size=0.3, random_state=42)
         scaler = StandardScaler()
         X_train = scaler.fit_transform(X_train)
         X_test = scaler.transform(X_test)
```

对数据集进行向量化处理：

```
In [3]   label_encoder = LabelEncoder()
```

```
y_train = label_encoder.fit_transform(y_train)
y_test = label_encoder.transform(y_test)
y_train = to_categorical(y_train)
y_test = to_categorical(y_test)
```

构建神经网络模型：

In [4]
```
model = Sequential()
model.add(Dense(64,input_dim=X_train.shape[1],
activation='relu'))
model.add(Dense(32, activation='relu'))
model.add(Dense(y_train.shape[1], activation='softmax'))
```

对模型进行编译、训练：

In [5]
```
model.compile(loss='categorical_crossentropy',
optimizer='adam', metrics=['accuracy'])
model.fit(X_train,y_train,epochs=200,batch_size=10,
validation_split=0.2)
```

利用测试集来评估模型并预测结果：

In [4]
```
y_pred = model.predict(X_test)
y_pred_classes = y_pred.argmax(axis=-1)
print(f'预测结果: { y_pred_classes }')
```
Out [4]
```
预测结果: [0 1 1 0 1 1 0 1 0 0 1 0 0 1 0 1 0 0 1 0 0 1 1 1 0 1 1
1 0 0 0 0 0 0 0 0 1 1 1 1 0 1 1 1 1 1 0 0 1 1 0 1 1 1 1 0 1 0
0 1 1 1 1 0 1 1 0 1 1 0 1 0 1 0 1 1 0 0 1 1 0 1 0 1 1 0 0 0 1 0 0
1 0 1 0 1 0 1 0 1 1 1 0 1 1 0 0 1 0 1 0 1 0 1 0 0 1 1 1 0 0 1 0 0 1
1 0 0 1 1 0 1 0 0 0 0 1 1 1 0 0 0 1 1 0 1 1 1 1 1 1 0 1 1 0 1
1 1 1 0 1 0 1 1 1 0 0 1 1 1 0 0 1 1 0 1 1 1 0 0]
```

6.4　聚 类 分 析

在数据科学与统计学领域中，聚类分析作为无监督学习的重要分支，展现出了不可替代的价值。面对庞大且复杂的未标记数据集，传统的监督学习技术因受限于预设类别标签的局限，难以充分发掘数据的内在规律和模式。正是在这一背景下，聚类分析凭借其不依赖于事先定义的分类标准的优势，成为洞悉数据本质、揭示隐藏结构的关键技术。

6.4.1 聚类分析概述

聚类分析，作为一种无监督学习的数据分析技术，其核心任务是将数据集中的对象（或称观测值）依据其内在特性进行分组，形成若干个独立的子集，即所谓的"簇"。与有监督学习的分类方法相比，聚类分析在进行分析时无须事先指定目标变量或类别标签，而是直接通过数据点之间的相似性或距离关系，自动地将数据划分为不同的簇。这种从数据中自发挖掘模式的方法，为数据的深度理解和利用提供了新的视角和工具。

在商业应用领域中，聚类分析被广泛用于客户细分、市场划分、产品推荐等多个方面。例如，在客户细分中，企业可以利用聚类分析将客户划分为不同的群体，每个群体具有相似的购买行为、消费偏好或人口统计特征；在工业设备维护中，企业可以运用聚类分析将设备状态数据聚类成不同群体，各群体反映不同的运行状况或潜在故障模式，从而精准预测维护需求，优化维护计划；在金融行业，聚类分析可以助力金融机构将客户数据聚类成不同风险等级群体，实现精准风险评估与管理。

当前，为满足不同领域和场景下的应用需求，聚类分析中产生了大量的聚类算法。通常，可以将聚类算法分成以下几类：划分聚类方法、层次聚类方法、基于密度的聚类方法、基于网格的聚类方法。

1. 划分聚类方法

划分聚类方法是一种基于迭代的聚类算法，它预先设定了簇的数量，并尝试通过迭代将数据点分配到最近的簇中心来最小化簇内距离。这种方法适用于球形或具有凸形轮廓的簇，并且对于中小规模数据集很有效。它通过计算数据点之间的距离（如欧氏距离）来度量相似性，从而将数据点分配到不同的簇中。

2. 层次聚类方法

层次聚类方法是一种基于树状结构的聚类算法，它通过逐步合并或分裂数据点来形成层次结构。这种方法提供了簇的层次视图，允许用户在不同粒度上查看数据。然而，一旦数据点被合并或分裂到某个簇中，层次聚类方法通常不能撤销这些操作，这可能导致错误的传播。尽管如此，层次聚类方法可以与其他技术结合使用，以提高聚类结果的质量。

3. 基于密度的聚类方法

基于密度的聚类方法是一种能够发现具有任意形状和大小的簇的聚类算法。它通过检查数据点的局部密度来确定簇的边界，从而能够识别并过滤掉噪声和离群点。

在基于密度的聚类方法中，簇被定义为对象空间中被低密度区域分隔的稠密区域，局部密度考虑的是某个特定区域内数据点的分布情况。

4. 基于网格的聚类方法

基于网格的聚类方法是一种将数据空间划分为多个网格单元并在这些单元上进行聚类操作的算法。其聚类操作是在网格级别上进行，而不是在单个数据点级别上进行。通过将数据空间划分为固定大小的网格单元，基于网格的聚类方法能够快速地执行聚类操作，从而高效地处理大型或复杂数据集。

聚类分析的一般流程如下。

（1）数据预处理：清洗数据，处理缺失值、异常值，以及可能的特征缩放或编码。

（2）特征选择：选择或提取能够代表数据集中对象间相似性的特征。

（3）定义相似性度量：选择或定义一种或多种相似性度量方法（如欧氏距离、余弦相似性等），用于量化对象间的相似程度。

（4）选择聚类算法：根据数据集的特点和分析目标选择合适的聚类算法。

（5）执行聚类：应用选定的聚类算法对数据集进行划分，生成聚类结果。

（6）评估聚类结果：通过内部评估指标（如轮廓系数、Calinski-Harabasz 指数）或外部评估指标（如纯度、F-measure 等）对聚类结果进行评估。

（7）解释和应用：根据聚类结果提供对数据集的解释，并应用于实际场景中，如客户细分、市场策略制定等

6.4.2　K-means 聚类

K-means 聚类算法，作为无监督学习领域的基石之一，属于划分聚类方法的杰出代表，它在数据挖掘的广阔领域中具有举足轻重的地位，是十大经典算法中的"翘楚"。该算法的核心思想在于：通过计算数据点之间的距离来评估它们之间的相似性，并将数据点分组为若干个紧凑且互不重叠的簇，以实现数据的有效聚类。这种基于距离的聚类策略，使得 K-means 算法在发现数据内在结构和规律方面展现出了卓越的性能。

1. K-means 聚类算法流程

K-means 聚类算法的流程如图 6-4-1 所示。

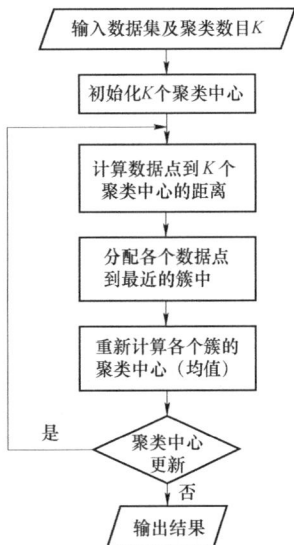

图 6-4-1　K-means 聚类算法的流程

173

（1）设定聚类数目 K。

（2）从数据集中随机选择 K 个数据点，作为初始的聚类中心，记为 $\{c_1, c_2, \cdots, c_k\}$。

（3）遍历训练集 D 中的每个数据点 p_i，计算其与每个聚类中心 c_j 的欧氏距离 d_{ij}。

（4）将数据点 p_i 归入距离其最近的聚类中心 c_j 所对应的簇 G_j 中。

（5）在所有数据点都归入相应的簇后，重新计算每个簇的中心点，即新的聚类中心。

（6）如果新的聚类中心与旧的聚类中心不同，则返回步骤（3），重新进行迭代；如果聚类中心不再变化（或达到预设的最大迭代次数），则算法结束，输出最终的聚类结果。

2. Python 实现 K-means 聚类算法的函数介绍

核心函数：

```
class sklearn.cluster.KMeans(n_clusters=8, init='k-means++',
n_init=10, max_iter=300, tol=0.0001, precompute_distances=
'auto', verbose=0, random_state=None, copy_x=True, n_jobs=None,
algorithm='auto')
```

该函数的参数说明如表 6-4-1 所示。

表 6-4-1 K-means 聚类函数参数

参数	说明
n_clusters=8	指定聚类的数量，即算法将数据集划分为簇的个数
init='k-means++'	初始化聚类中心的方法，"k-means++"是一种比随机初始化更好的方法，它更有可能得到一个全局最优解
n_init=10	使用不同的初始聚类中心进行聚类的次数，最后选择最优的聚类结果，以提高算法的稳定性和准确性
max_iter=300	算法的最大迭代次数，即算法在收敛前最多进行的迭代次数
tol=0.0001	收敛容忍度，当聚类中心的改变小于此值时，算法停止迭代
precompute_distances='auto'	是否预先计算样本之间的距离矩阵，"auto"表示算法将自动决定是否预计算距离，以提高效率
verbose=0	输出详细信息的级别，0 表示不输出任何信息，1 表示输出迭代过程信息
random_state=None	随机数生成器的种子或 RandomState 实例，用于初始化聚类中心，确保结果的可重复性
copy_x=True	是否在算法运行前复制输入数据，以确保原始数据不会被修改
n_jobs=1	并行运行的作业数，即用于计算的 CPU 核心数，-1 表示使用所有可用的 CPU 核心
algorithm='auto'	指定 K-means 算法的实现方式，"auto"表示自动选择最合适的算法实现，"full"表示使用标准的 EM 算法实现，"elkan"表示使用优化的 K-means 算法实现

3. K-means 聚类算法代码示例

下面使用 K-means 聚类算法对经典的鸢尾花数据集进行聚类分析。

首先通过一段代码导入鸢尾花数据集，并选取前两个特征用于后续的聚类分析，同时输出数据的维度以确认数据加载正确。

```
In [1]  from sklearn import datasets
        iris = datasets.load_iris()
        x = iris.data[:, 0:2]
        print(x.shape)
```

```
Out [1]  (150, 2)
```

接下来，导入 K-means 算法，并设置聚类数为 3，构造 K-means 模型并进行训练，其中包含参数设置，如最大迭代次数、收敛容差和初始运行次数。

```
In [2]  from sklearn.cluster import KMeans
        clusters = 3
        model = KMeans(n_clusters=clusters, verbose=1, max_iter=100,
        tol=0.01, n_init=3)
        model.fit(x)
```

之后，从训练好的模型中提取聚类结果，其中 y_predict 包含每个数据点的聚类标签，centers 是各聚类的中心点坐标，distance 表示所有数据点到其聚类中心的距离的平方之和，iterations 表示算法达到收敛所用的迭代次数，并输出这些结果。

```
In [3]  y_predict = model.labels_
        centers = model.cluster_centers_
        distance = model.inertia_
        iterations = model.n_iter_
        print("centers = ", centers)
        print("distance = ", distance)
        print("iterations = ", iterations)
```

```
Out [3]  centers = [[5.79038462 2.69615385]
         [6.81276596 3.07446809]
         [5.00392157 3.40980392]]
         distance = 37.08315715661976
         iterations = 3
```

最后，使用 matplotlib 库进行可视化，将原始数据和聚类结果并排绘制在一张图上（见图 6-4-2），方便直观对比，其中左图展示原始数据，右图展示聚类结果。

```
In [4]  import matplotlib.pyplot as plt
        plt.figure(figsize=(8, 4), dpi=120)
        plt.subplot(1, 2, 1)
        plt.scatter(x[:, 0], x[:, 1], c="blue", marker='o', s=10)
        plt.title("datasets")
        plt.subplot(1, 2, 2)
```

```
plt.scatter(x[:, 0], x[:, 1], c=y_predict, marker='o', s=10)
plt.title("k-means")
plt.show()
```

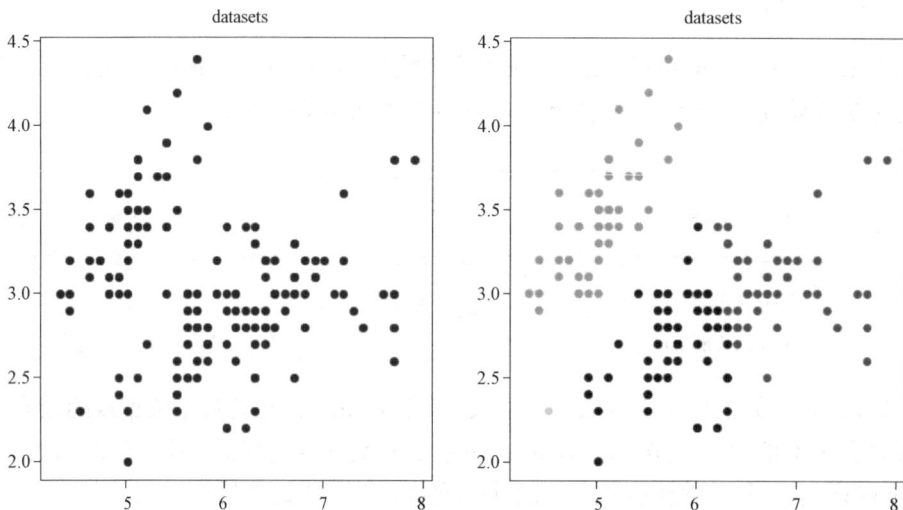

图6-4-2　原始数据和 K-means 聚类结果

6.4.3　DBSCAN 聚类

DBSCAN（density-based spatial clustering of applications with noise）聚类算法是一种基于密度的空间聚类算法，旨在从包含噪声的数据集中发现任意形状的簇。该算法通过识别并划分数据空间中密度足够的区域来形成簇，同时忽略噪声点或低密度区域。在DBSCAN 聚类算法中，一个簇被定义为密度相连点的最大集合，即簇内的任意两点之间都存在一条由密度可达点构成的路径。

1. DBSCAN 聚类算法介绍

DBSCAN 聚类算法的核心思想在于：通过两个关键参数——邻域半径（ε）和最小样本数（minpts）——来确定一个点是否为核心点、边界点或噪声点。如果一个点的 ε邻域内包含的样本点数大于或等于 minpts，则称该点为核心点；如果一个点位于某个核心点的 ε 邻域内，但本身不是核心点，则称该点为边界点；那些既不属于核心点也不属于边界点的点，则被视为噪声点。

通过遍历数据集中的每个点，DBSCAN 聚类算法能够构建出基于密度的簇结构。具体地，算法从任意一个未被访问过的核心点出发，找到其所有密度可达的点，形成一个簇。然后，继续从未被访问过的核心点中寻找新的簇，直到所有点都被访问。最后，算法将返回由核心点和边界点组成的簇，以及被识别为噪声点的点。

DBSCAN 聚类算法的优点在于：它不需要预先指定簇的数量，且能够发现任意形状的簇，包括凸形、凹形、环形等。此外，由于算法对噪声和异常值具有较好的鲁棒性，因此在处理复杂数据集时表现优异。然而，DBSCAN 聚类算法对参数的选择较为敏感，不同的参数设置可能会得到不同的聚类结果。因此，在实际应用中，需要根据数据集的特点和聚类需求来选择合适的参数值。

2. DBSCAN 聚类算法实现

为了加速 DBSCAN 聚类算法的执行，通常会预计算数据集中所有点之间的距离，并存储在一个距离矩阵中。这样做可以显著减少后续计算中的冗余操作，提高算法效率。

```
In [1]  def disMat(data):
            arr = np.array(data)
            dMat=lambda arr_1d: arr_1d.reshape(1, -1) -
        arr_1d.reshape(-1, 1)
            mats = [dMat(arr[:, i]) for i in range(arr.shape[1])]
            return np.linalg.norm(mats, axis=0)
```

以下是基于鸢尾花数据集的 DBSCAN 聚类算法实现，它依赖于预计算的距离矩阵。

首先，需要导入所需的库和加载数据集。使用 matplotlib.pyplot 来绘制图形，numpy 进行数组操作，sklearn.cluster 提供聚类算法，sklearn.datasets 提供数据集。从 datasets 模块中加载鸢尾花数据集，并提取其前 4 个特征。通过打印数据的形状，可以确认数据集的大小和维度。

```
In [1]  import matplotlib.pyplot as plt
        import numpy as np
        from sklearn.cluster import KMeans
        from sklearn import datasets
        from sklearn.cluster import DBSCAN
        iris = datasets.load_iris()
        X = iris.data[:, :4]
        print(X.shape)
Out [1]  (150, 2)
```

接下来，使用 DBSCAN 聚类算法对数据进行聚类。设置 eps 参数为 0.4，表示两个点之间的最大距离，如果小于这个距离则认为是邻居；min_samples 参数为 9，表示一个簇的最小样本数。将聚类结果存储在 label_pred 中。

```
In [2]  plt.scatter(X[:, 0], X[:, 1], c="red", marker='o', label='see')
        plt.xlabel('sepal length')
        plt.ylabel('sepal width')
        plt.legend(loc=2)
        plt.show()
```

```
dbscan = DBSCAN(eps=0.4, min_samples=9)
dbscan.fit(X)
label_pred = dbscan.labels_
```

最后，根据聚类标签绘制聚类结果。根据 label_pred 对数据进行分类，将不同类别的数据点用不同颜色和形状表示。类别 0 用红色圆圈表示，类别 1 用绿色星形表示，类别 2 用蓝色加号表示。

```
In [3]  x0 = X[label_pred == 0]
        x1 = X[label_pred == 1]
        x2 = X[label_pred == 2]
        plt.scatter(x0[:, 0], x0[:, 1], c="red", marker='o', label='label0')
        plt.scatter(x1[:, 0], x1[:, 1], c="green", marker='*', label='label1')
        plt.scatter(x2[:, 0], x2[:, 1], c="blue", marker='+', label='label2')
        plt.xlabel('sepal length')
        plt.ylabel('sepal width')
        plt.legend(loc=2)
        plt.show()
```

在这个实现中，fit 方法是执行聚类的核心。它首先初始化一个空的簇列表和待处理的数据点列表。然后，它遍历数据集中的每个点，如果该点是核心点（即其邻域内有足够多的点），则使用 searchNearbyPts 方法递归地搜索其邻近点，并将它们添加到同一个簇中。最后，未被归入任何簇的点被视为噪声点，并被作为独立的簇添加到结果中。结果展示如图 6-4-3 所示。

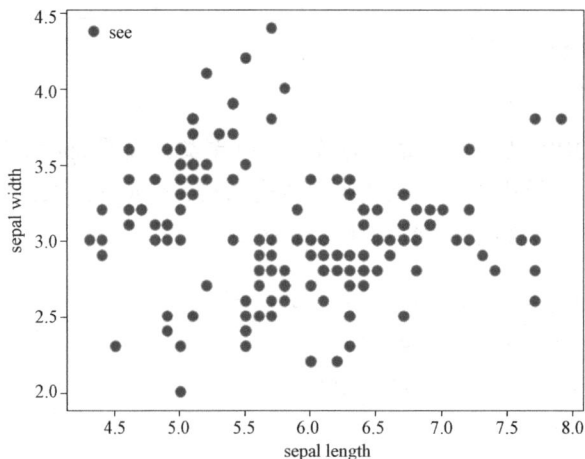

图 6-4-3　DBSCAN 聚类结果

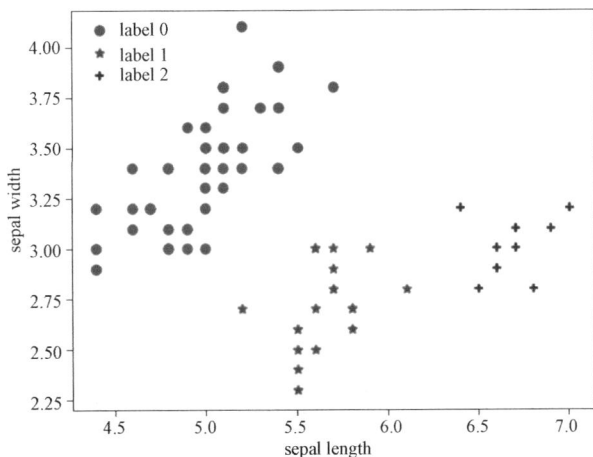

图 6-4-3 DBSCAN 聚类结果（续）

6.5 关 联 分 析

关联分析是一种数据挖掘技术，旨在发现数据集中项与项之间的有趣关系或模式。通过分析事务数据中的频繁项集和关联规则，关联分析可以帮助识别看似无关的项目之间的潜在联系。关联分析不仅可以应用于零售行业，还可以应用于电商推荐系统、医疗诊断、网络安全等领域。

6.5.1 关联分析概述

关联规则，又称关联挖掘，是用于发现数据集中不同项之间的关系或模式的技术。这些关系反映了一个事物与其他事物之间的相互依存性和关联性，从而描述了某些属性同时出现的规律和模式。

关联分析的一个典型例子是购物篮分析。购物篮是顾客在一次交易中购买的商品集合，交易是一个明确定义的商业行为。例如，顾客在商场或网上购物的行为就是典型的交易。零售商通过记录这些行为，积累了大量的交易信息。事务数据库中的常见分析是寻找频繁出现的商品集合，称为项集。该过程通过发现顾客在购物篮中同时放入的不同商品之间的联系，来分析顾客的购买习惯。通过了解哪些商品被顾客频繁地购买，零售商可以制定更有效的营销策略。此外，关联规则还应用于价目表设计、商品促销、商品陈列及基于购买模式的顾客分类等领域。

为了更好地理解购物篮分析，下面来看一个简单的例子。假设有一个购物篮事务的数据，见表 6-5-1。在这个表中，TID 表示事务的编号，Items 表示每个事务中包含的商品。

表 6-5-1 购物篮事务的数据

TID	Items
1	{面包，牛奶}
2	{面包，尿布，啤酒，鸡蛋}
3	{牛奶，尿布，啤酒，可乐}
4	{面包，牛奶，尿布，啤酒}
5	{面包，牛奶，尿布，可乐}

仅从表 6-5-1 中无法直观地看出不同商品之间的关联。因此，可以使用二元表示法来表示这些事务，即如果某个商品在某次事务中出现，则用 1 表示，反之则用 0 表示，如表 6-5-2 所示。

表 6-5-2 购物篮事务数据的二元表示

TID	面包	牛奶	尿布	啤酒	鸡蛋	可乐
1	1	1	0	0	0	0
2	1	0	1	1	1	0
3	0	1	1	1	0	1
4	1	1	1	1	0	0
5	1	1	1	0	0	1

对表 6-5-2 的数据进行分析，假设想研究尿布和啤酒这两类商品之间的相关性。在以上 5 个事务中，尿布和啤酒同时出现的事务是事务 2、3 和 4，因此它们同时出现的概率为 3/5。这个概率被称为支持度，指某个商品组合出现的次数与总次数之间的比。在购买尿布的事务中，即事务 2、3、4、5，同时购买啤酒的事务有 2、3、4。也就是说，购买尿布的事务中，有 3/4 的概率购买啤酒。这个概率被称为置信度，指的是购买 A 产品会有多大的概率购买 B 产品。因此，在一定的标准下，可以认为购买尿布的顾客很大程度上也会购买啤酒，两者存在关联关系。这个关联关系可以表示为

$$\{尿布\} \rightarrow \{啤酒\}$$

其中，{} 表示事务，→ 表示关联两者之间存在的关联关系。

6.5.2 关联分析的概念及流程

关联规则的成立必须满足两个条件：一是支持度要超过设定的支持度阈值；二是置信度要超过设定的置信度阈值。因此，从购物篮事务数据中发现关联规则的过程，就是找到支持度超过支持度阈值的项集，并从中发现置信度超过置信度阈值的关联模式。

除了上文提到的支持度和置信度的概念，下面对项（item）、项集（itemset）、k-项集、支持度计数（support count）、频繁项集（frequent itemset）、提升度（lift）及关联规则（association Rule）等概念进行介绍。

1. 项、项集及 k-项集

事务表示为 $T = \{t_1,\ t_2, \cdots,\ t_d\}$，代表购物篮中所有事务的集合。集合 $I = \{i_1,\ i_2, \cdots,\ i_d\}$ 包含购物篮中所出现的所有项。每个事务 t_i 包含的项都是集合 I 的子集，包含 0 个或多个项的集合称为项集。例如，在上例中，所有项的集合 $I = \{$面包，牛奶，尿布，啤酒，鸡蛋，可乐$\}$。其中，$\{$面包，尿布$\}$、$\{$尿布，啤酒，鸡蛋$\}$、$\{$啤酒$\}$均为包含不同项数的项集。如果一个项集包含 k 个项，则称其为 k-项集。例如，$\{$面包，尿布$\}$为 2-项集。

2. 支持度计数

包含特定项集的事务的个数称为支持度计数，用 σ 表示。例如，在上例中，$\sigma(\{$牛奶，面包，尿布$\}) = 2$。将支持度计数除以总事务数即可得到支持度。在实际应用中，设置最小支持度阈值更为常见，因为它更通用，能够适应不同规模的数据集。然而，在某些情况下也可以设置最小支持度计数，特别是在事务总数已知且不变化时。

3. 频繁项集

频繁项集指的是满足支持度阈值的所有项集。支持度阈值是人为设定的一个数值。

4. 提升度

提升度是用来衡量商品 A 的出现对商品 B 的出现概率提升程度的指标，其计算公式为

$$提升度 A \rightarrow B = \frac{置信度（A \rightarrow B）}{支持度（B）}$$

其中，当提升度 $A \rightarrow B > 1$ 时，表示商品 A 的出现增加了商品 B 的出现概率；当提升度 $A \rightarrow B = 1$ 时，表示没有影响；当提升度 $A \rightarrow B < 1$ 时，表示商品 A 的出现降低了商品 B 的出现概率。在上述例子中，提升度 啤酒 $\rightarrow$ 尿布 > 1，说明啤酒的出现增加了尿布出现的概率。

从数据集中挖掘关联规则，一般需要经过以下步骤。

（1）数据准备：收集并清洗数据，将数据转换为适合挖掘的格式，如事务数据库。

（2）生成频繁项集：找出所有项集中满足最小支持度阈值的频繁项集。

（3）生成关联规则：从频繁项集中生成满足最小置信度阈值的关联规则。

（4）评价和解释规则：计算支持度、置信度和提升度等指标，对生成的规则进行评价，并解释其业务意义。

在挖掘关联规则的过程中，有多种算法可以使用，其中最常用的就是 Apriori 算法。Apriori 算法是一种经典的频繁项集挖掘算法，用于高效地找出频繁项集，并从中生成关联规则。

6.5.3　Apriori 算法原理

Apriori 算法基于一个简单而强大的原则：一个项集是频繁的，其所有非空子集也必须是频繁的。例如，一个集合{A，B}是频繁项集，则它的子集{A}，{B}都是频繁项集；反之，如果一个项集是非频繁的，那么其所有超集也都是非频繁的。例如，集合{A}不是频繁项集，则它的任何超集，如{A，B}，{A，B，C}必定也不是频繁项集。具体来说，Apriori 算法通过采用先对维度较小的项集进行验证，确定其是否为频繁项集，进而逐步产生下一层项集的方法，可以以较小的时间复杂度产生频繁项集。

Apriori 算法的关键是使用频繁项集性质的先验知识，利用逐层搜索的迭代方法，由 k–项集搜索到 $(k+1)$–项集。应用 Apriori 算法产生关联规则的过程如图 6-5-1 所示。

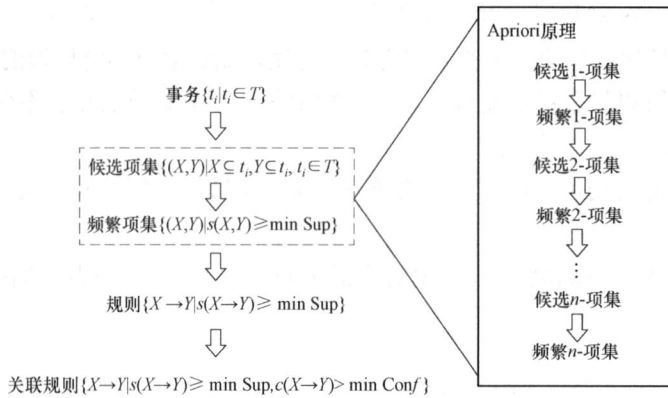

图 6-5-1　应用 Apriori 算法产生关联规则的过程

Apriori 算法对数据集进行多次扫描。第一次扫描时，算法生成频繁 1-项集 L_1。在第 $k(k>1)$ 次扫描时，算法首先利用前一次扫描的结果 L_{k-1} 来产生候选 k-项集的集合 C_k，然后在扫描过程中确定 C_k 中元素的支持度。每次扫描结束时，算法计算频繁 k-项集的集合 L_k。当候选 k-项集的集合 C_k 为空时，算法结束。在一些解释中会提到，Apriori 算法产生频繁项集的过程主要分为两个步骤：连接和剪枝。连接步是指通过 L_{k-1} 与自身连接产生候选 k-项集的集合 C_k。剪枝步是指验证连接步产生的集合 C_k，除去其中不满足支持度阈值的非频繁 k-项集。

下面通过一个例子来展示 Apriori 算法的过程。表 6-5-3 是一个数据库事务表，在数据库中有 9 个事务，即 $|D|=9$。设置最小支持度计数为 2。

表 6-5-3　数据库事务表

事　　务	商品 ID
T1	I_1，I_2，I_5
T2	I_2，I_4

事　　务	商品 ID
T3	I_2，I_3
T4	I_1，I_2，I_4
T5	I_1，I_3
T6	I_2，I_3
T7	I_1，I_3
T8	I_1，I_2，I_3，I_5
T9	I_1，I_2，I_3

第一次扫描产生候选 1-项集 C_1，如表 6-5-4 所示。由于最小支持度计数为 2，不删除任何候选 1-项集。这些候选 1-项集均为频繁 1-项集 L_1。

表 6-5-4　候选 1-项集

候选 1-项集	支持度计数
$\{I_1\}$	6
$\{I_2\}$	7
$\{I_3\}$	6
$\{I_4\}$	2
$\{I_5\}$	2

第二次扫描根据频繁 1-项集 L_1 自连接生成候选 2-项集 C_2。其中，支持度计数大于或等于 2 的频繁 2-项集 L_2 如表 6-5-5 所示。

表 6-5-5　频繁 2-项集

频繁 2-项集	支持度计数
$\{I_1$，$I_2\}$	4
$\{I_1$，$I_3\}$	4
$\{I_1$，$I_5\}$	2
$\{I_2$，$I_3\}$	4
$\{I_2$，$I_4\}$	2
$\{I_2$，$I_5\}$	2

在第三次扫描中，通过 L_2 自连接产生候选 3-项集 C_3。使用 Apriori 性质剪枝之后，得到 $L_3 = \left\{\{I_1, I_2, I_3\}, \{I_1, I_2, I_5\}\right\}$。在第四次扫描中，通过 L_3 自连接生成候选 4-项集 C_4。由于 C_4 中没有频繁 4-项集，因此算法终止。

通过以上步骤，可以从数据库中提取出所有频繁项集。这些频繁项集可以进一步用于生成关联规则和发现事务中的关联关系。

6.5.4 Apriori 算法实现

本节将展示如何使用 Python 实现 Apriori 算法。这里将使用一个简单的库 apyori，该库提供了 Apriori 算法的实现，方便在实际项目中快速应用。

首先，确保安装 apyori 库，可以通过以下命令进行安装。

```
In [1]  pip install apyori
```

安装 apyori 库成功后，再来导入该库。

```
In [2]  from apyori import apriori
```

关联规则挖掘的第一步是数据准备。使用一个嵌套列表来表示事务，每个内部列表代表一个事务，其中包含该事务中购买的商品 ID。

```
In [3]  transactions = [
            ['I1', 'I2', 'I5'],
            ['I2', 'I4'],
            ['I2', 'I3'],
            ['I1', 'I2', 'I4'],
            ['I1', 'I3'],
            ['I2', 'I3'],
            ['I1', 'I3'],
            ['I1', 'I2', 'I3', 'I5'],
            ['I1', 'I2', 'I3']
        ]
```

接下来，定义 Apriori 算法的参数，包括最小支持度、最小置信度、最小提升度和最小项集长度。

```
In [4]  min_support = 2 / 9
        min_confidence = 0.5
        min_lift = 1.0
        min_length = 2
```

然后，通过调用 apriori 函数，传入事务表和参数，得到频繁项集和关联规则的结果。

```
In [5]  results = list(apriori(transactions,
                    min_support=min_support,
```

```
                  min_confidence=min_confidence,
                  min_lift=min_lift,
                  min_length=min_length))
```

最后，打印关联规则的结果并分析。

In [6]
```
for result in results:
    items = ', '.join(result.items)
    print(f"项集: {items} (支持度: {result.support:.2f})")
    for rule in result.ordered_statistics:
        base = ', '.join(rule.items_base)
        add = ', '.join(rule.items_add)
        if base:
            print(f"  规则: {base} -> {add} (置信度:
{rule.confidence:.2f}, 提升度: {rule.lift:.2f})")
    print()
```

Out [6]　项集: I1 (支持度: 0.67)

　　　　项集: I2 (支持度: 0.78)

　　　　项集: I3 (支持度: 0.67)

　　　　项集: I3, I1 (支持度: 0.44)
　　　　　规则: I1 -> I3 (置信度: 0.67, 提升度: 1.00)
　　　　　规则: I3 -> I1 (置信度: 0.67, 提升度: 1.00)

　　　　项集: I5, I1 (支持度: 0.22)
　　　　　规则: I5 -> I1 (置信度: 1.00, 提升度: 1.50)

　　　　项集: I2, I4 (支持度: 0.22)
　　　　　规则: I4 -> I2 (置信度: 1.00, 提升度: 1.29)

　　　　项集: I2, I5 (支持度: 0.22)
　　　　　规则: I5 -> I2 (置信度: 1.00, 提升度: 1.29)

　　　　项集: I5, I2, I1 (支持度: 0.22)
　　　　　规则: I5 -> I2, I1 (置信度: 1.00, 提升度: 2.25)
　　　　　规则: I2, I1 -> I5 (置信度: 0.50, 提升度: 2.25)
　　　　　规则: I5, I1 -> I2 (置信度: 1.00, 提升度: 1.29)
　　　　规则: I2, I5 -> I1 (置信度: 1.00, 提升度: 1.50)

该输出结果展示了通过 Apriori 算法发现的频繁项集及其关联规则。项集 I_1、I_2、I_3 分别有较高的支持度，而 I_3，I_1，I_5，I_1，I_2，I_4 等项集的支持度较低。关联规则中，$I_5 \rightarrow I_1$ 的置信度和提升度较高，表示 I_5 和 I_1 之间存在较强的关联，而其他规则的提升度显示了不同程度的关联性。整体结果可以帮助我们识别事务数据中不同项目之间的关联和出现频率。

这个示例展示了如何使用 Python 实现 Apriori 算法。apyori 库提供了简洁易用的接口，使我们能够快速地从事务数据中挖掘出有价值的频繁项集和关联规则。这个过程不仅可以应用于市场篮子分析，还可以用于其他领域的数据挖掘和模式识别任务。

小　结

本章对机器学习的核心算法进行了详细的介绍，并探讨了其在不同类型问题中的应用。首先，概述了机器学习的基本概念，介绍了机器学习的三大主要类别（监督学习、无监督学习和强化学习），讨论了每类学习方法的适用场景和主要特点，强调了数据在机器学习中的重要性。

然后，深入探讨了回归分析。回归分析是监督学习的一种方法，主要用于预测连续变量的值。本章介绍了简单线性回归、多元线性回归、逻辑回归。通过具体实例，展示了如何构建和评估回归模型。

接着，介绍了分类分析。分类分析也是监督学习的一种方法，用于预测离散类别的标签。本章讨论了几种常用的分类算法，包括 k 近邻（k-NN）、支持向量机、决策树和随机森林等。本章还探讨了模型评估的常用指标，如准确率、精确率、召回率和 F1-分数，并展示了混淆矩阵的使用。

在聚类分析部分，本章介绍了无监督学习中的几种常见聚类算法，如 K-means 聚类和 DBSCAN，讨论了聚类算法的应用场景和如何评估聚类效果。

最后，本章探讨了关联分析。关联分析主要用于发现数据集中不同变量之间的关联关系。本章还介绍了常用的关联规则算法 Apriori，并讨论了关联规则的评价指标，如支持度、置信度和提升度，展示了如何利用这些算法挖掘有意义的关联规则，并应用于实际数据集。

通过本章的学习，读者应该能够理解并应用常见的机器学习算法。无论是在回归分析、分类分析、聚类分析中还是在关联分析中，这些方法都提供了强大的工具，用于从数据中提取有价值的信息。

习　题

1. 什么是关联分析？它有何作用？

2. 简述聚类分析方法的主要特点。

3. 编程实现经典 Apriori 算法，并思考 Apriori 算法在哪些地方有待改进。

4. 比较 Apriori 算法和闭频繁项集挖掘算法 CLOSET，它们的相似之处和差别分别是什么？

5. 简述支持向量机的基本概念及分类。讨论核函数在支持向量机中的作用及其常见类型。

6. 讨论关联规则挖掘中 FP-Growth 算法与 Apriori 算法的异同。解释为什么 FP-Growth 算法在处理大规模数据时更有效。

7. 已知回归直线的斜率估计值为 1.23，样本中心点为（4，5），求回归直线方程。

8. 某淘宝店销售 1 000 种产品 P_1，P_2，…，P_{1000}。顾客 A 和 B 购买 3 种相同产品 P_1，P_2，P_3，对于其他 997 种产品，A，B 独立随机购买 7 种。顾客 C 从 1 000 种中随机购买 10 种。使用欧几里得距离，则 dist（A，B）>dist（A，C）的概率是多少？若使用 Jaccard 距离呢？

第7章

文本挖掘技术

信息时代的今天，文本数据无处不在，从社交媒体的海量帖子、企业内部的文档资料，到新闻报道和学术论文，文本信息构成了人们理解世界的重要窗口。然而，仅仅拥有这些数据并不足以让我们洞察其中的规律、趋势或价值。这就要求我们掌握文本挖掘这项重要技能。文本挖掘，作为数据挖掘的一个重要分支，旨在从非结构化的文本数据中发现、提取和表示有价值的信息，进而辅助做出更明智的决策。它结合了计算机科学、语言学、统计学和机器学习等多个领域的知识，为我们提供了一个全新的视角来解读和分析文本数据。让我们一起走进文本挖掘的世界，探索数据背后的奥秘，发现隐藏在文本中的无限可能！

7.1　文本挖掘概述

在正式迈入文本挖掘的深邃领域之前，对其核心要义及重要性的精炼阐述尤为重要。文本挖掘，专注于从浩瀚的非结构化文本数据中提炼价值，代表了人类智慧与机器智能的深度融合，超越了传统数据分析的框架，针对那些难以直接量化的文本内容，运用自然语言处理、统计建模及机器学习等尖端技术，将这些复杂的文字信息转化为结构化的知识体系。

7.1.1　文本数据的概念

文本数据，简而言之，就是那些以文字形式存储和表达的信息。它们无处不在，从社交媒体上的帖子和评论，到电子邮件通信；从新闻文章和产品评论，到学术论文和博客论坛，再到人们的聊天记录、书籍和报告，这些文本数据构成了庞大的非结构化数据集，涵盖了生活的方方面面。这些文本数据不同于结构化数据，它们通常以连续的字符序列形式出现，没有固定的格式或结构，而是以自然语言为主体形式，承载了丰富的信息。

面对这样的文本数据，我们面临着诸多独特的挑战。首先，其非结构化性质要求我们进行复杂的预处理，以便从中提取出有价值的信息。其次，文本数据中往往充斥着噪声，如拼写错误、语法错误、标点符号、重复信息和广告等，这些都需要在预处理阶段进行清理和校正。再次，文本数据的高维度特性使得处理和分析变得复杂，需要借助降维技术和高效的算法来应对。最后，自然语言的语义复杂性与上下文依赖性更是理解和分析文本数据时的重大挑战，因为同一个词或短语在不同的上下文中可能有截然不同的含义。

为了克服这些挑战，文本数据挖掘通常依赖自然语言处理（natural language processing，NLP）技术（这些技术包括但不限于分词、词性标注、命名实体识别、词向量表示、情感分析和主题建模等），但并非完全取决于 NLP 技术，某些任务可以使用简单的统计或规则方法。NLP 技术如同文本数据的"翻译官"，将原始的、非结构化的文本数据转化为结构化的、易于分析和挖掘的形式。在后续的章节中，将更详细地介绍这些自然语言处理技术及其在文本挖掘中的应用。

7.1.2　自然语言处理技术概述

自然语言处理技术在文本挖掘技术中扮演着至关重要的角色，它通过算法和模型使计算机能够理解和生成自然语言文本，为从海量文本数据中提取有价值的信息提供了强大的技术支持。自然语言处理技术的发展经历了从基于规则的方法到基于统计的方法，再到深度学习和预训练模型的崛起，这一过程中不断推动文本挖掘技术的创新与进步。

在文本挖掘的多个应用领域中，自然语言处理技术都展现出了独特的优势。例如，在文本分类任务中，自然语言处理技术能够利用词嵌入、循环神经网络（recurrent neural network，RNN）、长短时记忆网络（long short-term memory，LSTM）或 Transformer 等模型，自动从文本中提取特征并进行分类，如情感分析、主题分类等。

在信息处理和知识构建方面，自然语言处理技术展现出了非凡的能力。它能够精准识别文本中的命名实体及其关系，为构建复杂而详尽的知识图谱奠定了坚实基础。这一能力不仅赋能了智能问答系统，使其能够迅速解析用户疑问并精准反馈答案，还推动了自动摘要技术的发展，让用户得以迅速概览长篇文档的精髓。同时，情感分析功能的加入，让自然语言处理技术成为企业洞察市场反馈、监控公众情绪的重要工具，极大地提升了决策效率与精准度。

另外，自然语言处理技术在语言翻译与交互领域同样取得了显著成就。现代自然语言处理技术，依托预训练模型的强大能力，实现了跨语言翻译的高度准确性和流畅性，极大地促进了全球信息的无障碍交流。此外，对话系统的兴起，如智能聊天机器人和客服系统，更是将自然语言处理技术直接融入人们的日常生活，它们不仅能够理解并回应复杂的自然语言指令，还能以自然、人性化的方式与用户交流，极大地提升了服务体验与效率。

总之，自然语言处理技术在文本挖掘技术中发挥着至关重要的作用，通过不断创新和进步，为从海量文本数据中提取有价值的信息提供了强大的技术支持。

7.1.3　文本挖掘的定义和难点

文本挖掘是处理非结构化的文本数据的数据挖掘技术，是利用计算机从非结构化的文本中自动发现隐含的、未知的、有价值的信息或知识的过程。文本挖掘涉及多个学科领域，如信息检索、文本分析、信息抽取、自动聚类、自动分类、可视化技术、数据库技术、机器学习和数据挖掘等。

进行文本挖掘的实践同样是一项充满挑战的任务。一方面，尽管文本分析技术不断进步，但自然语言处理的复杂性和多样性仍然让研究者们面临巨大的挑战。目前的文本挖掘技术，虽然能处理海量文本，但在深度理解和精准分析上，仍与人类的理解能力相去甚远。另一方面，鉴于文本是人类情感和思想的直接载体，特别是在特定情境下，人们往往采用隐晦、多义甚至讽刺等手法表达观点，这在中文文本中尤为突出，这无疑为文本挖掘增添了诸多难题。在中文环境中，许多在其他领域表现出色的机器学习方法，在文本挖掘领域却难以施展拳脚。文本挖掘工作面临的主要难点如下。

1. 非标准化和多样化的文本表达使文本挖掘难度陡增

文本挖掘的首要步骤通常是对自然语言进行处理。然而，由于文本挖掘的主要数据来源是互联网，与经过严格编辑的书面文本相比，网络文本在表达上更加多样化和非标准化。在网络文本中，短句、缩写、网络用语和口语化表达等层出不穷，如"666""厉害了，我的国""硬核"等。这种非标准化的表达方式给自然语言处理带来了极大的挑战。例如，在社交媒体上，一条典型的微博可能包含这样的内容（见图7-1-1）：

"#硬核科普# 今天学到了一个新知识，原来'黑洞'是这样的存在！ 😲🚀"

图 7-1-1　微博文本示例

这样的文本不仅包含了话题标签、表情符号，还有缩写和口语化的表达，对于机器来说，准确理解和分析这样的文本是一项艰巨的任务。

2. 语义的多样性与文本的隐晦性

在文本挖掘的过程中，歧义表达和文本语义的隐蔽性构成了重大的挑战。自然语言中的歧义无处不在。例如，英文中的"spring"一词，它既可以指代春天的季节，也可以表示弹簧这一物理元件；同样，在中文里，"杜鹃"既可能是一种花卉，也可能指的是一种鸟类。此外，句法上的模糊性也屡见不鲜，诸如"咬死了猎人的狗"这样的句子，可以理解成是"猎人的狗被咬死了"，或者"狗咬死了猎人"。这类固有的语言歧义问题一直是自然语言处理领域的难题，尽管研究者们持续探索，但尚未找到完美的解决方案。

更为复杂的是，网络交流中的文本经常充满了各种创意性的"新词新语"，如"童鞋"（同学）、"神马"（什么）等，这些表达进一步加剧了文本解析的难度。有时，为了避免直接提及敏感事件或人物，网友们还会采用隐喻、代称等手法，如用"小白兔"代指某个公众人物等。这种深层次的语义信息，需要更为精细和复杂的文本分析技术才能有效挖掘，这无疑增加了文本挖掘的难度。

3. 样本的收集与标注

在文本挖掘的实际应用中，样本收集和标注困难是一个不可忽视的问题。现代文本挖掘技术，尤其是基于大规模数据的机器学习方法和深度学习技术，对于训练样本的数量和质量都有极高的要求。然而，收集足够多且高质量的训练样本并非易事。

首先，数据的获取面临诸多挑战。许多网络内容受到版权或隐私权的保护，无法随意获取和使用。即使能够获取到一些数据，处理起来也往往耗时费力。这些原始数据往往包含大量的噪声、乱码和格式不统一的问题，需要进行复杂的预处理才能用于训练模型。

其次，数据标注是一个重要的难题。对于统计学习方法来说，训练数据需要经过精细的标注才能发挥作用。然而，数据标注的标准往往难以统一，不同的标注者可能会有不同的理解和判断，导致标注结果不一致。此外，标注工作本身也是一项繁重而枯燥的任务，需要投入大量的人力和时间。

更为棘手的是，数据的领域特性和时效性也给样本收集和标注带来了额外的困难。不同领域的文本数据具有不同的特点和规律，需要针对不同的领域进行专门的数据收集和标注工作。而且，随着时间的推移，新的网络用语、术语等不断涌现，这些数据也需要不断地更新和标注。一旦领域改变或时间推移，原有的数据收集和标注工作可能就需要重新开始，这无疑增加了工作的复杂性和难度。

4. 挖掘目标和预期结果的界定

在文本挖掘的实践中，往往面临挖掘目标和结果表达难以准确界定的困境。与理论问题不同，文本挖掘无法简单地通过设立明确的目标函数和求解极值来获得精确答案。很多时候，我们并不清楚文本挖掘的最终结果会呈现何种形态，也不知道如何用数学模型精确地描述我们预期的结果和条件。

例如，我们可能希望从一篇长文中提炼出核心要点或故事梗概，但如何将高频词汇和句子组织成流畅的自然语言，形成一篇精练的摘要，却是一个极具挑战性的任务。另外，当试图从大量的聊天记录中识别出异常行为或潜在风险时，如何定义"异常"和"不良图谋"这些模糊的概念，更是一个难以给出明确数学描述的难题。

5. 语义表示与计算模型的挑战

在自然语言处理和计算语言学领域，如何构建高效的语义计算模型一直是研究者们关注的焦点。尽管深度学习方法为词向量表示和基于词向量的计算方法带来了革命性的进展，但自然语言的语义表达远比图像中的像素要复杂得多。词汇的语义定义、表征，以及从词汇到短语、句子、段落乃至篇章的语义组合计算，仍然是这一领域亟待解决的核心问题。

当前，虽然有许多语义计算方法，如词义消歧、基于主题模型的词义归纳和词向量组合等，它们大多依赖统计概率模型。然而，这种"赌博式"的方法在选择答案时往往基于大概率事件，忽视了小概率事件的可能性。由于模型是基于训练样本建立的，当实际情况与训练样本存在差异时，小概率事件往往被忽视，导致一些难以解决的困难问题被遗漏。

综上所述，文本挖掘正是一个融合了自然语言处理、机器学习和模式分类等多个领域难题的综合性应用技术。它不仅需要解决语言本身的复杂性问题，还需要与图形、图像和视频理解及真伪辨识等技术相结合。尽管这一领域的理论体系尚未完善，但其应用前景却极为广阔，充满了无限的潜力和可能。因此，文本挖掘必将成为未来研究的热门领域，随着相关技术的进步而不断壮大。

7.1.4　文本挖掘的过程

7.1.3 节深入探讨了文本挖掘的定义及其面临的挑战。文本挖掘是通过应用自然语言处理、统计学、机器学习等多种技术，从大量文本数据中自动发现有价值信息的过程。然而，这个过程并非一蹴而就，它涉及多个复杂的步骤和技术环节。

为了更系统地掌握文本挖掘的精髓，下面详细介绍文本挖掘的各个步骤，以便更好地理解文本挖掘工作的整体流程。

1. 数据收集

数据收集是文本挖掘过程的起始步骤，其主要作用是为后续的分析提供充足的原始材料。数据可以从各种来源获取，如社交媒体平台、新闻网站、电子邮件、网页等。实现数据收集的方法包括网络爬虫、API 调用、数据库查询等。然而，数据收集的难点在于确保数据的多样性、代表性和准确性。同时，由于数据量可能非常庞大，如何高效地收集和管理数据也是一个挑战。

2. 数据预处理

数据预处理是确保数据质量的关键步骤。其作用在于清理和过滤数据，去除噪声和无效信息，并将文本转换为可处理的格式。实现数据预处理的方法包括文本清洗（去除HTML 标签、特殊字符等）、分词（将文本切分为单词或短语）、词性标注（为单词或短语标注其语法功能）和命名实体识别（识别文本中的特定实体，如人名、地名等）。数据预处理的难点在于处理各种复杂的文本结构和语言现象，如缩写、拼写错误、多义词等。

3. 特征提取

特征提取是将文本数据转化为计算机可以理解的形式的关键步骤。其作用在于从预处理后的文本中提取有意义的特征，这些特征能够捕捉文本中的关键信息。实现特征提取的方法包括词袋模型（将文本表示为单词的集合）、TF-IDF（term frequency-inverse document frequency，词频–逆文档频率，衡量单词在文档中的重要性）、词嵌入（如word2vec，将单词映射到高维向量空间）等。特征提取的难点在于如何选择合适的特征表示方法，以充分捕捉文本中的语义和语法信息。同时，由于文本数据的复杂性和多样性，如何有效地提取特征也是一个挑战。

4. 特征选择

特征选择旨在从提取的特征中筛选出对特定任务最有价值的部分。其作用在于减少数据的维度，提高模型的训练效率和预测准确性。实现特征选择的方法包括过滤式（基于统计信息的评估方法）、包裹式（基于模型性能的评估方法）和嵌入式（在模型训练过程中自动选择特征）。特征选择的难点在于如何评估特征的重要性，并确定合适的阈值来筛选特征。此外，由于特征之间的相关性和冗余性，如何避免选择过多的冗余特征也值得深入探讨。

5. 模型训练

模型训练是文本挖掘的核心步骤，其作用在于利用提取的特征训练文本挖掘模型。实现模型训练的方法包括监督学习（如分类器、回归模型）、无监督学习（如聚类算法、主题模型）和半监督学习等。模型训练的难点在于如何选择合适的模型和算法，以及如何调整模型的参数以获得最佳性能。此外，由于文本数据的复杂性和多样性，针对特定任务的模型的泛化性问题常常难以解决。

6. 模型评估

模型评估是确保模型性能的重要环节。其作用在于评估训练好的模型的性能，并判断其是否满足实际需求。实现模型评估的方法包括使用独立的测试集计算准确性、召回率、F1-分数等指标。模型评估的难点在于如何选择合适的评估指标，并如何确保测试集具有代表性。

7. 结果分析

结果分析是对模型输出进行解释和理解的过程。其作用在于揭示文本数据中的模式、趋势和关系，并为决策支持或进一步的应用开发提供有价值的信息。实现结果分析的方法包括可视化（如词云、热力图等）、统计分析（如相关性分析、聚类分析等）和文本解释（如生成摘要、关键词提取等）。结果分析的难点在于如何有效地解释和理解模型输出的结果，并如何将其与实际应用场景相结合。

8. 部署和监控

部署和监控是文本挖掘过程的最后一步。其作用在于将训练好的模型部署到生产环境中，并持续监控其性能以确保模型在实际应用中保持准确和有效。实现部署和监控的方法包括将模型集成到现有系统中、设置性能监控指标和报警机制等。部署和监控的难点在于如何确保模型在生产环境中的稳定性和可靠性，并如何根据实际应用场景的需求和变化及时调整和优化模型参数。

7.1.5　算法常用库的介绍

在自然语言处理领域，Python 提供了众多强大的库来进行文本挖掘与分析。本节将简要介绍 3 个在实践中广泛应用的库：word2vec、NLTK（natural language toolkit，自然语言工具包）和 jieba。

1. word2vec 库

word2vec 库是一个功能强大的工具，它能够将单词或短语转化为实数向量，即词向量。这些词向量不仅捕捉了单词的语义信息，还反映了单词之间的语法关系。在情感分析、机器翻译及文本分类等诸多自然语言处理任务中，word2vec 库都发挥着不可或缺的作用。其高效性得益于基于神经网络的 skip-gram 和 Continuous Bag of Words（CBOW）模型，使得训练过程相对迅速。更令人称奇的是，通过 word2vec 库生成的词向量，可以发现如 "king" – "man" + "woman" 的结果与 "queen" 的词向量高度相似，展示了其在捕捉语义关系方面的出色能力。

2. NLTK 库

NLTK 库是一个用 Python 编写的开源项目，专为处理人类语言数据而设计。它提供了丰富的语料库和词汇资源，支持超过 50 种不同的语言和文本集合。NLTK 库的易用性得益于其直观简洁的 API 设计，使得从基本的文本处理任务（如分词、词干提取）到复杂的自然语言处理任务（如句法解析、情感分析）都能轻松实现。此外，NLTK 库还具备很强的可扩展性，用户可以根据自己的需求定制和扩展功能，从而满足更多样化的应用场景。

3. jieba 库

在中文文本处理领域，jieba 库无疑是一个备受欢迎的工具。它提供了精确、全模式和搜索引擎模式 3 种分词方式，能够灵活应对不同的分词需求。jieba 库的高效性和准确性得益于其基于前缀词典的词图扫描和动态规划算法。在处理歧义和未登录词方面，jieba 库同样展现出了优异的性能。此外，jieba 库还支持自定义词典功能，使用户能够轻松处理特定领域的词汇。本书在文本数据预处理部分也是通过调用 jieba 库来完成任务的。

综上所述，word2vec 库、NLTK 库和 jieba 库在自然语言处理的不同环节发挥着重要作用。无论是词向量的生成、语言数据的处理还是中文文本的分词，这些库都提供了强大的支持和便捷的操作体验。在实际应用中，用户可以根据具体任务的需求选择合适的库来辅助完成自然语言处理工作。

7.2 数据预处理

基于文本数据的特点，文本挖掘在数据预处理环节有其独特的处理方式。在本节中，我们便针对文本挖掘的预处理方式进行简要介绍。

7.2.1 中文分词

当读者使用 Python 爬取了中文数据集之后，接下来的首要任务就是对数据集进行中文分词处理。本节采用 jieba 库进行分词操作。下面详细介绍中文分词技术及 jieba 库。

中文分词（Chinese word segmentation）是将连续的中文文本切分成一个个独立的词或词组序列的过程。这种切分对于数据分析预处理、数据挖掘、文本挖掘、搜索引擎、知识图谱、自然语言处理等至关重要。只有将文本切分为词语后，才能进一步将其转换为数学向量，进行后续的分析和计算。由于中文的复杂性，包括语义和歧义等问题，中文分词相较于英文分词更加困难。以下是一个简单的例子，对句子"我是交通工程师"进行分词操作。

输入：我是交通工程师

输出 1：我\是\交通\工程师

输出 2：我是\交通\工程师（这种分词方式在特定语境下也可能是合理的）

输出 3：我\是\交通工程师（这种分词方式更符合中文语义）

这里展示了 3 种不同的分词方法。其中，"我\是\交通\工程师"采用了一元分词法，将文本切分为单个字；"我是\交通\工程师"可能基于某种特殊规则或语境；"我\是\交通工程师"则是基于中文语义进行的分词，结果更为准确。

中文分词方法多种多样，常见的包括：基于字符串匹配的分词方法、基于统计的分词方法和基于语义的分词方法。

这里简要介绍基于字符串匹配的分词方法。基于字符串匹配的分词方法又称基于词典的分词方法，它通过将待处理的文本与预定义的词典中的词条进行匹配，实现分词。匹配原则包括正向最大匹配法（forward maximum matching，FMM）、逆向最大匹配法（reverse maximum matching，RMM）等。以正向最大匹配法为例，假设词典中最长词条的长度为 n，则按照以下步骤进行分词：从文本开头取前 n 个字符作为匹配字段，在词典中查找。若找到，则匹配成功，该字段作为一个词被切分出来；若未找到，则去掉最后一个字符，继续匹配。循环进行上述步骤，直到文本被完全切分。

例如，对于句子"北京交通大学学生前来应聘"，使用正向最大匹配法进行分词的过程如下：

分词算法：正向最大匹配法

输入字符：北京交通大学学生前来应聘

分词词典：北京、北京交通、交通大学、大学、学生、前来、应聘

最大长度：6

匹配过程：

（1）匹配"北京交通大学"，成功。结果：北京交通大学；

（2）剩余文本"学生前来应聘"，继续匹配"学生"，成功。结果：学生；

（3）剩余文本"前来应聘"，继续匹配"前来"，成功。结果：前来；

（4）剩余文本"应聘"，匹配"应聘"，成功。结果：应聘；

分词结果：北京交通大学 \ 学生 \ 前来 \ 应聘。

随着中文数据分析的普及和应用，各种中文分词工具应运而生。常见的中文分词工具包括：Stanford 汉语分词工具、哈工大语言云（LTP-cloud）、中国科学院汉语词法分析系统（ICTCLAS）、IKAnalyzer 分词、盘古分词及庖丁解牛分词等。

对于 Python 语言来说，常见的中文分词工具包括：盘古分词、Yaha 分词、jieba 库分词等。由于 jieba 库分词速度快、准确率高，且支持自定义词典，本书将主要介绍 jieba 库及其使用方法。

首先，介绍 jieba 库的 3 种分词模式。全模式：把句子中所有可能的词语都扫描出来，速度非常快，但可能会产生歧义和冗余词汇。精确模式：试图将句子进行最精确的切分，适合文本分析，默认采用此模式。搜索引擎模式：在精确模式的基础上，对长词进行再次切分，提高召回率，适合搜索引擎的分词需求。

下面简要介绍 Python 中 jieba 库的调用方式。

jieba.cut（text，cut_all=True）是 jieba 库中的分词函数，第一个参数是需要分词的字符串，第二个参数表示是否为全模式。分词返回的结果是一个可迭代的生成器（generator），可使用 for 循环来获取分词后的每个词语，推荐读者转换为 list 列表再使用。

jieba.cut_for_search（text）是 jieba 库中的搜索引擎模式分词函数，参数为分词的字符串。该函数适用于搜索引擎构造倒排索引的分词，粒度比较细。

下面通过一段简单的代码进行示例。

```
In [1]   import jieba
         text = "小杨毕业于北京交通大学,从事 Python 人工智能相关工作。"
         data = jieba.cut(text, cut_all=True)
         print(type(data))
         print("[全模式]: ", "/".join(data))
```

```
Out [1]  <class 'generator'>
         [全模式]:  小/杨/毕业/于/北京/交通/大学/,/从事/Python/人工/人工智能/智
         能/相关/工作/。
```

```
In [2]   data = jieba.cut(text, cut_all=False)
         print("[精确模式]: ", "/".join(data))
```

```
Out [2]  [精确模式]:  小/杨/毕业/于/北京/交通/大学/,/从事/Python/人工智能/相关/
         工作/。
```

```
In [3]   data = jieba.cut(text)
         print("[默认模式]: ", "/".join(data))
```

```
Out [3]  [默认模式]:  小/杨/毕业/于/北京/交通/大学/,/从事/Python/人工智能/相关/
         工作/。
```

```
In [4]   data = jieba.cut_for_search(text)
         print("[搜索引擎模式]: ", "/".join(data))
```

```
Out [4]  [搜索引擎模式]:  小/杨/毕业/于/北京/交通/大学/,/从事/Python/人工/智能/
         人工智能/相关/工作/。
```

```
In [5]   seg_list = jieba.lcut(text, cut_all=False)
         print("[返回列表]: {0}".format(seg_list))
```

```
Out [5]  [返回列表]: ['小', '杨', '毕业', '于', '北京', '交通', '大学', ',', '
         从事', 'Python', '人工智能', '相关', '工作', '。']
```

7.2.2　数据清洗

在针对爬取到的中文文本语料进行分词处理后，应当继续对其进行数据清洗工作。除了与其他数据清洗工作类似的空值数据、重复数据的处理外，文本挖掘的数据清洗还包括停用词过滤和特殊标点符号去除等。

1. 停用词过滤

在文本挖掘和自然语言处理中，停用词过滤是一个常见的预处理步骤。停用词指的是在文本中经常出现，但对文本主题贡献不大或几乎没有贡献的词汇，如"的""是""和"等。通过过滤这些停用词，可以减少数据的维度，提高后续文本处理的效率和准确性。示例代码如下。

```
In [1]   import jieba
         stopwords = set(['的', '或', '等', '是', '有', '之', '与', '和',
         '也', '被', '吗', '于', '中', '最'])
```

代码首先导入了 jieba 库，这是一个常用的中文文本处理库。接着定义了一个名为 stopwords 的集合，其中包含了常见的中文停用词，这些词在文本分析中通常不包含实际语义信息，需要在处理过程中被过滤掉。

```
In [2]   def process_text(text):
         seglist = jieba.cut(text, cut_all=False)
         filtered_words = [word for word in seglist if word not in stopwords]
         return ' '.join(filtered_words)
```

这段代码定义了一个名为 process_text 的函数，用于对输入的文本进行预处理。在函数内部，首先利用 jieba 库的精确模式分词（"jieba.cut（text， cut_all=False）"）将文本分词，然后通过列表推导式（"word for word in seglist if word not in stopwords"）过滤掉停用词，最后用空格连接剩余的词语，形成处理后的文本字符串。

```
In [3]   example_text = "数据分析是数学与计算机科学相结合的产物,它利用统计学、数据
         库等多种技术手段对数据进行处理和分析。"
         print("原始文本:")
         print(example_text)
```
```
Out [3]  原始文本:
         数据分析是数学与计算机科学相结合的产物,它利用统计学、数据库等多种技术手段对
         数据进行处理和分析。
```

这段代码展示了如何使用前面定义的 process_text 函数处理一个示例文本 example_text，并打印原始的示例文本内容。

```
In [4]   processed_text = process_text(example_text)
         print("\n 处理后的文本:")
         print(processed_text)
```
```
Out [4]  处理后的文本:
         数据分析 数学 计算机科学 相结合 产物, 它 利用 统计学、数据库 多种 技术手段
         对 数据 进行 处理 分析。
```

然后调用 process_text 函数处理文本,并打印处理后的结果。

从输出结果可以看出,原始文本中的停用词如"是""与""和"等已经被成功过滤掉,只保留了与文本主题相关的词汇。

2. 去除标点符号

在文本处理和分析中,标点符号通常不被视为有实际意义的词汇,它们主要用于分隔句子、短语或单词,以辅助读者理解文本。然而,在文本挖掘、自然语言处理或机器学习等任务中,标点符号可能会被视为特征,从而影响模型的性能。因此,在预处理阶段,通常会选择去除标点符号,以简化文本数据,提高后续分析的准确性。

下面是一个示例代码,它读取一个包含文本的文件,去除其中的标点符号,并将处理后的文本写入到一个新的文件中。使用 jieba 库进行分词,并手动定义了一个包含标点符号的停用词集合。

```
In [1]    import jieba
          import re
In [2]    punctuation_set = set([',', '。', '?', '!', ':', ';', '"', '"',
          '(', ')', '、', ';', '`', '´', '《', '》', '【', '】'])
          example_text = "数据分析是数学与计算机科学相结合的产物,它利用统计学、数据
          库等多种技术手段对数据进行处理和分析。"
          print("原始文本:")
          print(example_text)
```

```
Out [2]   原始文本:
          数据分析是数学与计算机科学相结合的产物,它利用统计学、数据库等多种技术手段对
          数据进行处理和分析。
```

这段代码首先导入 jieba 库用于中文分词,并导入 re 库用于正则表达式操作。其次,定义一个包含常见中文标点符号的集合,用于后续文本清理过程中去除标点符号,并同时定义了作为文本处理和分词的输入。

```
In [3]    cleaned_text = re.sub(r'[%s]' % ''.join(punctuation_set), '',
          example_text)
          seglist = jieba.cut(cleaned_text, cut_all=False)
          processed_text = ' '.join(seglist)
          print("\n 处理后的文本:")
          print(processed_text)
```

```
Out [3]   处理后的文本:
          数据分析 是 数学 与 计算机科学 相结合 的 产物 它 利用 统计学 数据库 等 多种
          技术手段 对 数据 进行 处理 和 分析
```

使用正则表达式,将示例句子中的所有标点符号替换为空字符,从而清理文本。接下来,使用 jieba 库对清理后的文本进行精确模式分词,输出结果。

注意，标点符号已经被成功去除，并且文本已经被分词。

7.2.3　词性标注

词性是指词在语法结构中的类别，它决定了词在句子中的功能及与其他词的关系。词性标注的目标是为句子中的每个单词或短语赋予一个正确的词性标签。这些词性标签通常包括名词（noun）、动词（verb）、形容词（adjective）、副词（adverb）等。在文本挖掘中，词性标注有助于后续进一步的挖掘任务，如句法分析、主题分析、情感分析等。

通常，词性标注的方法有 3 种：基于规则的方法、基于统计的方法及规则和统计相结合的方法。基于规则的方法，是指使用预先定义的规则进行词性标注。这种方法需要人工编写大量的规则，且难以处理复杂的语言现象。基于统计的方法，是指使用机器学习算法［如隐马尔可夫模型（hidden Markov model，HMM）、条件随机场（conditional random field，CRF）、深度学习模型等］进行词性标注。这种方法需要大量的标注数据进行训练，但能够处理复杂的语言现象。

本节通过 jieba 库进行词性标注的简单介绍。jieba 库的词性标注功能结合了基于规则和基于统计的方法。它基于前缀词典进行词图扫描，又通过隐马尔可夫模型来处理未登录词和进行词性标注。

以下是 jieba 库进行词性标注的代码：

```
In [1]    import jieba.posseg as pseg
          sentence = "我爱自然语言处理"
In [2]    for word, flag in words:
          print(f'{word}/{flag}', end=' ')
Out [2]   我/r 爱/v 自然语言/l 处理/v
```

其中，jieba.posseg 是 jieba 库中用于词性标注的模块。pseg 函数接收一个字符串作为输入，并返回一个生成器，该生成器产生（word, flag）对，其中 word 是词，flag 是该词的词性标签。

每个词后产生了词性标注结果，r 代表代词，v 代表动词，l 代表习惯用词。

7.2.4　特征词选择和权重

特征词选择是文本挖掘中的一个重要步骤，旨在从文本数据中挑选出最能代表文本内容或有助于后续任务（如文本分类、情感分析等）的词汇。在文本处理过程中，对文本进行分词后，将连续的文本序列转化为离散的词汇集合。然而，这些词汇中并非所有都是对文本内容或任务有用的，因此需要进行特征词选择来筛选出最重要的词汇。当然，同样是特征词，其对于语句的重要程度也不尽相同，需要进一步加权来划分特征词的重要程度。

LDA（latent Dirichlet allocation，潜在狄利克需分布）主题分析是特征词加权的常用算法，将在 7.4 节进行介绍。

7.3 情 感 分 析

在针对文本数据进行预处理后，应对处理好的文本数据进行进一步挖掘。本节针对情感分析、主题分析等常见的文本数据分析方法进行简要介绍。首先，可以通过文本情感分析了解文本中表达的情感倾向，比如判断评论是正面、负面还是中性。

7.3.1 情感分析概述

情感分析，也称为观点挖掘或情感计算，是自然语言处理领域中的一个重要分支。它旨在通过自动化手段分析文本中的情感倾向，即判断文本所表达的情感是积极的、消极的还是中性的。

情感分析应用广泛，包括但不限于社交媒体监控、产品评论分析、品牌声誉管理及政治选举预测等。以下是几个典型的例子。

社交媒体监控：通过分析用户在社交媒体上的言论，企业可以了解公众对其产品或服务的看法，及时发现并应对潜在的危机。

产品评论分析：电商平台可以利用情感分析技术对用户的评论进行自动分类和评分，帮助消费者快速了解产品的优缺点，同时也为商家提供改进产品的依据。

品牌声誉管理：企业可以通过情感分析来监控自身品牌在互联网上的声誉，及时发现并处理负面信息，维护品牌形象。

政治选举预测：通过分析选民在社交媒体上的言论和情绪，政治分析师可以预测选举结果，为选举策略的制定提供参考。

随着自然语言处理领域的技术不断成熟，针对文本数据进行情感分析的方法不断推陈出新。以下是基于规则、传统机器学习和深度学习3种常用方法的详细介绍。

1. 基于规则的方法

基于规则的方法通过人工定义的规则和模板来实现情感倾向的识别。它依赖语言学知识和专家的判断，制定出一系列用于识别文本情感的规则。基于规则的方法能够直接根据文本中的词汇、短语或句子结构来判断情感极性，如积极或消极。难点在于需要大量的人工干预来构建和维护规则库，同时对于复杂的情感表达或语境变化，规则可能难以覆盖所有情况，导致识别准确率受限。

2. 基于传统机器学习的方法

这种方法通过训练分类器来实现情感倾向的自动识别。它利用标注好的情感数据集来训练模型，学习文本与情感标签之间的映射关系。传统机器学习算法，如朴素贝叶斯、支持向量机等，能够有效地处理文本分类任务，并在情感分析领域取得了良好的性能。难点在于需要足够数量的标注数据来训练模型，并提取出能够代表文本情感的有效特征。

3. 基于深度学习的方法

基于深度学习的方法通过深度学习模型自动学习文本中的深层次特征来实现情感倾向的识别。深度学习模型，如卷积神经网络（CNN）、循环神经网络（RNN）和 Transformer 等，能够处理复杂的文本数据，并通过层次化的结构学习文本的语义和上下文信息。基于深度学习的方法能够自动提取特征，无需复杂的特征工程，并对复杂的情感表达具有较好的处理能力。难点在于需要大量的标注数据来训练模型，同时深度学习模型的结构和参数选择也是一个挑战，需要针对具体任务进行细致的调整和优化。此外，深度学习模型的结果通常较难解释，缺乏可解释性是该方法的一个缺点。

综上所述，不同的情感分析方法各有优缺点，适用于不同的场景和需求。在实际应用中，可以根据具体情况选择合适的方法或结合多种方法进行情感分析。

7.3.2　情感分析 Python 实现——SnowNLP 库与朴素贝叶斯算法

在实际应用中，情感分析的数据标注是训练模型时面临的重大难题，标注数据的烦琐性在很大程度上限制了工作的开展。

为此，本节采用 Python 的第三方库——SnowNLP 库进行情感分析示例，它能够完成简单的情感分析任务。

SnowNLP 库是一个专门为中文文本处理设计的 Python 库，它提供了分词、词性标注、情感分析、文本分类、文本相似度计算等功能。SnowNLP 库的情感分析功能基于内置的情感词典和规则，能够快速给出文本的情感倾向得分。

下面通过一个简单的 Python 代码调用 SnowNLP 库实现情感分析。

```
In [1]   from snownlp import SnowNLP
         text = "这部电影真好看!"
         s = SnowNLP(text)
         print(s.sentiments)

Out [1]  0.7939709318828438
```

然而，调用已经训练好的代码库来完成情感分析的任务在很多特定任务的条件下并不能够取得很好的效果。为此，常常采用符合任务特性的标注数据集进行。在该情况下，也可以采用朴素贝叶斯算法进行情感分析预测。

朴素贝叶斯算法是一种基于概率统计的分类算法，也常用于情感分析。在 Python 中，可以使用 scikit-learn 库来创建朴素贝叶斯分类器。

下面是一个简单的用朴素贝叶斯算法进行情感分析的例子。

首先，导入了需要的库，包括 CountVectorizer（用于将文本转化为词频矩阵）、MultinomialNB（用于创建朴素贝叶斯分类器）、train_test_split（用于将数据集划分为训练集和测试集）、accuracy_score（用于计算模型的预测准确率）。

```
In [1]    from sklearn.feature_extraction.text import CountVectorizer
          from sklearn.naive_bayes import MultinomialNB
          from sklearn.model_selection import train_test_split
          from sklearn.metrics import accuracy_score
          from sklearn.feature_extraction.text import CountVectorizer
```

假设有两个标注好的文本样本（在实际任务中可以替换成所需的标记数据集），其中"我喜欢这部电影"表示积极情感，对应标签为 1；"这部电影很差劲"表示消极情感，对应标签为 0。

```
In [2]    texts = ["我喜欢这部电影", "这部电影很差劲"]
          labels = [1, 0]
```

接下来，使用 train_test_split 库将数据集按照 50%的比例划分为训练集和测试集，并设置 random_state=42 以确保结果的一致性和可重复性。创建一个 CountVectorizer 实例，用训练集的文本数据拟合并转化为词频矩阵，并将测试集的文本数据转化为相同的特征空间。

```
In [3]    texts_train,    texts_test,    labels_train,    labels_test    =
          train_test_split(texts, labels, test_size=0.5, random_state=42)
          vectorizer = CountVectorizer()
          X_train = vectorizer.fit_transform(texts_train)
          X_test = vectorizer.transform(texts_test)
```

最后，创建一个 MultinomialNB 朴素贝叶斯分类器实例，并使用训练集的特征矩阵和标签对其进行训练，再使用训练好的分类器对测试集进行情感倾向预测，得到预测结果。

```
In [4]    clf = MultinomialNB() clf.fit(X_train, labels_train)
          clf = MultinomialNB() clf.fit(X_train, labels_train)
          predictions = clf.predict(X_test)
          print(accuracy_score(labels_test, predictions))
```

7.4 主 题 挖 掘

主题挖掘是文本挖掘中至关重要的工作之一，因为它能够从海量的文本数据中识别出关键的主题或概念，这些主题对于理解文本内容的本质、结构及潜在的意图具有重要意义。通过主题挖掘，可以更准确地组织和分类文本信息，提高信息检索的效率，并为文本分析、情感分析、趋势预测等提供有力的支持。

7.4.1　主题挖掘概述

主题挖掘是一种从大量文本数据中提取出潜在主题或概念的技术，也是文件数据预处理后进一步的分析工作。这些主题通常表现为一系列相关的词汇，它们共同描述了一个特定的概念或话题。通过主题挖掘，可以理解文本集中的核心讨论点，从而更好地组织、分类和检索文本信息。

主题挖掘在文本挖掘领域中的应用广泛且深入，它不仅能够从海量的文本数据中提取出关键的主题信息，还能为多个领域提供有力的支持。

随着文本数据量的迅猛增长和技术的不断进步，主题挖掘已成为信息检索、自然语言处理等领域的重要技术。从基于贝叶斯统计的 LDA 模型，到利用词嵌入模型捕捉语义相似性，再到基于神经网络模型的深层语义学习，以及传统的频率分析和关键词抽取方法，主题挖掘的方法日益丰富和多样。这些方法各有特点，能够从不同角度揭示文本中的主题结构，为文本内容的深入理解和分析提供了强有力的支持。下面简要介绍常用的几种主题挖掘方法。

1. LDA 模型

LDA 模型是一种基于贝叶斯统计的文档主题生成模型，由 David M. Blei、Andrew Y. Ng 和 Michael I. Jordan 在 2003 年提出。LDA 模型认为文档是一组词的集合，词与词之间是无序的，且文档由多个主题混合而成，每个主题则由词的分布表示。LDA 模型通过分析文档中的词汇分布，能够揭示文档集合中隐藏的主题结构，并给出文档属于每个主题的概率分布，以及每个主题上词的概率分布。

2. 基于词嵌入的模型

基于词嵌入的模型，如 word2vec 和 GloVe，通过学习词的上下文关系，将词映射到高维向量空间。这些模型基于大型文本语料库进行训练，能够捕获词之间的语义相似性。在主题挖掘中，词嵌入模型可以用于计算文本之间的相似度，或者通过聚类方法间接实现主题挖掘。例如，通过计算文本中词的嵌入向量并取平均，可以得到文本的向量表示，进而使用聚类算法发现相似的主题。

3. 基于神经网络的模型

基于神经网络的模型，如 BERT 和 GPT，通过大量的无监督学习任务进行预训练，学习文本中的深层语义信息。这些模型具有强大的表示学习能力，能够处理复杂的文本数据，并提取丰富的语义特征。在主题挖掘中，可以基于这些预训练模型进行微调或特征提取，以识别文本中的主题。例如，可以将文本输入到预训练的 BERT 模型中，通过模型输出的特征向量进行聚类或分类，从而发现文本的主题。

4. 频率分析

频率分析是一种简单直观的主题挖掘方法，它通过统计文本中词语的出现频率来发现常见的主题。具体来说，可以计算文本中每个词的出现次数，并根据词频排序来提取关键词或主题。然而，频率分析的方法可能受到文本长度、词频分布不均等因素的影响，因此需要结合其他方法来获得更准确的主题信息。

5. 关键词抽取

关键词抽取是一种从文本中自动识别和提取最能代表文本主题的关键词的方法。常用的关键词抽取方法包括基于词频、基于 TF-IDF 和基于机器学习的方法。这些方法通过计算词语在文本中的重要性或相关性来提取关键词。在主题挖掘中，关键词抽取可以帮助快速了解文本的主要内容，并作为主题识别的初步步骤。然而，关键词抽取可能只提供文本中的一部分主题信息，因此需要结合其他方法来获得更全面的主题结构。

7.4.2 主题挖掘 Python 实现——LDA 模型

1. LDA 模型概述

LDA 模型是一种强大的无监督学习技术，其核心思想在于揭示文本集中隐藏的主题结构。LDA 模型由词、主题和文档 3 层结构构建而成，它假设文档中的每个词都是根据一定的概率分布从某个主题中抽取出来的，同时每个主题又是由一组词的概率分布所定义。

在 LDA 模型中，文档到主题的过程遵循多项分布，这意味着文档可以被视为多个主题的混合体，每个主题在文档中的贡献程度不同。同样地，主题到词的过程也服从多项分布，即每个主题都是由一组词的概率分布来描述的。

LDA 模型的基本用法涉及对文本集进行训练，以发现其中隐藏的主题结构。通过训练，模型能够学习到文本集中每个文档的主题分布，以及每个主题下的词分布。这些分布信息可以用于后续的文本分析任务，如文档分类、文本摘要等。

假设有一个包含多篇文档的文本集，每篇文档都包含一定数量的词汇。可以将这些文档作为 LDA 模型的输入，并指定要发现的主题数量。经过训练，LDA 模型将为每个文档生成一个主题分布向量，该向量表示文档在不同主题上的概率分布。同时，模型还会为每个主题生成一个词分布向量，该向量表示主题中各个词汇的概率分布。

通过查看文档的主题分布向量，可以了解文档在哪些主题上具有较高的概率，从而推断出文档的主题内容。同样地，通过查看主题的词分布向量，可以了解每个主题下的主要词汇，从而更深入地理解主题的含义。这种基于 LDA 模型的文档主题分析技术，为我们提供了一种有效的手段来挖掘和理解文本集中的主题信息。

2. LDA 模型原理

LDA 模型也被形象地称为"盘子表示法"，其模型结构如图 7-4-1 所示。在图 7-4-1 中，ω 代表的是可以直接观测到的变量，而其他则是需要通过模型去推断的隐藏变量。箭头清晰地指出了不同变量之间存在的依赖关系。图中的矩形框则表示某个过程需要重复进行，重复的次数被标注在矩形框的右下角。LDA 模型的实际操作过程如下。

（1）针对需要进行挖掘的语料 D，根据其特有的多项分布 θ 来随机选定一个主题 z，这个主题将对应于语料中的一个单词。

（2）从选定的主题 z 所对应的多项分布 φ 中随机抽取一个具体的单词 ω。

（3）将步骤（1）和（2）重复进行，次数为 N_d，直到语料中的每一个单词都被处理完毕。

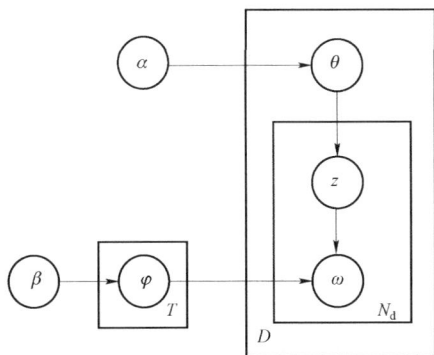

图 7-4-1　LDA 模型结构

3. LDA 模型用法及实例

使用 Python 中的 LDA 模型，可以通过执行多种操作来深入理解和分析文本数据。常见的操作如下。

（1）提取每个数据集的高频词，这有助于快速了解每个数据集的核心内容。

（2）识别文章中每个词对应的权重及文章所属的主题，从而了解哪些词在特定主题中更为重要。

（3）展示文章与主题的分布概率，每行文本代表一篇文章，其后的概率值表示文章属于各个主题的可能性。

（4）展示特征词与主题的分布概率，这通常是一个 $K \times M$ 的矩阵，其中 K 表示预设的主题数量，M 表示所有文章中不同词汇的总数。通过这个矩阵，可以了解每个主题下词汇的分布情况。

下面结合一个具体的实例，详细介绍 LDA 模型的用法和如何执行上述操作。

这里使用的数据集为已经进行数据分词、清洗、过滤后的数据集，如表 7-4-1 所示，共 9 行语料，涉及贵州、大数据、爱情 3 个主题。当然，这里的主题仅仅作为最后的结果验证。

表 7-4-1　数据集

行数	句　子	主题
1	贵州省 位于 中国 西南地区 简称 黔 贵	贵州
2	走遍 神州大地 醉美 多彩 贵州	贵州
3	贵阳市 贵州省 省会 林城 美誉	贵州
4	数据分析 数学 计算机科学 相结合 产物	大数据
5	回归 聚类 分类 算法 广泛应用 数据分析	大数据
6	数据 爬取 数据 存储 数据分析 紧密 相关 过程	大数据

续表

行数	句　子	主题
7	甜美 爱情 苦涩 爱情	爱情
8	一只 鸡蛋 可以 画 无数次 一场 爱情 能	爱情
9	真 爱 往往 珍藏 平凡 普通 生活	爱情

首先进行初始化操作。

1）生成词频矩阵

首先，需要读取语料 test.txt，载入数据并将文本中的词语转换为词频矩阵。调用 sklearn.feature_extraction.text 中的 CountVectorizer 类实现，代码如下：

```
In [1]  from sklearn.feature_extraction.text import CountVectorizer,
        TfidfTransformer
        corpus = []
        with open('data.txt', 'r', encoding='utf-8') as f:
            for line in f.readlines():
                corpus.append(line.strip())
        from sklearn.feature_extraction.text import CountVectorizer
        vectorizer = CountVectorizer()
        X = vectorizer.fit_transform(corpus)
        words = vectorizer.get_feature_names_out()
        print('特征个数:', len(words))
        for n in range(len(words)):
            print(words[n], end=" ")
        print('')
        print(X.toarray())
```

```
Out [1]  特征个数: 43
        一只 一场 中国 产物 位于 分类 可以 回归 多彩 存储 平凡 广泛应用 往往 数学
        数据 数据分析 无数次 普通 林城 爬取 爱情 珍藏 甜美 生活 相关 相结合 省会
        神州大地 简称 算法 紧密 美誉 聚类 苦涩 西南地区 计算机科学 贵州 贵州省 贵
        阳市 走遍 过程 醉美 鸡蛋
        [[0 0 1 0 1 0 0 0 0 0 0 0 0 0 0 0 0 0 0 0 0 0 0 0 0 0 0 1 0 0
         0 0 0 1 0 0 1 0 0 0 0 0]
        ... ...
        [0 0 0 0 0 0 0 0 0 1 0 1 0 0 0 1 0 0 0 1 0 1 0 1 0 0 0 0 0 0
         0 0 0 0 0 0 0 0 0 0]]
```

其中，输出的 X 为词频矩阵，共 9 行数据，43 个特征或单词，即 9×43，它主要用于计算每行文档单词出现的词频或次数。其中第 0 行表示语料"贵州省 位于 中国 西南 地区 简称 黔 贵"出现的频率。同时调用 vectorizer.get_feature_names_out 函数计算所有的特征或单词。

2）计算 TF-IDF 值

接下来调用 TfidfTransformer 类计算词频矩阵对应的 TF-IDF 值，它是一种用于数据分析的经典权重，其值能过滤出现频率高但不影响文章主题的词语，尽可能地用文档主题词汇表示这篇文档的主题。

In [2]
```python
from sklearn.feature_extraction.text import CountVectorizer
from sklearn.feature_extraction.text import TfidfTransformer
corpus = []
with open('data.txt', 'r', encoding='utf-8') as file:
    for line in file.readlines():
        corpus.append(line.strip())
vectorizer = CountVectorizer()
X = vectorizer.fit_transform(corpus)
transformer = TfidfTransformer()
tfidf = transformer.fit_transform(X)
print("TF-IDF 矩阵:")
print(tfidf.toarray())
```

Out [2]　TF-IDF 矩阵:（加点省）

```
[[0. 0. 0.46061063 0. 0.46061063 0. 0. 0. 0. 0. 0. 0. 0. 0. 0.
0. 0. 0. 0. 0. 0. 0. 0. 0. 0.46061063 0. 0. 0. 0. 0. 0. 0.46061063
0. 0. 0.38903907 0. 0. 0. 0.],
... ...
[0. 0. 0. 0. 0. 0. 0. 0. 0. 0. 0.4472136 0. 0.4472136 0. 0.
0.4472136 0. 0. 0. 0.4472136 0. 0.4472136 0. 0. 0. 0. 0.
0. 0. 0. 0. 0. 0. 0. 0. 0. 0. 0. 0.]]
```

根据输出结果可以看出，它也是 9×43 的矩阵，只是矩阵中的值已经计算为 TF–IDF 值了。

3）调用 LDA 模型

得到 TF–IDF 值之后，可以进行各种算法的数据分析了，这里调用 gensim 库中的 LDA 模型进行训练，其中参数 num_topics 表示设置 3 个主题（贵州、数据分析、爱情）。在 gensim 库中，通常不直接调用 fit 方法，因为 LDA 模型的训练是通过 update 方法或者在模型初始化时传递 corpus 来完成的。另外，passes 参数指定了模型遍历语料库的次数，具体代码如下：

In [3]
```python
from gensim import corpora
```

```
from gensim.models import LdaModel
lda_model = LdaModel(
    corpus=corpus,
    id2word=dictionary,
    num_topics=3,
    random_state=1,
    update_every=1,
    chunksize=100,
    passes=500
)
lda_model.update(corpus)
```

4）计算文档主题分布

该语料共包括 9 行文本，每一行文本对应一个主题，其中 1~3 行为贵州主题，4~6 行为数据分析主题，7~9 行为爱情主题。现在使用 LDA 模型预测各个文档的主题分布情况，即计算文档-主题（document-topic）分布，输出 9 行文本最可能的主题代码如下。

```
In [2]   from gensim import corpora
         from gensim.models import LdaModel
         corpus = []
         with open('C:\\Users\\HZW\\Desktop\\1.txt', 'r', encoding=
         'utf-8') as f:
             for line in f.readlines():
                 corpus.append(line.strip().split())
         dictionary = corpora.Dictionary(corpus)
         corpus_bow = [dictionary.doc2bow(doc) for doc in corpus]
         lda_model = LdaModel(corpus=corpus_bow, id2word=dictionary,
         num_topics=3, random_state=1, update_every=1, chunksize=100,
         passes=20)
         for idx, topic in lda_model.print_topics(-1):
             print('Topic: {} \nWords: {}'.format(idx, topic))
         print(tfidf.toarray())
```

```
Out [2]   Topic: 0
          Words: 0.068*"数据分析" + 0.039*"贵州省" + 0.039*"贵" + 0.039*
          "黔" + 0.039*"位于" + 0.039*"中国" + 0.039*"西南地区" + 0.039*
          "分类" + 0.039*"聚类" + 0.039*"回归"
          Topic: 1
          Words: 0.092*"爱情" + 0.064*"数据" + 0.037*"无数次" + 0.037*"画" +
          0.037*"可以" + 0.037*"一场" + 0.037*"鸡蛋" + 0.037*"一只" + 0.037*
```

"能" + 0.037*"相关"

Topic: 2

Words: 0.040*"往往" + 0.040*"普通" + 0.040*"真" + 0.040*"珍藏" + 0.040*"爱" + 0.040*"生活" + 0.040*"平凡" + 0.040*"走遍" + 0.040* "贵州" + 0.040*"醉美"

　　根据输出结果，可以看到 LDA 模型将第 1、4、5 行文本归纳为一个主题，第 2、3、9 行文本归纳为一个主题，第 6、7、8 行文本归纳为一个主题。而真实的主题是第 1～3 行文本为贵州主题，第 4～6 行文本为数据分析主题，第 7～9 行文本为爱情主题，所以数据分析预测的结果会存在一定的误差。这是因为每篇文档的单词较少，影响了结果。

　　上述代码在输出文本划分的同时输出了每个主题下权重最高的 10 个词。

小　　结

　　本章对文本挖掘技术进行了全面且深入的探讨。从文本数据的基本认识到自然语言处理的基础，再到文本挖掘的定义、特点、关键技术及流程，逐步构建了文本挖掘的知识框架。

　　文本挖掘作为从海量文本中提取有价值信息的重要技术，广泛应用于舆情分析、市场预测等多个领域。在预处理阶段，通过清洗、分词、去除停用词等操作，可以为后续的文本分析提供高质量的数据基础。

　　情感分析与主题挖掘作为文本挖掘的重要应用，可以帮助我们理解文本中的情感倾向和发现隐藏的主题结构。通过实例学习，我们掌握了情感分析和主题挖掘的常用方法，并体验了它们在实际应用中的效果。

　　通过本章的学习，我们全面了解了文本挖掘技术的各个方面，掌握了文本挖掘的基本理论和关键技术，为后续的研究和应用打下了坚实的基础。

习　　题

　　1. 什么是词频统计？如何进行词频统计？

　　2. 什么是协同过滤？如何使用 Python 实现协同过滤？

　　3. 什么是单词袋？

　　4. 在包含 N 个文档的语料库中，随机选择的一个文档共包含 T 个词条，词条"hello"出现 K 次。如果词条"hello"出现在全部文档中的数量接近三分之一，则 TF（词频）

和 IDF（逆文档频率）乘积的正确值是多少？

5. 某汉语分词系统在测试集上输出 1 000 个切分单元，人工标注的标准答案包含 600 个词语。经对比，系统正确切分的单元数为 300 个。试计算精确率（P）、召回率（R）和 F1 值。

6. 给定一组文本数据 data = { 'Text': ['Hello, world!', 'This is a test.', 'Text mining is fun!']}，使用 Python 对文本进行清洗，包括去除标点符号、转换为小写和去除停用词。

7. 使用 Python 统计第 6 题 data 中每个单词的频率，并将结果存储在 DataFrame 中。

8. 自行选取一组文本数据，使用 Python 提取所有的二元组（bigrams）。

第8章

深 度 学 习

深度学习（deep learning，DL）是机器学习（machine learning，ML）领域中的一个重要分支，旨在通过模拟人脑神经网络的运作方式，实现对大数据的自动学习和分析。深度学习通过学习样本数据的内在规律和表示层次，帮助机器解释诸如文字、图像和声音等数据，从而使机器能够像人一样具有分析学习能力。本章将从神经网络的基本原理出发，逐步探索卷积神经网络（CNN）和循环神经网络（RNN）的奥秘，揭开深度学习的神秘面纱。随着学习的深入，我们会发现，深度学习其实并没有想象中那么抽象和难以捉摸，而是充满了探索的乐趣和无限的潜力。

8.1　神　经　网　络

神经网络是深度学习的基础，通过模拟人脑的神经元连接，能够处理复杂的非线性数据关系。神经网络由输入层、隐藏层和输出层组成，每层包含多个神经元，通过权重和激活函数进行信息处理与传递。

8.1.1　神经网络结构

在探索神经网络之前，理解感知机（perceptron）至关重要，因为它被认为是神经网络的起源之一。感知机是由美国神经学家 Frank Rosenblatt 在 1957 年提出的，用于解决二分类的线性问题。在感知机中，输入是实例的特征向量，输出是实例的类别，其目的是找到一个能够将不同类别的样本分开的超平面。

图 8-1-1 展示了一个简单的感知机模型。其中，x_1 和 x_2 为输入，y 为输出，w_1 和 w_2 为权重，b 为偏置。为了表示偏置，图中添加了一个始终为 1 的输入，其对应的权重是 b。图中的"〇"代表"神经元"或"节点"。感知机的决策过程基于输入的加权和与阈值的比较：当输入的加权和（$w_1x_1 + w_2x_2 + b$）大于 0 时，输出为一个类别；当输入的加权和小于 0 时，则输出为另一个类别。这样的判断过程是通过函数实现的，在神经网络中被

称为激活函数（activation function）。在标准的感知机模型中，激活函数实际上是一个阈值函数，又称阶跃函数，即当加权和大于 0 时输出 1，小于 0 时输出 0（或-1）。

激活函数是连接感知机和神经网络的桥梁。感知机中的阶跃函数决定神经元的激活状态：当输入加权总和超过 0 时，输出为 1；否则，输出为 0。这种阶跃行为正是激活函数在神经网络中的作用，它使得神经元能够根据输入进行非线性决策。在复杂的神经网络中，通常使用 sigmoid 函数、ReLU 函数等激活函数。激活函数必须是非线性的，以引入非线性变换，使神经网络能够学习复杂的非线性特征。如果激活函数是线性的，神经网络就无法学习非线性关系，失去表达复杂模式和特征的能力，导致输出只是输入的线性组合，无法满足复杂应用需求。选择合适的激活函数对于神经网络的设计和优化至关重要。

可以将激活函数的计算过程在图 8-1-1 的神经元上表示，得到图 8-1-2。

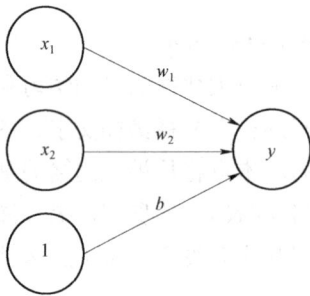

图 8-1-1　简单感知机模型　　　　　图 8-1-2　激活函数的表示

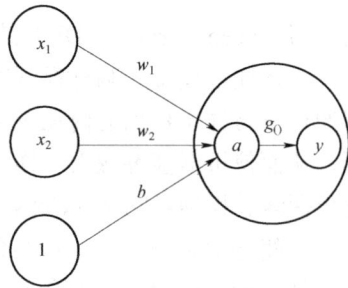

单层感知机可以实现逻辑运算中的"与""或""非"。然而，单层感知机只能实现线性可分的数据学习，当数据线性不可分时，单层感知机便无法处理，如"异或"操作。为了扩展感知机的适用范围，可以将多个感知机连接起来，构成多层感知机（MLP）模型，以处理更复杂的任务。

多层感知机由输入层、至少一个或多个隐藏层和输出层组成，通常被视为一种最简单形式的神经网络。在图 8-1-1 表示的单层感知机中，输入层包含 x_1、x_2、1，输出层包含 y。多层感知机则在输入层和输出层之间堆叠了隐藏层，每一层都由多个神经元（或节点）组成，神经元之间通过权重连接，如图 8-1-3 所示。

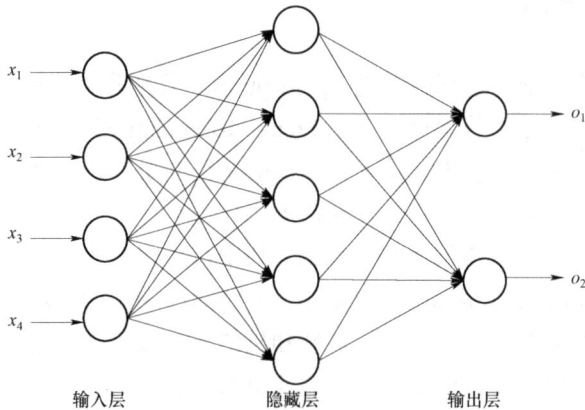

图 8-1-3　简单神经网络结构

　　输入层是神经网络的第一层，位于输入层的神经元称为输入单元，它接收外部数据并将这些数据传递到网络的下一层。输入层通常不进行计算，仅负责将输入数据传递给隐藏层。

　　隐藏层的引入使得多层感知机能够学习并处理更复杂的非线性关系，从而提高了神经网络的表达能力。每个隐藏层中的神经元通过权重和激活函数与前一层的输出连接，这种层叠结构使得网络可以逐层提取数据的复杂特征。

　　输出层是神经网络的最后一层，位于输出层的神经元称为输出单元，负责实现系统处理结果的输出。输出层的神经元数量取决于具体的任务。例如，对于二分类问题，输出层通常只有一个神经元；对于多分类问题，输出层的神经元数量等于类别数量。

　　在理解多层感知机的基础上，可以进一步探讨和研究更为复杂的神经网络结构。所谓的"更复杂的神经网络结构"，其实是通过增加隐藏层的数量和节点数量，来增强模型的表达能力和学习能力。如图 8-1-4 所示，这样的网络结构通过层级的堆叠，能够实现对复杂数据的高效处理。

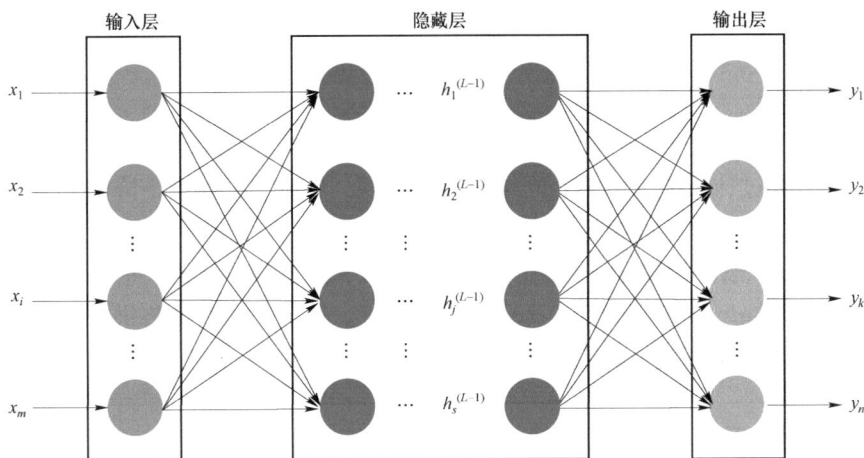

图 8-1-4　复杂神经网络结构

　　当学习神经网络时，经常会遇到许多名词，如多层感知机（MLP）、人工神经网络（ANN）、前馈神经网络（FNN）、全连接神经网络（FCNN）、深度神经网络（DNN）及反向传播。这些名词可能会让初学者感到困惑。下面对这些概念进行辨析，以帮助读者更好地理解神经网络的基本概念和结构。

1. 多层感知机

　　在感知机的介绍中提到，通过组合多个单层感知机即可得到多层感知机，用于解决非线性问题。因此，多层感知机的基础结构源自感知机模型。不同于单层感知机，多层感知机采用的激活函数并非局限于阶跃函数，而可以选择使用 sigmoid 等激活函数。这种非线性的激活函数赋予了多层感知机处理和学习复杂的非线性关系的能力，从而提高了神经网络的表达能力。因此，多层感知机在模式识别、分类和回归等任务中拥有更广泛的应用。

2. 人工神经网络

神经网络(neural network, NN)又称人工神经网络(artificial neural network, ANN)。之所以称为"人工"神经网络,是为了强调神经网络是一种模仿生物神经网络的结构与功能的数学模型和计算模型,用于对函数进行估计或近似。

3. 前馈神经网络

这一概念关注的是信息的传递方向。前馈神经网络是指信息从输入层开始,经过一层一层的隐藏层,最终传递到输出层,形成一个单向的信息传递流程。任何具有反馈连接或循环连接的神经网络都不是前馈神经网络,如循环神经网络(RNN)。

4. 全连接神经网络

这一概念关注的是神经元之间的连接。在全连接神经网络中,每一层的每个神经元都与下一层的每个神经元相连,形成了密集的连接。这种连接方式使得网络中的信息可以在各层之间充分传递和交换,从而实现了高度的信息交互并增强了网络的表达能力。

5. 深度神经网络

这一概念关注的是隐藏层的层数。深度神经网络是一种具有多个隐藏层的神经网络,其深度指的是隐藏层的数量。深度神经网络通常能够更好地学习和表示复杂的非线性关系。

6. 反向传播

这一概念关注的是神经网络的训练过程。反向传播算法是用来训练神经网络的核心算法之一。它通过计算损失函数对网络参数的梯度,然后利用梯度下降法来更新参数,使得网络的预测结果尽可能接近真实值。

根据前文的介绍,相信读者已经对多层感知机、人工神经网络、前馈神经网络、全连接神经网络及深度神经网络有了比较直观的理解。接下来,我们将进一步解释反向传播算法,以理解神经网络的训练过程。

8.1.2 反向传播算法

神经网络的训练过程主要包括前向传播和反向传播(backpropagation, BP)。在前向传播过程中,输入数据通过网络层层传递,经过每一层的计算后,最终产生输出。每一层的神经元会应用激活函数对输入进行变换,得到这一层的输出,然后传递到下一层。前向传播得到的输出会与实际值进行比较,通过损失函数计算误差。损失函数是预定义的用于衡量模型预测值与实际值之间差距的函数。常用的损失函数包括均方误差(MSE)函数和交叉熵损失函数等。

在反向传播过程中,误差从输出层开始逐层向前传递,计算每个参数(权重和偏置)的梯度。通过链式法则,这些梯度用于更新参数,使得损失函数逐步减小。最后,将前向传播和反向传播结合起来,进行多次迭代训练,直到损失函数收敛或达到预定的训练轮数(epoch)。

反向传播算法是训练神经网络的关键算法,它的重要意义在于解决了神经网络中的权重更新问题,从而使得训练深层神经网络成为可能。在反向传播出现之前,调整神经网络中的权重参数是一项艰巨的任务。反向传播通过自动计算梯度，提供了一种系统化的方法来更新权重参数，从而优化神经网络的性能。借助梯度下降法，反向传播使得训练大规模神经网络变得切实可行。通过利用链式法则高效地计算梯度，反向传播显著减少了计算时间和资源消耗。

下面通过一个简单的例子来直观地理解损失函数、梯度、学习率和梯度下降这几个概念。理解这些概念可以更好地理解反向传播的过程，同时也对后续的神经网络训练实践有所帮助。

在二维直角坐标系中有一些样本点，横、纵坐标分别代表面积和房价，如图 8-1-5 所示。我们的目标是设计一个算法，能够让机器拟合这条直线，得到 $y = wx$（为了简化，这里假设截距 $b=0$）。那么，这个算法可以按照以下步骤设计：初始化参数 w、定义损失函数、梯度下降优化、重复第三步直到收敛。这就是基本的线性回归模型的训练过程。

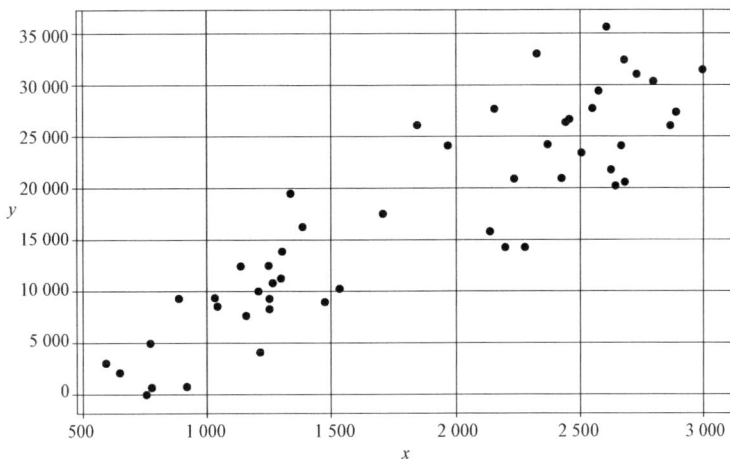

图 8-1-5　房价与面积的关系

下面逐步来看这个过程。首先，需要定义一个初始化的 w。然后，需要定义损失函数，用于衡量模型预测值与实际值之间的差距。训练过程的目标是使损失函数尽可能小。在这个线性问题中，最常用的损失函数是均方误差函数：

$$\text{MSE} = \frac{1}{n}\sum_{i=1}^{n}(y_i - \hat{y}_i)^2$$

其中，y_i 是第 i 个样本的真实值，$\hat{y}_i$ 是第 i 个样本的预测值，n 为样本数量。

为了更直观地理解梯度下降，将 $\hat{y}_i$ 用 wx_i 表示，则损失函数可表示为

$$\text{MSE} = \frac{1}{n}\sum_{i=1}^{n}\left(y_i^2 - 2wx_iy_i + w^2x_i^2\right)$$

因为 x_i，y_i 均为已知常数，所以损失函数又可以表示为

$$e(w) = aw^2 + bw + c$$

其中，$e(w)$ 表示损失函数，a，b，c 均为常数。此例中，$a>0$，$b<0$，$c>0$。

可以将这个函数绘制在二维直角坐标系中，如图 8-1-6 所示。不难发现，在这个简单的问题中存在一个全局最优点，即抛物线的最低点所对应的 w 值。

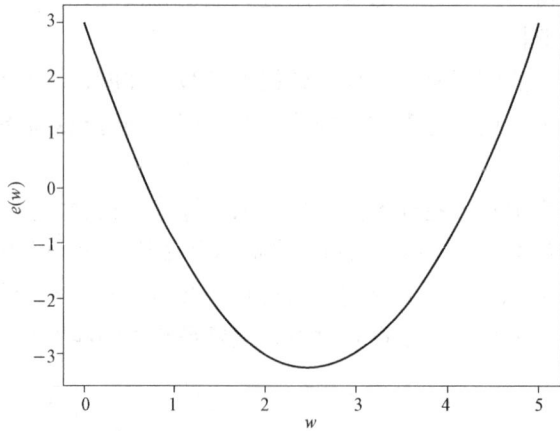

图 8-1-6　损失函数

所谓的"梯度"，实际上就是损失函数的"导数"，也就是图 8-1-6 中曲线的陡峭程度。梯度下降算法从初始化的参数开始，沿着损失函数的导数减小的方向，逐步迭代地寻找全局最小值。在上例中，损失函数呈现单一的凹形状，梯度下降可以朝着最陡峭的下降方向迭代，最终收敛到全局最小值。但是，在更复杂的情况下，损失函数可能是十分复杂的曲面，梯度下降时可能会陷入局部最小值或者鞍点，如图 8-1-7 所示。

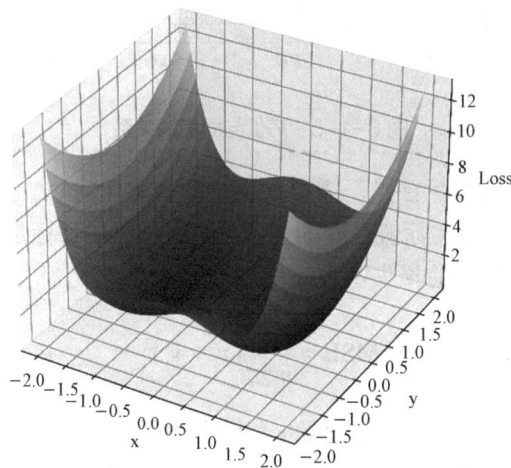

图 8-1-7　复杂损失函数

在梯度下降算法中，梯度下降的步长由学习率决定，可以形象地比喻为每一次的迈步大小。若步幅太大，可能会跳过最优点，导致算法无法收敛；反之，步幅太小，则会导致收敛速度缓慢，或者陷入局部最优解。因此，学习率的选择至关重要，它直接影响算法的稳定性和效率。

在上例中，根据梯度下降更新的 w 值可以表示为

$$w_{新} = w_{旧} - 梯度 \times 学习率$$

其中，梯度指的是损失函数对参数 w 的偏导数，然后通过梯度乘以学习率来确定参数更新的步长。

在上例中，参数只有一个，即 w。而在神经网络中，参数通常是一个包含大量权重和偏置的集合。例如，在图 8-1-4 中，神经元之间的每一个连接都对应一个参数。理解了上述内容，就能很容易地理解反向传播算法。上文中已经提到，在神经网络的训练过程中，前向传播和反向传播交替进行：前向传播通过训练数据和权重参数计算输出结果；反向传播通过导数链式法则计算损失函数对各参数的梯度，并根据梯度进行参数的更新。

在实际应用中，反向传播的推导过程十分复杂，在这里不详细展开。如果对此感兴趣，可以尝试手动推导反向传播的过程。总的来说，反向传播的核心思想就是应用链式法则来求导。由于其涉及的计算量巨大，还是交给计算机来完成这项任务吧！

8.1.3　深度学习的兴起

通过前面的学习，相信大家已经对神经网络有了较为清晰的认识。神经网络的用途十分广泛，可以用于图像识别和分类、自然语言处理、语音识别等领域。但实际上，神经网络只是一个复杂的函数逼近器。

万能近似定理表明，一个前馈神经网络如果具有线性输出层和至少一层具有任何一种"挤压"性质的激活函数的隐藏层，那么只要其隐藏层神经元数量足够多，就可以以任何精度来近似一个定义在实数空间中的有界闭集函数。根据这一理论，单层前馈神经网络足以表示任何函数。

既然单隐层网络已经可以近似任何函数，为什么还要将神经网络做深呢？这是因为虽然单隐层网络可以近似任何函数，但其规模可能会非常庞大。在最坏的情况下，需要指数级的隐藏单元才能近似某个函数。而通过增加隐藏层的层数，网络的表示能力会呈指数级增加。

深度学习就是通过加深隐藏层的深度来增强神经网络的能力。通过叠加隐藏层，就可以创建深度网络。上文已经提到，虽然单隐藏层网络可以近似任何函数，但所需参数量巨大。因此，深度学习的动机之一就是减少网络的参数数量。也就是说，与单隐藏层网络相比，更深的网络可以用更少的参数达到类似的性能。此外，通过加深网络，还可以分层次地提取不同特征。在后续的卷积神经网络的学习中会进一步体现这一点。

过去，深度学习没有得到充分发展，主要受到数据、算法和算力的限制。神经网络需要大量的数据来进行有效的训练。在深度学习发展的早期，获取和存储大规模数据集的成本较高且困难。并且，早期的训练算法在处理深层网络时效果不佳，容易出现梯度消失或梯度爆炸问题。反向传播算法虽然提出已久，但在深层网络中的有效应用和改进花费了大量时间。此外，深度学习需要大量的计算资源，早期的硬件无法高效处理深度神经网络所需的庞大计算量。近些年来，GPU（graphics processing unit，图形处理器）和 TPU（tensor processing unit，张量处理器）等硬件的快速发展，以及分布式计算技术的进步，为深度学习的实际应用提供了必要的算力支持。

随着大数据时代的到来，海量数据变得更加容易获取和存储；算法的改进解决了许多早期的问题；硬件的进步提供了强大的计算能力。这些因素共同推动了深度学习的迅速发展，使其在许多领域取得了显著的成果。

目前，深度学习已经扩展到各个领域，包括语音识别、自然语言处理、医疗诊断、金融预测和交通管理等。在这些领域中，它带来了显著的进步和应用，如超越人类水平的语音转文字、在医疗影像中提供准确的诊断、优化交通流量等。深度学习不仅是一种技术，更是推动各行各业创新的引擎，为人类社会带来了巨大变革。

8.2　卷积神经网络

卷积神经网络（CNN）在图像识别和处理领域表现得尤为出色，通过卷积层提取图像特征，实现高效的模式识别。卷积神经网络的结构包含卷积层、池化层和全连接层，能够有效减少参数数量和计算复杂度。

8.2.1　从全连接层到卷积

图像在计算机中以像素点的形式存储，可以是灰度图像或彩色图像。灰度图像中每个像素点只有一个通道，因此是二维的，表示图像的高度和宽度。彩色图像每个像素点通常包含 3 个通道（红、绿、蓝），每个通道的取值范围是 0～255，表示颜色的强度，因此是三维的。传统的全连接前馈神经网络对图像的处理方式是将图像像素点展开成一维数据。例如，一张大小为100×100 的 RGB 图像会展开成100×100×3的输入。在这种情况下，隐藏层神经元与输入层之间存在大量的连接，导致参数规模急剧增加，训练效率低下且容易出现过拟合现象。

另外，图像输入是二维或三维形状的，相邻像素可能具有相似的值，彩色图像中的RGB 通道之间也存在密切关联。然而，全连接层需要将多维数据拉伸为一维数据，无法提取出多维形状中存在的特征。

此外，全连接前馈神经网络无法很好地提取出自然图像中物体存在的局部不变性，如尺度缩放、平移、旋转等操作不会影响其语义信息。举个例子，一张小狗的图片，无论如何裁剪、翻转，小狗的耳朵始终在同一相对位置并具有相同的形状和特征。然而，在全连接前馈神经网络中，这种不变性无法被很好地表示。

因此，卷积神经网络应运而生。卷积神经网络是由卷积层、池化层和全连接层交叉堆叠而成的前馈神经网络。其中，卷积层负责提取特征，池化层用于降低维度和防止过拟合，全连接层则负责输出结果。当输入数据是 RGB 图像时，卷积会以三维数据的形式接收输入，并以同样的形式输出到下一层。经过卷积操作后，得到的结果被称为特征映射（feature map）。特征映射是由卷积层通过对输入图像进行滤波操作而产生的。每个卷积核（也称为滤波器）对图像进行局部区域的扫描，并生成一个对应的特征映射。这些特征映射捕捉了图像中的不同特征，如边缘、纹理等。通过堆叠多个卷积层，网络可以逐渐学习到更加抽象和高级的特征，从而提高图像识别的准确性和泛化能力。

8.2.2　卷积神经网络的特性

　　卷积神经网络有 3 个结构上的特性：局部连接、权重共享、池化。这些特性使得卷积神经网络具有一定程度上的平移、缩放和旋转不变性。和前馈神经网络相比，卷积神经网络参数也较少。为了理解这些特性，首先通过一个简单的例子来理解二维卷积运算的过程，如图 8-2-1 所示。

　　在这个例子中，输入图像大小为 5×5。为了简化问题，只考虑了一个通道。大小为 5×5 的方格中的数值代表每个像素点其中一个通道的数值。大小为 3×3 的方格代表卷积核，也称为滤波器。卷积运算的过程如下：从左上角开始，卷积核与输入的对应元素相乘求和，得到第一个输出值（10）。然后，根据设定的步长（stride），移动卷积核。步长决定了移动的步数，再将对应元素相乘求和得到下一个输出值。图中展示了当步长为 1 和 2 时卷积后的输出。卷积核中的每一个参数即为权重参数。与全连接的神经网络相同，卷积神经网络中也存在偏置。因此，一个 3×3 的卷积核共有 10 个参数。

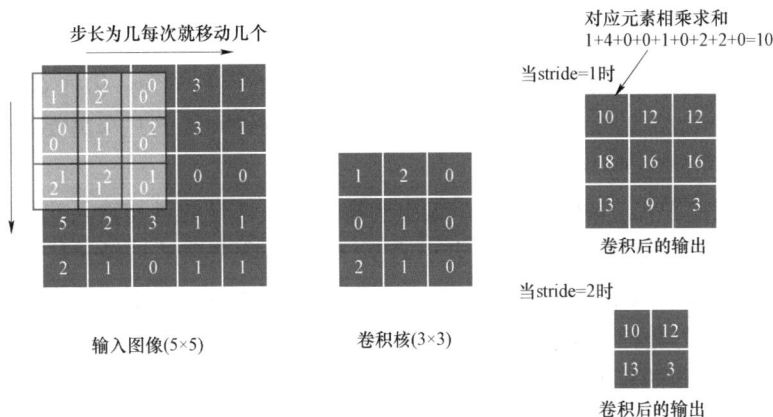

图 8-2-1　卷积运算过程

　　具体来说，卷积运算是卷积核在输入数据上滑动的过程，对于输入数据的每个位置，卷积核与其对应的区域进行加权求和，然后再加上偏置参数，得到输出特征图中的一个像素值。卷积运算的过程可以表示为

$$Z[i,j]=\sum_{m=0}^{f-1}\sum_{n=0}^{f-1}X[i+m,j+n]\times W[m,n]+b$$

其中，$Z[i,j]$ 是输出的特征图中的一个像素值，$X[i+m,j+n]$ 是输入数据中的一个像素值，m 和 n 是卷积核在水平方向和垂直方向上的偏移量，$W[m,n]$ 是卷积核中的权重参数，b 是偏置参数。

除了步长可以控制卷积后输出的大小之外，零填充（zero padding）也是一个重要的参数。零填充是指在输入图像的边界周围填充一圈零值像素，以便在进行卷积操作时能够保持输出特征图的尺寸与输入特征图相同。零填充可以帮助保留图像边界信息，防止在卷积过程中信息丢失。图 8-2-2 展示了不同步长和零填充的情况，这有助于更好地理解卷积运算的过程。

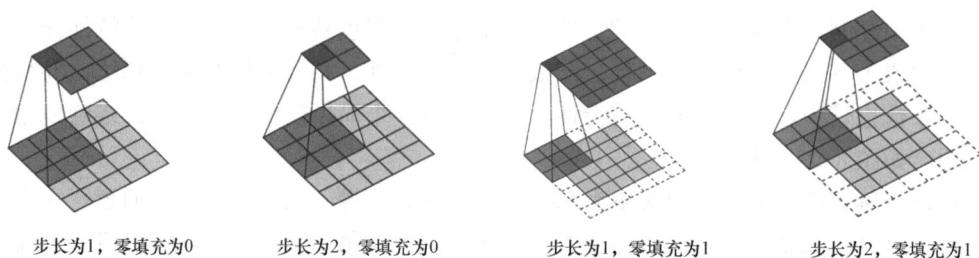

步长为1，零填充为0　　步长为2，零填充为0　　步长为1，零填充为1　　步长为2，零填充为1

图 8-2-2　不同步长和零填充的情况

根据输入的大小、卷积核的尺寸、步长的大小及零填充的数量，可以计算得出卷积后输出的大小。设输入图像尺寸为 $W×W$，卷积核的尺寸为 $F×F$，步长为 S，图像通道数为 C，零填充数量为 P，则

$$N = \frac{W-F+2P}{S}+1$$

其中，卷积后输出的大小为 $N×N$。经过卷积后的图像通道数不变，仍为 C。

理解二维卷积运算的过程后，下面深入理解卷积神经网络的几个重要特性，即局部连接、权值共享和池化。

在卷积神经网络中，局部连接是指输出的每个元素都是通过与输入的局部区域进行连接计算得出的。在上例中，卷积核的大小为 3×3。每个隐藏层的神经元只需要和这 3×3 的局部图像连接，这也就是所谓的稀疏交互，又称局部连接、局部感受野。局部连接性质使得网络能够更好地捕捉到图像中的局部特征。

卷积神经网络中的权值共享是指在卷积操作中使用相同的卷积核（或者说权重）来扫描整个输入图像。无论在图像的哪个位置进行卷积操作，所使用的权重都是相同的。这种机制有助于减少模型的参数数量，降低模型的复杂度，减少过拟合的风险，并提高模型的训练效率。

另一个重要特征是池化，也称为下采样。池化操作通过在每个特征图的局部区域应用池化函数（如最大池化或平均池化）来减少特征图的空间尺寸。这降低了网络的计算复杂度，并有助于提取更显著的特征。池化操作通常在卷积层之后应用，类似于图像的下采样，有助于保留图像中最重要的特征信息，同时减少计算量。最大池化保留局部区域中的最大数值，而平均池化则取局部区域中数值的平均数。在计算机视觉中，最大池化更适用于提取纹理特征，而平均池化则更适合保留背景信息。

图 8-2-3 展示了最大池化的过程，即保留局部区域中的最大数值。类似地，平均池化则是取局部区域中数值的平均数。池化层输出尺寸的计算公式与卷积层同理。

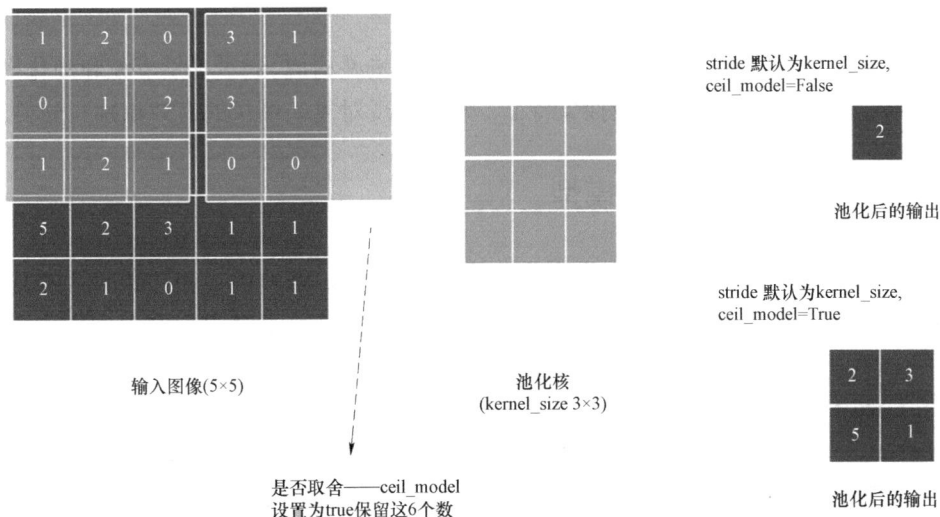

图 8-2-3 最大池化的过程

通过以上内容的讲解，我们已经了解了卷积神经网络的基本概念和工作原理。现在对卷积神经网络的理论基础进行总结。这些基本原理和特性共同构成了卷积神经网络的基础，使其成为处理图像和其他类型数据的强大工具。

1. 感受野

在卷积神经网络中，每个输出特征图中的像素点在原始输入图片上映射的区域大小即为感受野（receptive field）。这个概念描述了网络对输入图像的局部信息感知范围。

2. 卷积计算

输入特征图的深度（通道数）决定了卷积核的深度。经过卷积计算后，特征图的通道数保持不变。如果某一层的特征提取能力不足，可以通过增加卷积核的数量来提高该层的特征提取能力。

3. 零填充

零填充的目的是防止图片边缘信息丢失，并且可以控制卷积运算后输出的尺寸大小，保持输入特征图的尺寸不变。

4. 池化

池化操作是为了减少特征数据量，常用的池化方式有最大池化和平均池化。最大池化用于提取图片纹理特征，而平均池化则有助于保留背景特征。

5. 权值共享

在卷积神经网络中，同一层的不同位置共享相同的权重参数，这种机制称为权值共享。通过权值共享，网络能够有效地学习到通用的特征表示，从而降低了模型的参数数量，并提高了模型的泛化能力。

6. 局部连接

卷积神经网络中采用局部连接的方式，每个神经元只与输入数据的局部区域连接，而不是与整个输入数据进行连接。这种局部连接的方式使得网络能够更好地捕捉到图像的局部特征，同时减少了参数数量和计算量。

7. 多层卷积和池化

卷积神经网络通常由多个卷积层和池化层交替堆叠构成。通过多层卷积和池化操作，网络能够逐渐提取出图像的高级抽象特征，从而实现对复杂图像的有效识别和分类。

8.2.3　经典卷积神经网络模型

基于卷积神经网络，目前已经出现了各种网络结构。经典的卷积神经网络模型包括 LeNet、AlexNet、VGG net、GoogleLeNet 及 ResNet 等。这里介绍其中 3 个非常重要的网络，分别是 LeNet、AlexNet 和 ResNet。

1. LeNet

LeNet 于 1998 年被提出，是卷积网络的开篇之作。如图 8-2-4 所示，LeNet 包含了深度学习的基本模块：卷积层、池化层及全连接层，用来进行手写字符的识别。

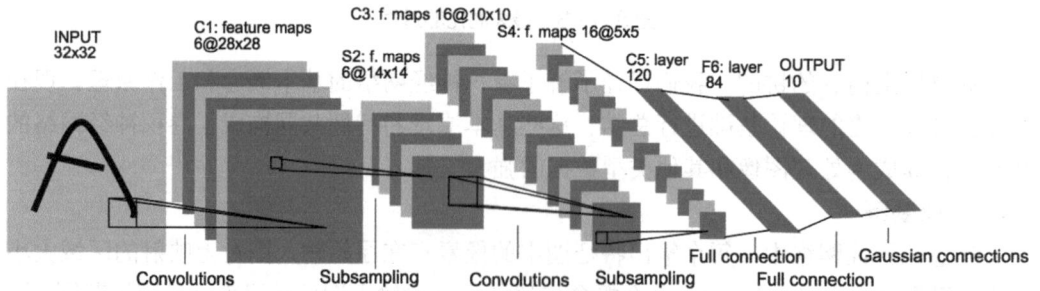

图 8-2-4　LeNet 网络结构

2. AlexNet

在 LeNet 出现 20 多年后，AlexNet 在 2012 年 ImageNet 大规模视觉识别挑战赛中取得了革命性的成果，证明了通过多层非线性变换能够提取更复杂、更高层次的特征，并大幅度地提高了图像分类任务的准确率。AlexNet 与 LeNet 的思想类似，都是通过堆叠多个卷积层和池化层，最后经由全连接层输出结果，如图 8-2-5 所示。虽然两者在结构上没有太大的差异，但是 AlexNet 在深度学习领域中的突破性贡献主要体现在以下几个方面。

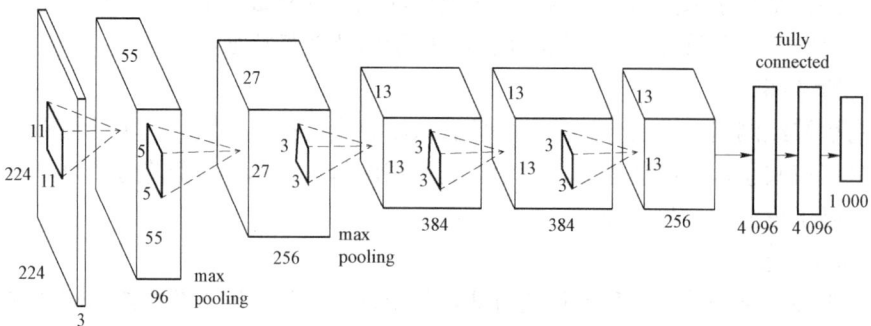

图 8-2-5　AlexNet 网络结构

1）深度架构

AlexNet 采用了比早期神经网络更深的结构，它包含 8 层（包括 5 个卷积层和 3 个全连接层），证明了通过增加网络层次可以提取更复杂、更高层次的特征表示，并显著提高了图像识别任务的性能。

2）ReLU 激活函数

在 AlexNet 中，ReLU（rectified linear unit）替代了传统的 Sigmoid 或 tanh 函数成为非线性激活函数。ReLU 的使用有效地解决了梯度消失问题，使得训练深层神经网络更加容易。在反向传播算法中，激活函数的导数是影响梯度的关键因素之一。Sigmoid 或 tanh 函数的导数在输入绝对值较大时变得非常小，导致梯度逐层衰减，最终出现梯度消失问题。ReLU 的导数只能取 0 或 1，当输入大于 0 时，导数为 1；当输入小于 0 时，导数为 0。

3）局部响应归一化

AlexNet 中引入了局部响应归一化层（LRN），是在深度学习中提高准确度的技术方法，一般是在激活、池化后进行。局部响应归一化对局部神经元的活动创建竞争机制，使得其中响应比较大的值变得相对更大，并抑制其他反馈较小的神经元，增强了模型的泛化能力。

4）池化策略改进

AlexNet 中使用最大池化来减少模型对输入数据的小幅变化的敏感度，同时能够降低计算量和参数数量。

5）CPU 并行计算

AlexNet 使用 CPU 加速了训练。CPU 的出现为深度学习模型的大规模训练奠定了基础。可以将 CPU 比作一位学识渊博的教授，擅长处理复杂多样的任务，而 CPU 则像是一群小学生，只会执行简单的算术运算。尽管教授能力出众，也无法在一秒钟内完成 500 次加减法，但这一任务可以通过 500 个小学生同时计算来实现。CPU 正是通过这种大规模并行计算的方式，加速了深度学习模型的训练过程。

6）数据增强

通过对训练数据进行随机翻转、裁剪等操作来进行数据增强，从而多样化训练数据，有效地提升了模型的泛化能力。

正是因为这些技术创新和实践验证，AlexNet 不仅在 ILSVRC 竞赛中取得了前所未有的成绩，而且极大地推动了整个深度学习领域的研究和发展。特别是在计算机视觉领域，AlexNet 开启了深度学习广泛应用的新时代。然而，随着网络深度的增加，训练深度神经网络变得愈发困难，主要挑战之一是梯度消失和梯度爆炸问题。

3. ResNet

为了解决上述问题，2015 年出现了深度残差网络（residual neural network，ResNet）。ResNet 通过引入残差块（residual block），极大地缓解了深层网络训练中的梯度消失问题，使得构建超过 100 层的深度网络成为可能。ResNet 不仅在 ILSVRC 2015 竞赛中赢得了冠军，还在各种计算机视觉任务中取得了显著的性能提升，进一步推动了深度学习技术的前沿发展。

ResNet 的核心思想是通过引入"残差块"来解决随着网络深度增加而出现的梯度消失和梯度爆炸问题。传统的卷积神经网络直接学习输入到输出的映射，而 ResNet 则学习

输入和输出之间的残差，即

$$y = \mathcal{F}\left(x, \{W_i\}\right) + x$$

其中，x 是输入，y 是输出，$\mathcal{F}\left(x, \{W_i\}\right)$ 表示需要学习的残差函数。通过这样的设计，网络更容易优化，因为即使残差为零，网络也可以通过恒等映射传递梯度。图 8-2-6 为 ResNet 残差块结构。

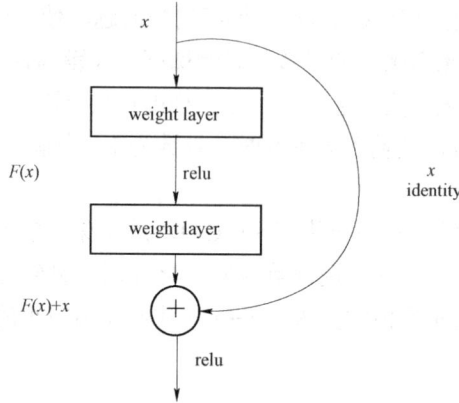

图 8-2-6　ResNet 残差块结构

通过对 LeNet、AlexNet 和 ResNet 的学习，我们不仅了解了卷积神经网络的基础和发展历程，也为进一步深入研究和应用奠定了坚实的基础。希望通过本节内容，能激发读者对深度学习和卷积神经网络的浓厚兴趣，继续探索这个充满活力和前景的研究领域。

8.2.4　基于 PyTorch 的实现

在开始使用 PyTorch 进行深度学习模型的实现之前，首先需要安装 PyTorch。读者可以通过访问 PyTorch 官网（https://pytorch.org/），单击"Get Started"进行安装（见图 8-2-7）。在官网上，选择适合计算机配置的操作系统、编程语言及 CUDA 版本。根据选择的配置，官网会生成相应的安装命令。建议在创建的虚拟环境中进行 PyTorch 的安装和环境配置，

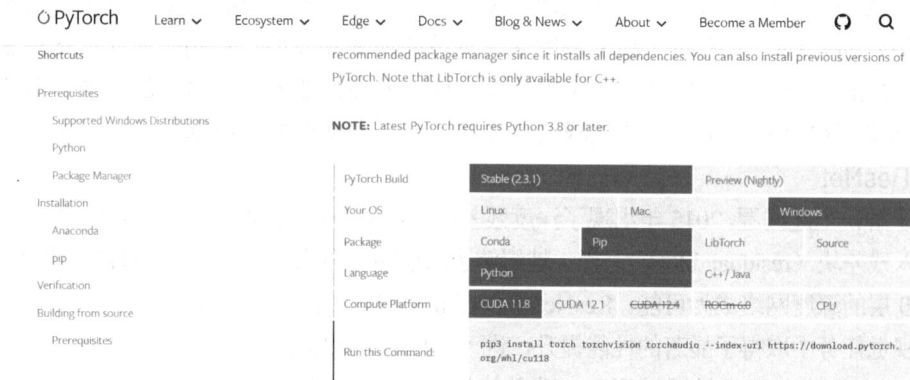

图 8-2-7　PyTorch 安装

这样可以有效管理依赖关系并隔离不同项目的环境。更多安装 PyTorch 的详细信息，读者可以自行查阅官网或其他相关资源获取。

安装完成后，就可以使用 PyTorch 来实现深度学习模型了。下面将使用 MNIST 数据集作为示例，展示如何用 PyTorch 构建和训练一个简单的卷积神经网络。这个例子旨在帮助大家理解和掌握 PyTorch 的基本使用方法。

MNIST 数据集是一个被广泛应用的手写数字识别基准测试集。它包含了 60 000 张 28×28 像素的灰度图像用于训练，以及 10 000 张用于测试的图像。每张图像都表示一个 0~9 的数字。因此，这是一个分类问题。对于分类问题，可以使用准确率直接衡量模型的表现。图 8-2-8 为 MNIST 数据集示例。

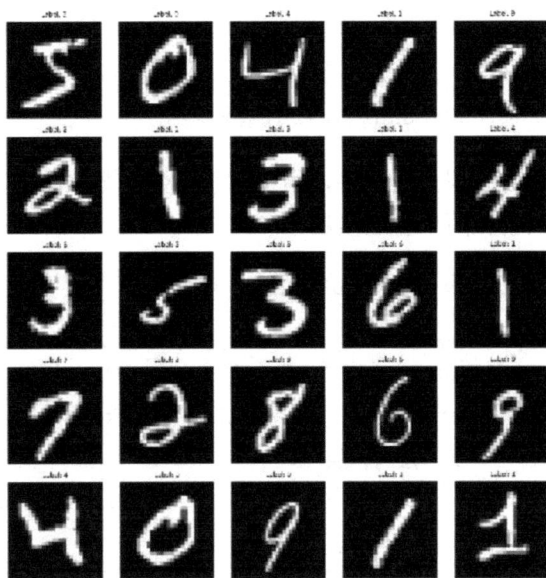

图 8-2-8　MNIST 数据集示例

首先，需要导入 PyTorch 及其相关的模块。

```
In [1]    import torch
          import torch.nn as nn
          import torch.optim as optim
          from torchvision import datasets, transforms
```

然后，加载和预处理 MNIST 数据集。由于直接通过 PyTorch 下载 MNIST 数据集可能不稳定，建议通过访问 www.di.ens.fr/~lelarge/MNIST.tar.gz，下载后解压，并将数据集放置在名为"dataset"的文件夹内。

```
In [2]    # 定义数据转换
          transform = transforms.Compose([
              transforms.ToTensor(),
```

```
    transforms.Normalize ((0.1307,), (0.3081,))
])
```

```
# 下载并加载训练数据
train_dataset = datasets.MNIST(root='dataset', train=True,
download=True, transform=transform)
test_dataset = datasets.MNIST(root='dataset', train=False,
download=True, transform=transform)
```

```
train_loader                                                    =
torch.utils.data.DataLoader(dataset=train_dataset,
batch_size=64, shuffle=True)
test_loader = torch.utils.data.DataLoader(dataset=test_dataset,
batch_size=1000, shuffle=False)
```

　　下面定义一个简单的卷积神经网络，用于对手写数字数据集（MNIST）进行分类。这个模型包括两个卷积层和两个全连接层。

In [3]
```
class SimpleCNN(nn.Module):
    def __init__(self):
        super(SimpleCNN, self).__init__()
        self.conv1 = nn.Conv2d(1, 32, kernel_size=3, stride=1,
padding=1) # 第一层卷积层
        self.conv2 = nn.Conv2d(32, 64, kernel_size=3, stride=1,
padding=1) # 第二层卷积层
        self.pool = nn.MaxPool2d(kernel_size=2, stride=2,
padding=0)        # 池化层
        self.fc1 = nn.Linear(64 * 7 * 7, 128)  # 全连接层1
        self.fc2 = nn.Linear(128, 10)           # 全连接层2

    def forward(self, x):
        x = self.pool(torch.relu(self.conv1(x))) # 卷积 -> ReLU ->
池化
        x = self.pool(torch.relu(self.conv2(x))) # 卷积 -> ReLU ->
池化
        x = x.view(-1, 64 * 7 * 7)                # 展平
        x = torch.relu(self.fc1(x))               # 全连接层1 -> ReLU
        x = self.fc2(x)                           # 全连接层2
        return x
```

接着，实例化模型、定义损失函数、优化器及训练函数。

In [4]
```python
# 实例化模型
model = SimpleNN()

# 定义损失函数和优化器
criterion = nn.CrossEntropyLoss()
optimizer = optim.SGD(model.parameters(), lr=0.01, momentum=0.9)

# 训练模型
def train(model, device, train_loader, optimizer, criterion,
epoch):
    model.train()
    for batch_idx, (data, target) in enumerate(train_loader):
        data, target = data.to(device), target.to(device)
        optimizer.zero_grad()
        output = model(data)
        loss = criterion(output, target)
        loss.backward()
        optimizer.step()
        if batch_idx % 100 == 0:
            print(f'Train    Epoch:    {epoch}    [{batch_idx    *
len(data)}/{len(train_loader.dataset)}'
                    f' ({100. * batch_idx / len(train_loader):.0f}%)]\
tLoss: {loss.item():.6f}')
```

定义测试函数，以便在测试集上评估模型的性能。

In [5]
```python
def test(model, device, test_loader, criterion):
    model.eval()
    test_loss = 0
    correct = 0
    with torch.no_grad():
        for data, target in test_loader:
            data, target = data.to(device), target.to(device)
            output = model(data)
            test_loss += criterion(output, target).item()
            pred = output.argmax(dim=1, keepdim=True)
            correct += pred.eq(target.view_as(pred)).sum().item()
```

```
test_loss /= len(test_loader.dataset)
print(f'\nTest set: Average loss: {test_loss:.4f}, Accuracy:
{correct}/{len(test_loader.dataset)}'
      f' ({100. * correct / len(test_loader.dataset):.0f}%)\n')
```

现在可以运行训练和测试过程。在这里，只展示迭代 10 次后的结果，包括测试集上的平均损失及准确率。由于数据集较为简单，迭代 10 次后，模型在测试集上的准确率为 98%。

In [6]
```
# 设置设备为 CPU 或 GPU
device = torch.device("cuda" if torch.cuda.is_available() else "cpu")
model.to(device)

# 训练和测试模型
for epoch in range(1, 11):
    train(model, device, train_loader, optimizer, criterion, epoch)
    test(model, device, test_loader, criterion)
```

Out [6]   Test set: Average loss: 0.0001, Accuracy: 9804/10000 (98%)

通过这个简单的例子，相信读者已经初步掌握了使用 PyTorch 的方法。在 PyTorch 的官方文档（https://pytorch.org/docs/stable/index.html）中，详细介绍了各种函数的使用。通过查阅这些文档，可以清晰地了解每个函数的输入、输出等信息，进而更深入地探索和应用 PyTorch 进行深度学习模型的开发和优化。

8.3　循环神经网络

循环神经网络（RNN）适用于处理序列数据，通过循环结构保存和利用前一时刻的信息，解决序列预测问题。循环神经网络常用于自然语言处理、时间序列预测等领域，但存在梯度消失问题，需要改进的结构 LSTM 和 GRU 来解决。

8.3.1　循环神经网络结构

与全连接神经网络（FCNN）和卷积神经网络（CNN）不同，循环神经网络的设计初衷是更好地处理现实问题中的时序数据，如文本、音频、交通流量和股票数据等。全连接神经网络和卷积神经网络只能单独处理独立的输入，前一个输入和后一个输入之间没有关系。然而，在处理序列数据的某些任务时，需要神经网络具备记忆能力。循环神经网络通过引入状态变量来存储过去的信息，并结合当前的输入来决定当前的输出，从而有效地处理序列数据。

循环神经网络是一种对序列数据有较强处理能力的网络。在卷积神经网络中提到，卷积神经网络中的权值共享是指在卷积操作中使用相同的卷积核来处理整个输入图像。同样地，循环神经网络中也存在权值共享。如果说卷积神经网络是空间上的权值共享，那么循环神经网络就是时间步上的权值共享。

循环神经网络的结构如图 8-3-1 所示。在这个图中，权重矩阵 W 代表的是隐藏层上一次的值作为这一次输入的权重。如果将权重矩阵 W 去掉，得到的就是一个普通的神经网络。将这个图展开，可以得到图 8-3-2。

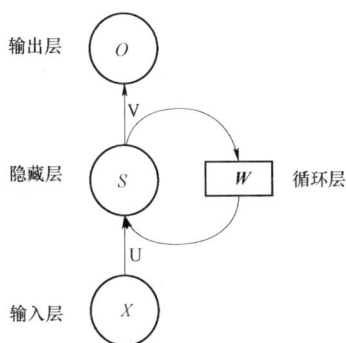

图 8-3-1　RNN 结构简图　　　　　图 8-3-2　RNN 结构展开图

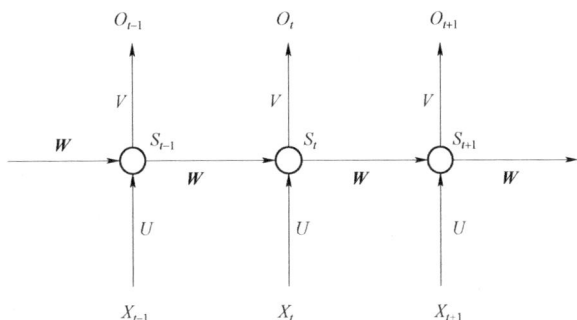

具体来说，在循环神经网络中，每个时间步的输入与前一个时间步的隐藏层的值 S_{t-1} 共同作用，通过权重矩阵 W 来计算当前的隐藏状态 S_t。这种机制使得循环神经网络能够在处理序列数据时保留过去的信息，并利用这些信息来影响当前的输出。隐藏层状态 S_t 还可以表示为 h_t，计算公式如下：

$$h_t = \sigma\left(W_{xh}x_t + W_{hh}h_{t-1} + b_h\right)$$

其中，W_{xh} 是输入到隐藏层的权重矩阵，W_{hh} 是隐藏层到隐藏层的权重矩阵，b_h 是偏置，σ 是激活函数。输出 y_t 由以下公式计算得到：

$$y_t = \phi\left(W_{hy}h_t + b_y\right)$$

其中，W_{hy} 是隐藏层到输出层的权重矩阵，b_y 是输出层的偏置，ϕ 是输出层的激活函数。

将 t 时刻的输入层、隐藏层及输出层展开，可以更好地理解循环神经网络的工作原理。如图 8-3-3 所示，t 时刻的每个隐藏层神经元都受到 $t-1$ 时刻的所有隐藏层单元的影响。通过这种方式，循环神经网络能够在序列数据中保留和利用历史信息，从而实现对时序数据的有效处理。

总的来说，基础的神经网络只在层与层之间建立权连接。循环神经网络最大的不同之处在于层内部的神经元在时间维度上也建立了权连接。然而，循环神经网络存在一个明显的短板：短期记忆影响较大，即网络更倾向于记住最近的信息，而对长期信息的保

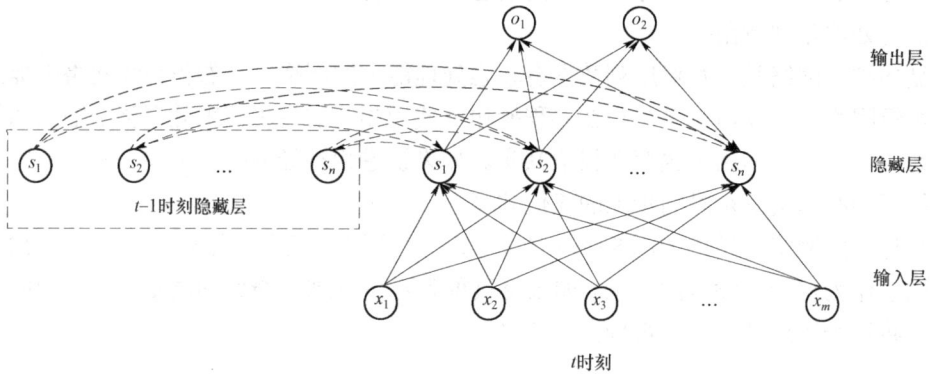

图 8-3-3　按神经网络的方式表示 RNN

持能力较弱。这种现象被称为循环神经网络的短期记忆问题，限制了其在处理长期依赖关系时的表现。

在循环神经网络中，各个时间步共享相同的权重，最终的梯度等于各个时间步梯度的累加。循环神经网络中的梯度消失现象与卷积神经网络中的梯度消失（梯度逐渐趋近于 0）不同。在循环神经网络中，总的梯度不会完全消失。即使远距离的梯度逐渐变弱，但由于近距离的梯度仍然存在，所有梯度的累加结果也不会完全消失。循环神经网络中所谓的梯度消失实际上是指梯度主要由近距离的梯度所主导，这使得模型难以捕捉远距离的依赖关系。这进一步解释了循环神经网络中存在的短期记忆问题。

为了克服循环神经网络的短期记忆问题，研究者们提出了改进的网络结构，如 LSTM（长短期记忆）网络和 GRU（门控循环单元）。这些改进的模型在设计上能够更好地捕捉长期依赖关系，从而有效缓解梯度消失问题。接下来，将详细介绍 LSTM 和 GRU 的结构和原理。

8.3.2　长短期记忆

长短期记忆（LSTM）的出现是为了克服循环神经网络中存在的长期依赖问题。在循环神经网络中，每个时间步的隐藏层状态会被保存，并在下一时间步使用，从而保证每个时间步都包含前一时间步的信息。把保存每个时间步信息的地方称为记忆细胞（memory cell），实际上就是一个存储信息的变量。记忆细胞也被称为细胞状态（cell state），当前 t 时刻的记忆细胞可以表示为 c_t。普通的循环神经网络只有记忆细胞来存储所有的信息，而长短期记忆会有选择性地存储信息。长短期记忆中"选择的能力"是通过门控机制实现的。

长短期记忆中有 3 个门控机制：遗忘门、输入门和输出门。遗忘门和输入门控制记忆细胞的内容，而输出门则用来使用"记忆"得到当前时刻的隐藏层输出。这些概念可能有些抽象，可以通过一个简单的比喻来理解。在现实生活中，门是用来控制人或物的进出。门关上了，你就无法进入房间，门打开了你就能进去。同样，长短期记忆中的门控机制也是用来控制信息的进出。信息能够通过门进入记忆细胞意味着它被"记住"，而不能进入的则被"遗忘"。也就是说，门控机制控制了每个时刻信息的记忆与遗忘过程。

长短期记忆的结构如图 8-3-4 所示，图中描述了长短期记忆的结构及具体的运算公式。相较于循环神经网络只有一个传递状态（变量）h_t，长短期记忆有两个状态（变量）：一个是 c_t，用于存储长时期记忆；另一个是 h_t，用于存储短时记忆。

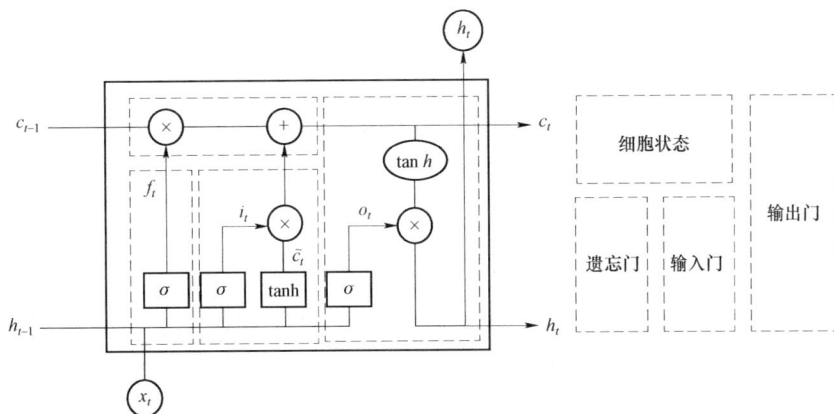

图 8-3-4 LSTM 结构

遗忘门决定了上一时刻的记忆细胞 c_{t-1} 有多少保留到当前时刻的记忆细胞 c_t 中，通过图中的 f_t 实现。f_t 的计算公式为

$$f_t = \sigma\left(W_f \bullet [h_{t-1}, x_t] + b_f\right)$$

输入门决定了当前时刻网络的输入 $[h_t, x_t]$ 有多少添加到当前记忆细胞 c_t 中，通过图中的 i_t 和 $\tilde{c}_t$ 实现。i_t 和 $\tilde{c}_t$ 的计算公式为

$$i_t = \sigma\left(W_i \bullet [h_{t-1}, x_t] + b_i\right)$$

$$\tilde{c}_t = \tanh\left(W_c \bullet [h_{t-1}, x_t] + b_j\right)$$

遗忘门和输入门用来控制记忆细胞的内容，相加后得到新的细胞状态 c_t。

$$c_t = f_t c_{t-1} + i_t \tilde{c}_t$$

输出门控制当前细胞状态 c_t 有多少输出到长短期记忆当前的输出值 h_t 中，通过整合 o_t 和 c_t 完成记忆的使用。

$$o_t = \sigma\left(W_o \bullet [h_{t-1}, x_t] + b_o\right)$$

$$h_t = o_t \tanh c_t$$

按时间维度展开，长短期记忆的参数传递过程如图 8-3-5 所示。图中展示了长短期记忆的结构在不同时间步长上的连接与参数传递方式。

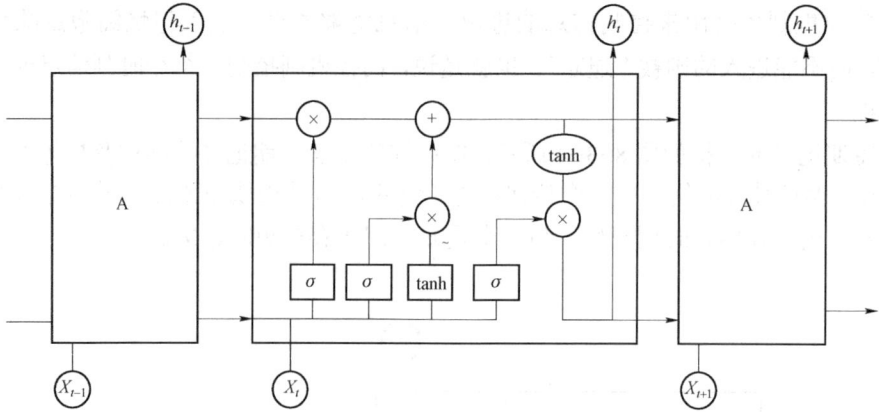

图 8-3-5 LSTM 按时间维度展开

8.3.3 门控循环单元

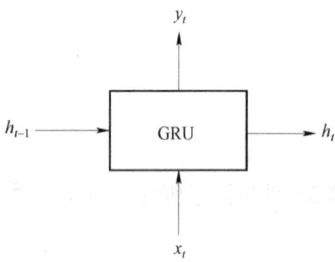

图 8-3-6 GRU 输入输出结构

门控循环单元（GRU）的输入输出结构与普通循环神经网络类似。如图 8-3-6 所示，门控循环单元中有一个当前的输入 x_t 和上一个节点传递下来的隐状态 h_{t-1}。结合 x_t 和 h_{t-1}，门控循环单元会得到当前隐藏节点的输出 y_t 和传递给下一个节点的隐状态 h_t。相比于长短期记忆，门控循环单元没有独立的细胞状态，而是将细胞状态和隐藏状态合并为一个状态，并使用更新门（update gate）和重置门（reset gate）进行控制。

门控循环单元中的门控机制与长短期记忆相似，都是由上一时刻状态 h_{t-1} 和当前时刻输入 x_t 共同决定的,但长短期记忆有 3 个门,而门控循环单元简化成两个门,如图 8-3-7 所示。

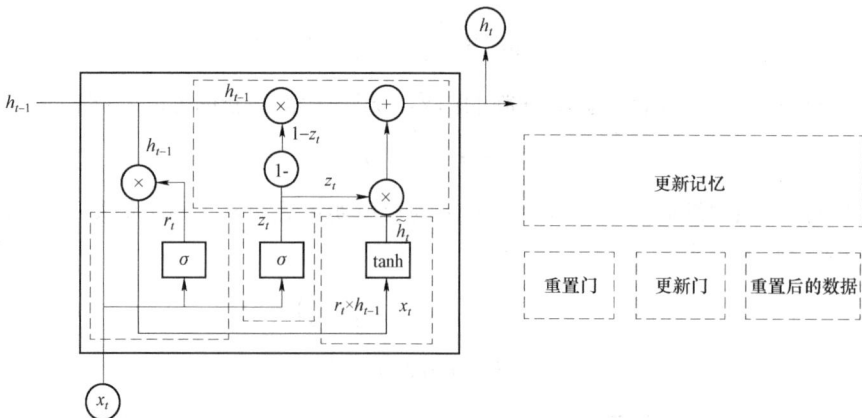

图 8-3-7 GRU 结构

具体来说，首先通过上一时刻传递下来的状态 h_{t-1} 和当前时刻的输入 x_t 来获取两个门控状态，即图 8-3-7 中的 r_t 和 z_t。

$$r_t = \sigma\left(W_r \bullet \left[h_{t-1}, x_t\right]\right)$$

$$z_t = \sigma\left(W_z \bullet \left[h_{t-1}, x_t\right]\right)$$

其中，σ 为 sigmoid 激活函数，将数据转化为 0～1 之间的数值，从而充当门控信号。得到门控信号之后，使用重置门 r_t 即可得到重置后的数据 $\tilde{h}_t$，代表了当前时刻的状态。$\tilde{h}_t$ 的计算公式为

$$\tilde{h}_t = \tanh\left(W \bullet \left[r_t h_{t-1}, x_t\right]\right)$$

更新记忆阶段是门控循环单元中最关键的步骤，即

$$h_t = \left(1 - z_t\right)h_{t-1} + z_t \tilde{h}_t$$

所谓的更新记忆，也就是更新隐藏层状态，得到当前时刻的隐藏层状态 h_t。其中，$\left(1-z_t\right)h_{t-1}$ 表示对原本隐藏状态的选择性遗忘，$1-z_t$ 可以理解为遗忘门；$z_t \tilde{h}_t$ 相当于有选择性地将当前时刻的状态添加到当前隐藏状态中。z_t 和 $1-z_t$ 是联动的，即遗忘了多少权重 z_t，就会使用包含当前输入的 $\tilde{h}_t$ 中对应的权重（$1-z_t$）进行弥补，以保持"恒定"状态。因此，更新隐藏层状态就是在忘记传递下来的 h_{t-1} 中的某些维度信息的同时，加入当前节点输入的某些维度信息。

门控循环单元是在 2014 年提出的，而长短期记忆则早在 1997 年就已经问世。两者都是为了解决相似的问题，因此门控循环单元在设计上难免参考了长短期记忆的内部结构。可以类比理解两者的结构。首先，重置门（reset gate）的名字可能有些误导。实际上，仅仅使用它来获取重置后的隐状态 $\tilde{h}_t$。在门控循环单元中，$\tilde{h}_t$ 可以看作是长短期记忆中的隐藏状态（hidden state），而上一个节点传下来的隐藏层状态 h_{t-1} 则对应于长短期记忆中的细胞状态（cell state）。此外，门控循环单元存在的 $1-z_t$ 对应于长短期记忆中的遗忘门（forget gate），而 z_t 可以看作是选择门。

门控循环单元的输入输出结构与普通循环神经网络相似，但其内部思想与长短期记忆更为接近。与长短期记忆相比，门控循环单元少了一个门控单元，参数也相对较少，但功能上却能达到与长短期记忆相当的效果。考虑到硬件计算能力和时间成本，很多时候会选择更为"实用"的门控循环单元。

8.3.4　基于 PyTorch 的实现

PyTorch 的安装方法详见 8.2.4。通过查阅 PyTorch 官方文档发现，PyTorch 提供的有关循环神经网络的函数总共有 7 个，如图 8-3-8 所示。接下来，以门控循环单元为例，介绍如何使用 PyTorch 实现一个简单的时间序列预测模型。将通过生成一个简单的时间序列数据集来预测未来的销售额。

Docs > torch.nn

Recurrent Layers

nn.RNNBase	Base class for RNN modules (RNN, LSTM, GRU).
nn.RNN	Apply a multi-layer Elman RNN with $\tanh$ or ReLU non-linearity to an input sequence.
nn.LSTM	Apply a multi-layer long short-term memory (LSTM) RNN to an input sequence.
nn.GRU	Apply a multi-layer gated recurrent unit (GRU) RNN to an input sequence.
nn.RNNCell	An Elman RNN cell with tanh or ReLU non-linearity.
nn.LSTMCell	A long short-term memory (LSTM) cell.
nn.GRUCell	A gated recurrent unit (GRU) cell.

图 8-3-8　PyTorch 文档

首先，导入必要的库和工具。

In [1]
```python
import torch
import torch.nn as nn
import numpy as np
import matplotlib.pyplot as plt
plt.rcParams['font.sans-serif'] = ['SimHei'] # 显示中文
plt.rcParams['axes.unicode_minus'] = False # 显示负号
```

为了演示方便，生成随机漫步数据模拟股票价格，并进行预处理。

In [2]
```python
np.random.seed(42)
num_steps = 100
noise_level = 0.1
prices = np.zeros(num_steps)
for i in range(1, num_steps):
    prices[i] = prices[i-1] + np.random.normal(scale=noise_level)

# 数据预处理
input_data = prices[:-1].reshape(-1, 1, 1)
target_data = prices[1:].reshape(-1, 1, 1)
```

接着，定义一个简单的门控循环单元模型，包含两个门控循环单元层和一个全连接层。

```
In [3]  class SimpleGRU(nn.Module):
            def __init__(self, input_size, hidden_size, output_size):
                super(SimpleGRU, self).__init__()
                self.gru1 = nn.GRU(input_size, hidden_size,
        batch_first=True)
                self.gru2 = nn.GRU(hidden_size, hidden_size,
        batch_first=True)
                self.fc = nn.Linear(hidden_size, output_size)

            def forward(self, x):
                out, _ = self.gru1(x)
                out, _ = self.gru2(out)
                out = self.fc(out)
                return out
```

然后，定义训练过程的函数。

```
In [4]  def train_model(model, input_data, target_data, num_epochs=100,
        learning_rate=0.01):
            criterion = nn.MSELoss()
            optimizer = torch.optim.Adam(model.parameters(), lr=
        learning_rate)
            for epoch in range(num_epochs):
                model.train()
                outputs = model(input_data)
                optimizer.zero_grad()
                loss = criterion(outputs, target_data)
                loss.backward()
                optimizer.step()

                if (epoch+1) % 10 == 0:
                    print(f'Epoch [{epoch+1}/{num_epochs}], Loss:
        {loss.item():.4f}')
```

接下来，初始化模型、转换数据类型并训练模型。

```
In [5]  # 初始化模型
        input_size = 1
```

```
hidden_size = 10
output_size = 1


gru_model = SimpleGRU(input_size, hidden_size, output_size)


# 转换数据为 torch tensors
input_data_tensor = torch.from_numpy(input_data).float()
target_data_tensor = torch.from_numpy(target_data).float()


# 训练模型
train_model(gru_model, input_data_tensor, target_data_tensor)
```

Out [5]   Epoch [10/100], Loss: 0.1725

Epoch [20/100], Loss: 0.0824

Epoch [30/100], Loss: 0.0123

Epoch [40/100], Loss: 0.0176

Epoch [50/100], Loss: 0.0107

Epoch [60/100], Loss: 0.0093

Epoch [70/100], Loss: 0.0085

Epoch [80/100], Loss: 0.0079

Epoch [90/100], Loss: 0.0078

Epoch [100/100], Loss: 0.0078

最后，用训练好的模型预测，并将预测结果可视化，如图 8-3-9 所示。

In [6]
```
# 模型预测
gru_model.eval()
with torch.no_grad():
    predicted_data_tensor = gru_model(input_data_tensor)


# 将 numpy 数组转换为正常形状
input_data = input_data.flatten()
target_data = target_data.flatten()
predicted_data = predicted_data_tensor.numpy().flatten()


# 可视化展示
plt.figure(figsize=(10, 6))
plt.plot(np.arange(num_steps-1), input_data, 'b-', markersize=8,
label='原始数据')
plt.plot(np.arange(1,   num_steps),   predicted_data,   'r--',
```

```
linewidth=2, label='预测数据')
# plt.title('Original vs Predicted Stock Prices')
plt.xlabel('Time Steps')
plt.ylabel('Price')
plt.legend()
plt.grid(True)
plt.show()
```

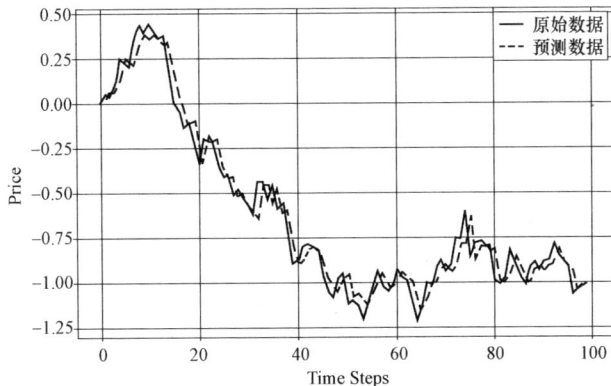

图 8-3-9　GRU 预测结果

8.4　图神经网络

8.4.1　图基础知识

在介绍图神经网络（graph neural network，GNN）之前，先引入图的基础知识。图是一种描述一组对象的数据结构，由顶点和边组成。将现实世界中的对象抽象为顶点，对象间的关系抽象为边，由此描述一组对象及它们之间关系。例如，可以使用图结构来描述一个家庭中的成员及成员间的关系（见图 8-4-1）。

当然，在数学上有更完整的表述。图（graph）可以视为一个系统，用 $G(N, E)$ 表示，其中 N 表示顶点（node），E 表示边（edge）。顶点和边都具有属性（attribute），同时边还可能具有方向。根据边是否有方向，将图分为有向图（directed graph）和无向图（undirected graph）（见图 8-4-2）。

图本身也具有表达其自身的全局属性，通过邻接矩阵（adjacency matrix）来描述图中的顶点关系。矩阵中用 0 表示两顶点间没有边，1 表示两顶点间有边。如图 8-4-3 中顶点 1 和顶点 2 之间有边，邻接矩阵中的值则为 1。

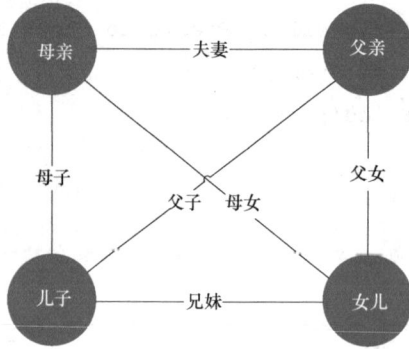

图 8-4-1 家庭关系图

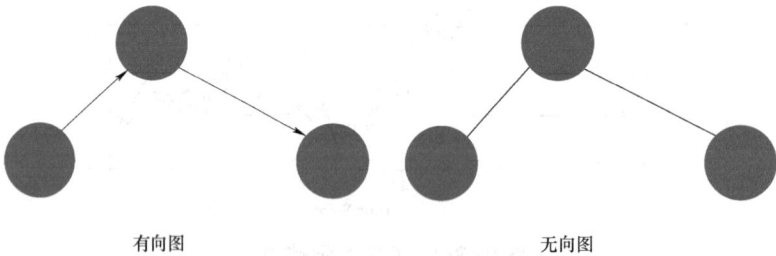

图 8-4-2 有向图和无向图

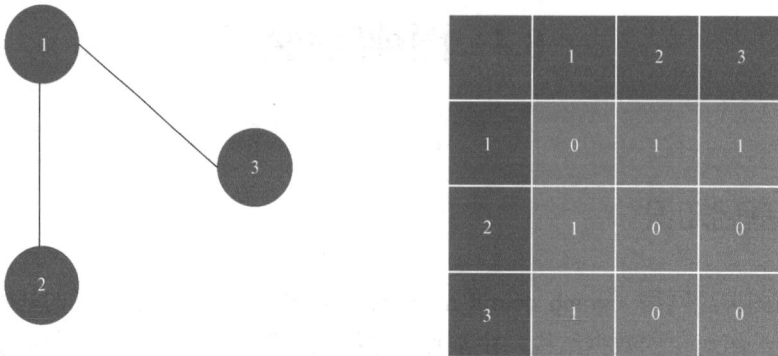

图 8-4-3 邻接矩阵

得益于图的特性，可以跳出深度神经网络对数据的限制，对非欧几里得数据进行描述。深度神经网络对于图像和文字等欧几里得数据（Euclidean data）可以进行较好的处理。之所以被称为欧几里得数据，是由于这类数据位于 n 维欧几里得空间 $\mathbf{R}^n$ 中，如常用的文本数据和图像数据。对于非欧几里得数据（non-Euclidean），如人际关系网络，一个人的朋友数量并不固定，也很难排序，对于这类非欧几里得数据很难用方方正正的张量来处理。为了适应这类新的数据，设计了图神经网络（GNN）来解决相关的问题。

图 8-4-4 为非欧几里得数据与欧几里得数据。

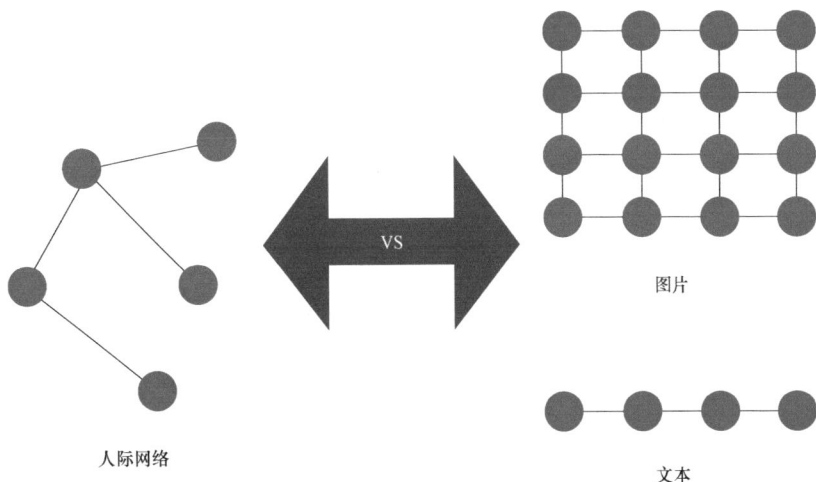

图 8-4-4　非欧几里得数据与欧几里得数据

8.4.2　图神经网络模型

图神经网络（GNN）是一种连接模型，通过网络中节点之间信息传递的方式来获取图中的依存关系，图神经网络通过从节点任意深度的邻居来更新该节点状态，这个状态能够表示状态信息。

通过前文介绍，我们知道图携带了 3 类信息：顶点信息、边信息和图信息。所以图神经网络也对应 3 类任务，分别是顶点层面任务、边层面任务和图层面任务。

（1）顶点层面：假设一个跆拳道俱乐部里有 A、B 两个教练，所有的会员都是节点。有一天，A、B 两个跆拳道教练决裂，那么各个学员是愿意和 A 在一个阵营还是愿意和 B 在一个阵营？这个任务即为顶点层面任务。

（2）边层面：例如在拳击赛上，首先通过语义分割把台上的人和环境分离开来。赛场上的人都是节点，现在要做一个预测：这些人之间的关系，是对抗关系？还是观众观看的关系？还是裁判观看的关系？这个任务即为边层面任务。

（3）图层面：例如分子是天然的图，原子是节点，化学键是边。现在要做一个分类：有一个苯环的分子分一类，有两个苯环的分子分一类。这是图分类任务。

图神经网络是对图上的所有属性进行的一个可以优化的变换，它的输入是一个图，输出也是一个图。它只对属性向量（上文所述的 G、E、N）进行变换，但它不会改变图的连接性(哪些点互相连接经过图神经网络后是不会变的)。在获取优化后的属性向量后，根据任务需求后接全连接神经网络，并通过调整输出层完成分类或回归任务。

下面以顶点级任务为例，介绍图神经网络的工作流程（见图 8-4-5）。图神经网络工作流程为聚类和更新。

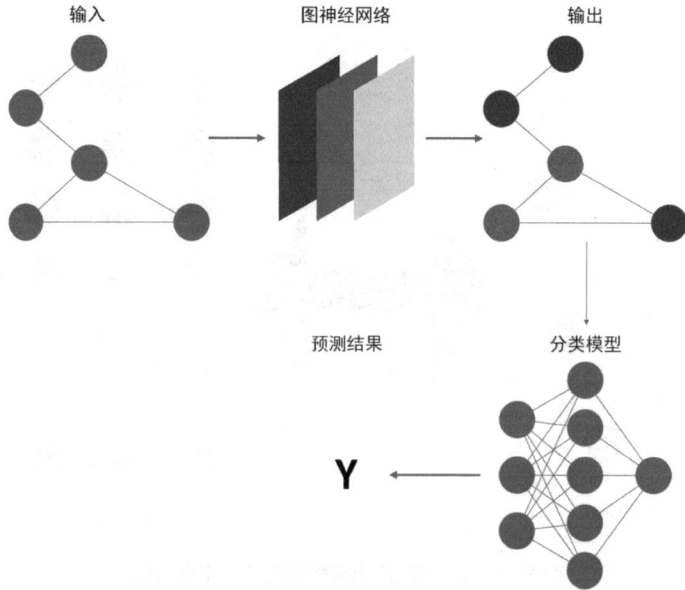

图 8-4-5　图神经网络工作流程图

　　在聚类阶段，需要获取各顶点自身当前属性和相邻顶点属性。例如图 8-4-6 中，对顶点 A 进行更新前，需要当前时刻 A 的属性和与 A 相邻顶点 B，C，D 的属性。

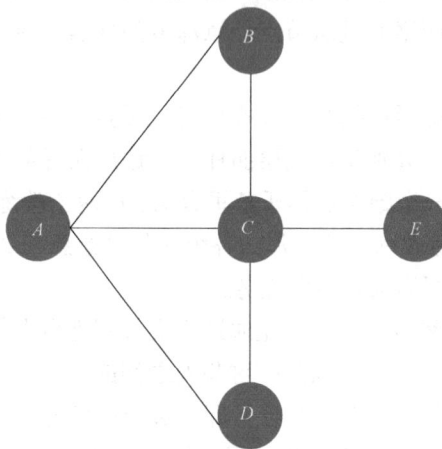

图 8-4-6　聚类演示

　　在更新阶段，这里假设更新函数是简单的取平均。可以写出顶点 A 下一时刻的属性：

$$x'_a = \frac{w_1 x_a + w_2 x_b + w_3 x_c + w_4 x_d}{\sum_{i=1}^{4} w_i}$$

　　然后对每个顶点重复这个过程，直到顶点属性收敛。每次更新顶点会从更远的顶点接收到信息。例如第一次更新时，顶点 A 只会接收到 B，C，D 的信息；第二次更新时，顶点 E 的信息通过 E-C-A 的传播路径，最终被 A 顶点接收（见图 8-4-7）。这个过程类似于广播，每一轮更新都会让每个顶点的信息传播得更远。

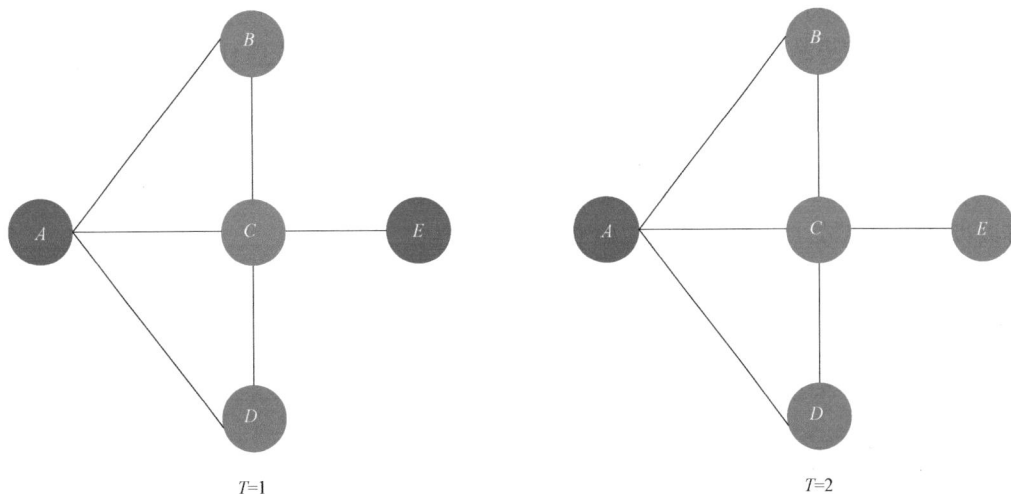

图 8-4-7 循环更新

下面用更规范的数学语言来描述这个过程。图神经网络的学习目标是获得每个节点的隐藏状态 $h_v \in \mathbf{R}^n$，其符号和解释如表 8-4-1 所示。

表 8-4-1 符号与解释

符 号	解 释
h_v	顶点 v 的隐藏状态
$x_{co[v]}$	与节点 v 关联的边的特征向量
$x_{ne[v]}$	顶点 v 的邻居节点特征向量
x_v	顶点 v 的属性
$h_{ne[v]}$	顶点 v 的邻居节点的隐藏状态
f	隐藏状态更新函数
g	局部输出函数
o_v	顶点 v 的局部输出
t_v	顶点 v 的标签

在更新阶段，顶点结合邻居的信息，并更新自身的隐藏状态：

$$h_v = f\left(x_v, x_{co[v]}, x_{ne[v]}, h_{ne[v]}\right)$$

利用更新函数，不断地利用当前时刻邻居节点的属性作为部分输入来生成下一时刻中心节点的属性，直到每个节点的隐藏状态变化幅度很小（收敛是通过两个时刻 h_v 的差值是否小于某个阈值来判定的）。至此，每个节点都"知晓"了其邻居的信息。更新函数的作用类似于深度神经网络中的池化层，它整合了各顶点的特征。

除了不断的更新，最终还需要一个输出函数，适应不同的下游任务，称之为局部输出函数（local output function）：

$$o_v = g(x_v, h_v)$$

f 和 g 的参数未知，这也是需要训练的地方。通过有监督信号的节点和局部输出，可以设计损失函数（loss function）如下：

$$loss = \sum_{i=1}^{p}(o_i - t_i)^2$$

最后利用梯度下降算法即可实现模型训练。

8.4.3 基于 PyTorch 的实现

在确定环境中配置了 PyTorch 和 PyG 后，可以使用 Cora 数据集来实现一个顶点分类任务。Cora 数据集是 PyG 内置的节点分类数据集，代表学术论文的相关性分类问题（把每一篇学术论文都看成是节点），Cora 数据集有 2 708 个节点，1 433 维特征，边数为 5 429；标签是文献的主题，共计 7 个类别，所以这是一个 7 分类问题。

导入需要的包。

```
In [1]   import torch
         import torch.nn.functional as F
         from torch_geometric.datasets import Planetoid
         from torch_geometric.nn import GCNConv
```

加载 Cora 数据集。若出现数据集无法下载的情况，手动下载 Cora 数据集。

```
In [1]   dataset = Planetoid(root='. /Cora', name='Cora')
         data = dataset[0]
```

定义网络架构。

```
In [1]   class Net(torch.nn.Module):
             def __init__(self):
                 super(Net, self).__init__()
                 self.conv1 = GCNConv(dataset.num_features, 16)
                 self.conv2 = GCNConv(16, dataset.num_classes)
             def forward(self, x, edge_index):
                 x = self.conv1(x, edge_index)
                 x = F.relu(x)
```

```
        x = self.conv2(x, edge_index)
        return F.log_softmax(x, dim=1)
device = torch.device('cuda' if torch.cuda.is_available() else
'cpu')
model = Net().to(device)
data = data.to(device)
optimizer   =   torch.optim.Adam(model.parameters(),   lr=0.01,
weight_decay=5e-4)
```

模型训练。

In [1]
```
model.train()
for epoch in range(200):
    optimizer.zero_grad()
    out = model(data.x, data.edge_index)
    loss = F.nll_loss(out[data.train_mask],
data.y[data.train_mask])
    loss.backward()
    optimizer.step()
```

模型测试。

In [1]
```
model.eval()
test_predict = model(data.x, data.edge_index)
[data.test_mask]
max_index = torch.argmax(test_predict, dim=1)
test_true = data.y[data.test_mask]
correct = 0
for i in range(len(max_index)):
    if max_index[i] == test_true[i]:
        correct += 1
print('测试集准确率为:{}%'.format(correct*100/
len(test_true)))
```

Out [1]   测试集准确率为:80.0%

小　结

本章详细介绍了神经网络的核心概念和深度学习中的主要模型。从感知机开始,逐步扩展到人工神经网络,讨论了激活函数和神经网络结构,以及反向传播算法的原理和应用，并揭示了深度学习兴起的原因。在卷积神经网络部分，解释了卷积操作的引入及其特性，如局部感受野和权值共享，并回顾了经典的卷积神经网络模型 LeNet、AlexNet 及 ResNet。在循环神经网络部分，介绍了循环神经网络的结构和处理序列数据的优势，深入探讨了长短期记忆和门控循环单元的工作原理，展示了它们在处理长期记忆中的有效性。此外，本章还基于 PyTorch 简洁实现了卷积神经网络和门控循环单元模型。

习　题

1. 在训练卷积神经网络时，可以对输入进行旋转、平移、缩放等预处理以提高模型泛化能力。这么说是对还是不对？并简述理由。

2. 简述卷积神经网络池化层的作用。

3. 当在卷积神经网络中加入池化层时，变换的不变性会被保留吗？

4. 假设有 5 个大小为 7×7、边界值为 0 的卷积核，同时卷积神经网络第一层的深度为 1。此时如果向这一层传入一个维度为 224×224×3 的数据，那么神经网络下一层所接收到的数据维度是多少？

5. 输入图片大小为 200×200 像素，依次经过一层卷积（卷积核 5×5，填充 1，步幅 2），最大池化层（卷积核 3×3，填充 0，步幅 1），又一层卷积（卷积核 3×3，填充 1，步幅 1）之后，输出特征图大小为多少？

6. 如果增加神经网络的宽度，则精确度会增加到一个阈值，然后开始降低。造成这一现象的原因可能是什么？

7. 什么是注意力机制？讨论注意力机制在自然语言处理任务中的应用，如在机器翻译中的作用。

参 考 文 献

［1］郭昊. 吉林省主流商务股份有限公司业务流程再造研究［D］. 长春：吉林大学，2012.

［2］沈迪. 电信增值业务的精确营销系统［D］. 长春：吉林大学，2010.

［3］王东娟，郑悦林. 信息管理专业商务智能课程体系建设探讨［J］. 河南科技，2014（12）：2.

［4］张巧. 商务智能发展现状与趋势分析［J］. 中国证券期货，2009（2X）：4.

［5］刘家国，周锦霞. 基于 BI 理论的大数据网络营销模型研究［J］. 电子科技大学学报：社会科学版，2018，20（3）：8.

［6］马昕. 基于商业智能的区域税收结构对区域经济影响的研究［D］. 青岛：山东科技大学，2012.

［7］孙铭蔚. 基于 AHP 的商务智能系统模糊综合评价研究［D］. 哈尔滨：黑龙江大学，2011.

［8］李旦. 商务智能在汽车制造业营销决策中的应用研究［D］. 镇江：江苏科技大学，2025.

［9］陈进宝. 商务智能在电子商务中的应用研究［D］. 北京：北京邮电大学，2025.

［10］朱晓武. 商务智能的理论和应用研究综述［J］. 计算机系统应用，2007（1）：5.

［11］陈娜. CD 集团预算管理体系研究［D］. 大连：大连理工大学，2012.

［12］刘恒辉. 基于 C/S 的开采沉陷移动变形分析管理系统研制［D］. 淮南：安徽理工大学，2015.

［13］何丽丽. 商务智能决策支持系统框架的研究与设计［D］. 哈尔滨：哈尔滨工程大学，2025.

［14］赵丽娜. 基于商务智能的从业资格管理系统的研究与应用［D］. 哈尔滨：哈尔滨工程大学，2014.

［15］孙海侠. 商务智能系统的构架及技术支持［J］. 情报杂志，2005，24（2）：2.

［16］汪传雷，刘兰凤，孙元杰. 一种面向决策的企业商务智能系统研究［J］. 计算机技术与发展，2007（8）：8-10

［17］秦力. OLAP 在电信行业无线市话分析的研究与应用［D］. 重庆：重庆大学，2025.

［18］金立瑜. 商业智能（BI）在中小型服装企业的应用研究：生产管理与销售预测案

例分析 [D]. 上海：东华大学，2011.

[19] 张继国. 降水时空分布的信息熵研究 [D]. 南京：河海大学，2004.

[20] 朱建平，范霄文，张志强. 数据挖掘的技术与商业定义及其研究对象 [J]. 统计教育，2004（1）：4.

[21] 单继辉. 基于 MAS 的数据挖掘算法选择机制研究 [D]. 大庆：大庆石油学院，2011.

[22] 朱丽. 基于层次分类的病性分析 [D]. 南京：南京理工大学，2015.

[23] 刘梦瑶. 基于数据挖掘的建筑工程造价预测与偏差风险评估 [D]. 南昌：华东交通大学，2023.

[24] 刘颖. 数据挖掘领域的信息安全问题：隐私保护技术浅析 [J]. 计算机安全，2007，（1）：14-16.

[25] 鲁特兹. Python 学习手册 [M]. 北京：机械工业出版社，2009.

[26] 洪文斌. 通信企业建立 EIS 的可行性研究 [J]. 中小企业管理与科技（下旬刊），2009（9）：267.

[27] 唐颐. 基于 Cognos BI 的人员信息管理系统的设计与实现 [D]. 北京：北京邮电大学，2025.

[28] PAYNE J. Python 编程入门经典 [M]. 北京：北京大学出版社，2011.

[29] 张远新. 基于数据挖掘的企业商务智能系统平台设计 [D]. 上海：复旦大学，2013.

[30] 全姣. 政府采购资金使用数据挖掘研究 [D]. 重庆：重庆理工大学，2025.

[31] 朱林鸿. B 城商行 RFM 数据驱动的个人客户精准营销策略研究 [D]. 杭州：浙江理工大学，2023.

[32] 甄磊. 数据仓库技术在银行客户管理系统中的研究和实现 [D]. 南京：南京理工大学，2011.

[33] 梁晓军，李国清，王浩，等. 商务智能（BI）在矿山企业分析与决策中的应用研究 [J]. 现代矿业，2019，35（5）：6.

[34] 玲语. 2017 企业服务经典案例 [J]. 互联网周刊，2018（4）：22.

[35] 吴若航，茆意宏. ChatGPT 热潮下的图书馆服务：理念、机遇与破局 [J]. 图书与情报，2023（2）：34-41.